Java 程序设计实战教程
——基于成果导向

主　编◎张诚洁　梁海丽　刘　莹
参　编◎刘海方　孙丽霞

北京理工大学出版社
BEIJING INSTITUTE OF TECHNOLOGY PRESS

内 容 简 介

本书按照"以学生为中心、以学习成果为导向、以任务为驱动"思路进行教材开发设计,从初学者的角度详细讲解了 Java 基础中的核心技术。全书共分为 8 个学习成果,覆盖 Java 开发环境的搭建及其运行机制、基本语法、面向对象的思想、常用 API、集合、I/O、GUI、JDBC、多线程和网络编程等内容。每个学习成果又分解成若干个子任务,通过任务驱动展开知识的讲解,最后通过各个任务实施,最终完成学习成果,从而达成学习目标。本书教、学、做一体,理论与实践紧密融合,重点培养学生的编程能力,为 Java 基础学习打下坚实基础。

与本书配套的在线课程已经在超星尔雅平台上线,具体网址为 https://mooc1-1.chaoxing.com/course/200720430.html,在线课程被评为山东省省级资源共享课。课程网站提供丰富的视频、源代码、习题、教学 PPT、教学设计等资源,读者可以登录网站进行学习,也可以扫描书中的二维码观看教学视频。本书既可作为计算机相关专业的教材,也可作为社会培训教材,是一本适合初学者学习和参考的读物。

版权专有　侵权必究

图书在版编目（CIP）数据

Java 程序设计实战教程：基于成果导向 / 张诚洁,梁海丽,刘莹主编. --北京：北京理工大学出版社,2022.2

ISBN 978-7-5763-0615-6

Ⅰ. ①J… Ⅱ. ①张… ②梁… ③刘… Ⅲ. ①JAVA 语言—程序设计—高等职业教育—教材 Ⅳ. ①TP312.8

中国版本图书馆 CIP 数据核字（2021）第 216834 号

出版发行 / 北京理工大学出版社有限责任公司

社　　址 / 北京市海淀区中关村南大街 5 号

邮　　编 / 100081

电　　话 / (010) 68914775（总编室）

　　　　　(010) 82562903（教材售后服务热线）

　　　　　(010) 68944723（其他图书服务热线）

网　　址 / http://www.bitpress.com.cn

经　　销 / 全国各地新华书店

印　　刷 / 河北盛世彩捷印刷有限公司

开　　本 / 787 毫米 × 1092 毫米　1/16

印　　张 / 21.5　　　　　　　　　　　　　　　责任编辑 / 王玲玲

字　　数 / 512 千字　　　　　　　　　　　　　 文案编辑 / 王玲玲

版　　次 / 2022 年 2 月第 1 版　2022 年 2 月第 1 次印刷　　责任校对 / 刘亚男

定　　价 / 93.00 元　　　　　　　　　　　　　 责任印制 / 施胜娟

图书出现印装质量问题，请拨打售后服务热线，本社负责调换

序

多年来，课程组成员一直都在探索程序设计课程教学的新方法。如何把看似复杂深奥的编程知识教给完全没有基础的读者，让编程不再难学，这是我们在过去的接近二十年里一直追寻的目标。为此，我们尝试了一系列的方法去为零基础的读者讲解编程技术。我们经过了知识点导向→案例导向→任务驱动等多种教学方式的改革，教学效果在一步步提升，在教学过程中，我们发现大多数读者最大的问题不在于知识的掌握，而是不能灵活地运用它们。

要编写一个完整的程序，涉及众多方面的知识，为了做到理论与实践的真正融合，切实做到学以致用，我们最终确定了"以学生为中心，以成果为导向，以任务为驱动"的教学设计，在任务的实施中去学习、检验知识，通过成果的完成去达成学习目标，不断提升读者的成就感，增强学习的信心，提升读者的编程能力。本书正是我们这一教学设计的具体产物。

本书的主要编写特色如下：

- "以学生为中心，以成果为导向，以任务为驱动"的教学设计。从企业岗位能力需求出发，基于工作过程重构教材内容，精心选取具有代表性的8个进阶式学习成果，将读者应知应会的知识融入学习成果、任务实施过程中，在完成成果的同时，体会编程的成就感，提升学习的内动力。同时，在学习过程中注重读者职业素质的养成，做到立德树人。
- "六步双循环"的教学实施。每个成果包含项目导读、学习目标、学习寄语、若干个子任务、学习目标达成度评价5个部分。每个学习成果分解成若干个子任务，每个子任务按照任务描述、任务分析、任务学习目标、知识储备、任务实现、巩固训练6个环节层层推进。在完成每个子任务的同时，达成成果的学习目标，锻炼读者的项目开发能力。利用进阶式项目引领学生在专业技能上逐步进阶、提升。
- 灵活多样的栏目设计。根据课程内容需要，设置学习寄语、学习笔记、学习目标、达成度评价表、思考、注意、疑难解析等形式多样、灵活机动的小栏目，培养学生的学习积极性和主动性。

- 丰富的课程资源。建设有配套的在线课程，本课程2019年被评为山东省省级精品资源共享课，2021年被评为校级课程思政示范课程。在线课程具有丰富电子资源，包括视频、课件、教案、习题、案例代码等。通过课程网站，可以进行自主练习和测验，及时答疑解惑，帮助读者随时随地轻松搞定学习。

国家级教学名师　王芹

前言

Java 是当前流行的一种程序设计语言，具有安全性、平台无关性、性能优异等特点，自问世以来一直受到广大编程人员的喜爱，在当下的网络时代，Java 技术应用十分广泛，从大型复杂的企业级开发到小型移动设备的开发，随处都可以看到 Java 活跃的身影，对于一个想从事 Java 程序开发的人员来说，学好 Java 基础尤为重要。

为什么要学习本书

作为一种技术入门书籍，最重要也是最难的一件事就是将一些非常复杂、难以理解的编程思想简单化，让读者能够轻松理解并快速掌握。本书采用"成果导向、任务驱动"的方式进行编写，将读者应知应会的知识融入学习成果、任务实施过程中，真正做到理论与实践相结合。在完成成果的同时，体会编程的乐趣和成就感，提升学习的动力。同时，在教材编写过程中注重读者职业素质的养成，做到立德树人。

如何学习本书

在编写本书时，充分考虑到实际学习和开发需求，精心挑选 8 个具有代表性的学习成果，每个学习成果分解成若干个子任务，通过任务驱动展开知识的讲解，理论与实践紧密融合。每一个学习成果包含项目导读、学习目标、学习寄语、若干个子任务、学习目标达成度评价 5 个部分，每个子任务又按照任务描述、任务分析、任务学习目标、知识储备、任务实现、巩固训练 6 个环节层层推进，在完成每个子任务的同时，达成成果的学习目标，锻炼读者的项目开发能力。

课程建设有配套的在线课程（省级精品资源共享课），电子资源丰富，通过扫描书中二维码即可观看海量 Java 自学教程视频，进行自主练习和测验。同时，提供在线答疑解惑，帮助读者随时随地轻松搞定学习。资源网址 https://mooc1-1.chaoxing.com/course/200720430.html。

学习什么内容

全书共包含 8 个代表性学习成果，其详细内容介绍如下：

学习成果 1 欢迎来到 Java 世界：主要讲解 Java 语言概述、Java 语言的特点、Java 的运行机制、JDK 的安装使用及 Eclipse 开发工具的使用。在成果的实施过程中，读者可以掌握 JDK 的安装配置、Eclipse 开发工具的使用，并动手实现属于自己的第一个 Java 程序。

学习成果 2 猜数游戏：主要介绍 Java 的基本语法和流程结构。这一部分内容是 Java 的编程基础，在成果的实施过程中，读者可以掌握标识符、常量和变量、数据类型、运算符和表达式、基本输入/输出、流程结构,从而为后续的编程打下坚实的基础。

学习成果 3 统计分析某公司员工的工资情况:主要学习方法和数组。在成果的实施过程中,读者可以掌握方法的定义和调用、方法的递归、一维数组和二维数组的使用。

学习成果 4 汽车租赁系统的设计实现:主要讲解 Java 的核心编程思想——面向对象编程、异常处理、常用类、集合类等。在成果的实施过程中,读者可以掌握类与对象、构造方法、面向对象的三大特征、抽象类与接口、包,学会 Java API 常用类和集合类 Set、List、Map 的使用。关键是学会用面向对象的思想进行系统的分析建模。

学习成果 5 超市收银管理系统:主要讲解 Java 图形用户界面设计和 JDBC 技术。在成果的实施过程中,读者可以掌握图形用户界面的创建步骤、AWT 的事件处理机制,以及 swing 的常用组件和布局管理器的使用;学会如何利用 JDBC 实现对数据库的增、删、改、查,特别是学会如何将 GUI 技术和 JDBC 技术相结合,利用 MVC 的设计模式,综合进行项目开发,提升自己的项目开发能力。

学习成果 6 坦克大战:主要讲解多线程技术。在成果的实施过程中,读者可以掌握多线程的概念、线程的创建、线程的生命周期、线程的调度方式及多线程的同步,能够利用多线程技术解决实际问题。

学习成果 7 记事本:主要讲解输入/输出流。在成果的实施过程中,读者可以掌握 Java 的输入/输出机制、输入/输出流的概念和类层次结构、字节流和字符流、如何合理地创建流来进行输入/输出操作,以及 Java 语言对文件、目录的基本操作。

学习成果 8 网络聊天室:主要讲解 socket 网络编程。在成果的实施过程中,读者可以掌握网络编程的相关知识,能够进行 UDP 和 TCP 网络程序的编写。

适合谁来学

本书以培养应用能力为目标,按照"以学生为中心、以成果为导向、以任务为驱动"的思路进行教材开发设计,主要介绍 Java 的关键知识点和编程技巧,使读者全面掌握 Java 技术,为从事 J2EE 系统开发打下坚实的基础。本书适合作为各大中专院校、高职高专院校软件技术、计算机应用技术、大数据技术与应用、物联网应用技术等相关专业教材,也可作为其他相近专业和广大编程爱好者学习的参考用书,更是初学者学习 Java 的入门教材。

致 谢

本书由威海职业学院、山东至强奔腾信息技术有限公司和山东外事职业大学共同参与完成。其中威海职业学院的张诚洁、梁海丽、刘莹老师承担了主要的编写和整理工作,山东至强奔腾信息技术有限公司技术总监刘海方和乳山外事职业大学的孙丽霞老师在教材的编写过程中给予了大力的支持和帮助。同时,威海职业学院 Java 课程组的老师在课程的数字资源建设中做出了很大贡献,在此一并表示感谢!

意见反馈

由于编写时间仓促,编者水平有限,书中疏漏之处难免,敬请广大读者提出宝贵意见。作者联系方式:382014179@qq.com(张诚洁)、48222500@qq.com(梁海丽)、46338199@qq.com(刘莹)。

编 者

目录

学习成果1　欢迎来到 Java 世界 ································· 1

项目导读 ································· 1
学习目标 ································· 1
学习寄语 ································· 1
任务1　Java 开发环境搭建 ································· 1
 1.1　任务描述 ································· 1
 1.2　任务分析 ································· 2
 1.3　任务学习目标 ································· 2
 1.4　知识储备 ································· 2
 1.5　任务实现 ································· 5
 1.6　巩固训练 ································· 8
任务2　欢迎来到 Java 世界 ································· 8
 2.1　任务描述 ································· 8
 2.2　任务分析 ································· 8
 2.3　任务学习目标 ································· 8
 2.4　知识储备 ································· 8
 2.5　任务实现 ································· 9
 2.6　巩固训练 ································· 12
学习目标达成度评价 ································· 12

学习成果2　猜数游戏 ································· 14

项目导读 ································· 14
学习目标 ································· 14
学习寄语 ································· 15
任务1　猜数游戏中信息的存储 ································· 15
 1.1　任务描述 ································· 15
 1.2　任务分析 ································· 15
 1.3　任务学习目标 ································· 15

	1.4 知识储备	15
	1.5 任务实现	27
	1.6 巩固训练	27

任务 2 猜数游戏的逻辑设计 … 28

    2.1 任务描述 … 28
    2.2 任务分析 … 28
    2.3 任务学习目标 … 28
    2.4 知识储备 … 28
    2.5 任务实现 … 46
    2.6 巩固训练 … 47

学习目标达成度评价 … 47

学习成果 3 统计分析某公司员工的工资情况 … 49

项目导读 … 49

学习目标 … 49

学习寄语 … 49

任务 1 利用方法为项目搭建框架 … 49

    1.1 任务描述 … 49
    1.2 任务分析 … 49
    1.3 任务学习目标 … 50
    1.4 知识储备 … 50
    1.5 任务实现 … 62
    1.6 巩固训练 … 62

任务 2 利用数组存储员工工资 … 62

    2.1 任务描述 … 62
    2.2 任务分析 … 62
    2.3 任务学习目标 … 62
    2.4 知识储备 … 63
    2.5 任务实现 … 74
    2.6 巩固训练 … 75

学习目标达成度评价 … 76

学习成果 4 汽车租赁系统的设计实现 … 77

项目导读 … 77

学习目标 … 78

学习寄语 … 78

任务 1 轿车类、客车类的创建 … 78

    1.1 任务描述 … 78
    1.2 任务分析 … 78

1.3　任务学习目标 ……………………………………………………………………… 78
　　1.4　知识储备 …………………………………………………………………………… 79
　　1.5　任务实现 …………………………………………………………………………… 96
　　1.6　巩固训练 …………………………………………………………………………… 97
任务2　交通工具类的定义 ……………………………………………………………………… 97
　　2.1　任务描述 …………………………………………………………………………… 97
　　2.2　任务分析 …………………………………………………………………………… 97
　　2.3　任务学习目标 ……………………………………………………………………… 98
　　2.4　知识储备 …………………………………………………………………………… 98
　　2.5　任务实现 …………………………………………………………………………… 104
　　2.6　巩固训练 …………………………………………………………………………… 106
任务3　利用接口重新定义系统中的类 ………………………………………………………… 106
　　3.1　任务描述 …………………………………………………………………………… 106
　　3.2　任务分析 …………………………………………………………………………… 106
　　3.3　任务学习目标 ……………………………………………………………………… 107
　　3.4　知识储备 …………………………………………………………………………… 107
　　3.5　任务实现 …………………………………………………………………………… 118
　　3.6　巩固训练 …………………………………………………………………………… 121
任务4　程序中的异常处理 ……………………………………………………………………… 121
　　4.1　任务描述 …………………………………………………………………………… 121
　　4.2　任务分析 …………………………………………………………………………… 121
　　4.3　任务学习目标 ……………………………………………………………………… 121
　　4.4　知识储备 …………………………………………………………………………… 122
　　4.5　任务实现 …………………………………………………………………………… 129
　　4.6　巩固训练 …………………………………………………………………………… 129
任务5　汽车租赁业务的实现 …………………………………………………………………… 130
　　5.1　任务描述 …………………………………………………………………………… 130
　　5.2　任务分析 …………………………………………………………………………… 130
　　5.3　任务学习目标 ……………………………………………………………………… 130
　　5.4　知识储备 …………………………………………………………………………… 130
　　5.5　任务实现 …………………………………………………………………………… 148
　　5.6　巩固训练 …………………………………………………………………………… 150
任务6　系统主程序的实现 ……………………………………………………………………… 150
　　6.1　任务描述 …………………………………………………………………………… 150
　　6.2　任务分析 …………………………………………………………………………… 151
　　6.3　任务学习目标 ……………………………………………………………………… 151
　　6.4　知识储备 …………………………………………………………………………… 151
　　6.5　任务实现 …………………………………………………………………………… 161
　　6.6　巩固训练 …………………………………………………………………………… 163

任务 7	显示租车的时间信息	163
	7.1 任务描述	163
	7.2 任务分析	164
	7.3 任务学习目标	164
	7.4 知识储备	164
	7.5 任务实现	168
	7.6 巩固训练	169

学习目标达成度评价 169

学习成果 5　超市收银管理系统　171

项目导读 171
学习目标 173
学习寄语 173

任务 1	登录窗口界面设计	173
	1.1 任务描述	173
	1.2 任务分析	173
	1.3 任务学习目标	174
	1.4 知识储备	174
	1.5 任务实施	187
	1.6 巩固训练	189
任务 2	用户登录身份验证	190
	2.1 任务描述	190
	2.2 任务分析	191
	2.3 任务学习目标	191
	2.4 知识储备	191
	2.5 任务实施	206
	2.6 巩固训练	213
任务 3	主界面的设计	214
	3.1 任务描述	214
	3.2 任务分析	214
	3.3 任务学习目标	215
	3.4 知识储备	215
	3.5 任务实现	220
	3.6 巩固训练	227
任务 4	用户管理模块的实现	227
	4.1 任务描述	227
	4.2 任务分析	227
	4.3 任务学习目标	228
	4.4 知识储备	228

4.5 任务实施	235
4.6 巩固训练	249
学习目标达成度评价	249

学习成果 6　坦克大战 ... 251

项目导读 ... 251
学习目标 ... 251
学习寄语 ... 252

任务 1　实现对战界面设计 ... 252
- 1.1 任务描述 ... 252
- 1.2 任务分析 ... 252
- 1.3 任务学习目标 ... 253
- 1.4 知识储备 ... 253
- 1.5 任务实施 ... 257
- 1.6 巩固训练 ... 260

任务 2　实现坦克绘制 ... 260
- 2.1 任务描述 ... 260
- 2.2 任务分析 ... 260
- 2.3 任务学习目标 ... 260
- 2.4 知识储备 ... 261
- 2.5 任务实施 ... 262
- 2.6 巩固训练 ... 265

任务 3　实现我方坦克运动 ... 265
- 3.1 任务描述 ... 265
- 3.2 任务分析 ... 265
- 3.3 任务学习目标 ... 265
- 3.4 知识储备 ... 265
- 3.5 任务实施 ... 267
- 3.6 巩固训练 ... 268

任务 4　实现子弹飞翔 ... 269
- 4.1 任务描述 ... 269
- 4.2 任务分析 ... 269
- 4.3 任务学习目标 ... 269
- 4.4 知识储备 ... 269
- 4.5 任务实施 ... 275
- 4.6 巩固训练 ... 278

学习目标达成度评价 ... 281

学习成果 7　记事本 ... 283

项目导读 ... 283

学习目标 ·· 283
学习寄语 ·· 283
  任务1   记事本界面设计 ·· 284
    1.1   任务描述 ··· 284
    1.2   任务分析 ··· 284
    1.3   任务学习目标 ·· 284
    1.4   知识储备 ··· 285
    1.5   任务实施 ··· 302
    1.6   巩固训练 ··· 305
  任务2   记事本功能实现 ·· 306
    2.1   任务描述 ··· 306
    2.2   任务分析 ··· 306
    2.3   任务学习目标 ·· 306
    2.4   知识储备 ··· 306
    2.5   任务实施 ··· 309
    2.6   巩固训练 ··· 313
  学习目标达成度评价 ··· 314

学习成果8   网络聊天室 ·· 315

项目导读 ·· 315
学习目标 ·· 315
学习寄语 ·· 315
  任务1   聊天室界面设计 ·· 316
    1.1   任务描述 ··· 316
    1.2   任务分析 ··· 316
    1.3   任务学习目标 ·· 316
    1.4   知识储备 ··· 317
    1.5   任务实施 ··· 319
    1.6   巩固训练 ··· 320
  任务2   客户端服务器端通信功能实现 ·· 320
    2.1   任务描述 ··· 320
    2.2   任务分析 ··· 320
    2.3   任务学习目标 ·· 320
    2.4   知识储备 ··· 320
    2.5   任务实施 ··· 327
    2.6   巩固训练 ··· 331
  学习目标达成度评价 ··· 332

学习成果 1

欢迎来到Java世界

项目导读

Java是一门面向对象的编程语言,不仅吸收了C++语言的各种优点,还摒弃了C++中难以理解的多继承、指针等概念,具有功能强大和简单易用两个特征,成为最受欢迎的编程语言之一。本项目要求在认识Java语言的基础上动手进行Java开发环境的搭建,安装Java的开发工具包JDK和开发工具Eclipse,并利用开发环境编写简单的Java程序,在控制台输出"欢迎来到Java世界!"。

学习目标

知识目标	能力目标	素质目标
1. 了解Java语言的发展史 2. 了解Java语言的特点 3. 理解Java程序的运行机制 4. 理解JDK、JVM和JRE三者之间的关系 5. 学会开发环境的搭建 6. 掌握Java程序的基本结构	1. 能够进行Java运行环境的搭建 2. 能够编写简单Java程序	1. 具有较高的思想政治素质,树立科学的人生观、价值观、道德观和法制观 2. 具有较强的团队协作能力 3. 培养严谨精细的工作态度 4. 培养发现问题、解决问题的能力

学习寄语

爱岗才能敬业,兴趣是最好的老师。只要培养自己对编程的兴趣,让自己爱上编程,并持之以恒地学习,多写代码,相信一定能够学好Java,成为一个优秀的Java程序员。科技才能兴国,爱岗才能敬业,兴趣是最好的老师。只要抱有科技报国的决心,培养自己对编程的兴趣,让自己爱上编程,并持之以恒地学习,多写代码,相信一定能够学好Java,成为一个优秀的Java程序员。

任务1　Java开发环境搭建

1.1　任务描述

在认识Java语言的基础上动手搭建Java的开发环境,安装Java的开发工具包JDK,并配置环境变量,为开发 Java 程序做好准备。

1.2 任务分析

利用 Java 语言编写程序,首先需要对 Java 语言有充分的了解,理解 JDK 的作用,了解 Java 程序的运行机制,学会下载、安装 Java 的开发工具 JDK,才能为开发 Java 程序做好准备。

1.3 任务学习目标

1. 了解 Java 语言的发展史。
2. 了解 Java 语言的特点。
3. 理解 Java 程序的运行机制。
4. 理解 JDK、JVM 和 JRE 三者之间的关系。
5. 学会 Java 开发环境的搭建。

1.4 知识储备

1.4.1 Java 语言简介

Java 语言是 SUN 公司(现已被 Oracle 公司收购)开发的一种高级编程语言。Java 语言具有功能强大和简单易用两个特征,迅速从最初的编程语言发展成为全球第一大软件开发平台。

Java 语言简介

Java 语言的主要发展历程如下:

- 诞生——1992 年

1991 年,SUN MicroSystem 公司的 Jame Gosling、Bill Joe 等人为在电视、烤箱等家用消费类电子产品上进行交互式操作而开发了一个名为 Oak 的软件。1992 年开发成功。

- 首次亮相——1995 年 5 月

1995 年 5 月 23 日召开的 SunWorld 95 大会上,一种全新的浏览器(今天的 HotJava 的前身)亮相,标志着 Java 的诞生。

- 开始流行——1996 年 1 月

当时网景公司决定在 Netscape 2.0 加入对 Java 的支持,Netscape 2.0 在 1996 年 1 月发布,从这一版本开始,所有 Netscape 浏览器均支持 Java。注册了 Java 使用许可证的还有微软、IBM、Symantec、Inprise 和其他许多公司。

- SUN 的第一个 Java 版本——1996 年年初

Sun 公司于 1996 年年初发布了 Java 1.02,遗憾的是,Java 1.02 还未摆脱其小型语言的影子,只适合用来做诸如网页上一个随机移动的文字之类的工作,并不适合用来做正规的程序开发。Java 1.02 作为一种正规的编程语言,可以说准备得很不充分。

- 成熟——1998 年

1998 年 12 月,Java 1.2 问世了。它是一个功能全面的,具有高度扩展能力的新版本。3 天后,Java 1.2 被改进成 Java 2,向"一次编写,到处运行"的目标前进了一大步。

- 现状

目前最新的 Java 版本是 JDK 16。

1.4.2 Java 语言的主要特点

Java 语言是一种适用于网络编程的语言,它是一种全新的计算概念。作为一种程序设计

语言,它的主要特点如下:

1. 简单性

Java 的语法与 C++ 的很接近,有过 C 或者 C++ 编程经验的程序员很容易就可以学会 Java 语法。同时,Java 丢弃了运算符重载、多重继承等模糊的概念,特别是 Java 语言不使用指针,而是使用引用,并提供了自动的垃圾回收机制,使程序员不必为内存管理而费心。

2. 面向对象

Java 语言的设计集中于对象及其接口,它提供了简单的类机制及动态的接口模型。对象中封装了它的状态变量及相应的方法,实现了模块化和信息隐藏;而类则提供了一类对象的原型,并且通过继承机制,子类可以使用父类所提供的方法,实现了代码的复用。

3. 平台无关性

平台无关性是指 Java 程序能运行于不同的平台,即同一个程序既可以在 Windows 系统上运行,也可以在 Linux 系统上运行。Java 引进虚拟机的原理,Java 虚拟机(Java Virtual Machine)是建立在硬件和操作系统之上,实现 Java 二进制代码的解释执行功能,虚拟机的引入,使得 Java 程序可以在不同平台上运行。

4. 分布性

Java 是面向网络的语言。通过它提供的类库可以处理 TCP/IP 协议,用户可以通过 URL 地址在网络上很方便地访问其他对象。

5. 健壮性

Java 在编译和运行程序时,都要对可能出现的问题进行检查,以消除错误的产生。

它提供垃圾回收机制进行内存管理,防止程序员在管理内存时产生错误。通过集成的面向对象的异常(Exception)处理机制,在编译时,Java 揭示出可能出现但未被处理的异常,帮助程序员正确地进行选择,以防止系统的崩溃。另外,Java 在编译时还可捕获类型声明中的许多常见错误,防止动态运行时不匹配问题的出现。

6. 安全性

用于网络、分布环境下的 Java 必须要防止病毒的入侵。Java 不支持指针,一切对内存的访问都必须通过对象的实例变量来实现,这样就防止了程序员使用特洛伊木马等欺骗手段访问对象的私有成员,同时也避免了指针操作中容易产生的错误。

7. 多线程

多线程机制使应用程序能够并发执行,而同步机制保证了对共享数据的正确操作。通过使用多线程,程序设计者可以分别用不同的线程完成特定的行为,而不需要采用全局的事件循环机制,这样就很容易实现网络上的实时交互行为。

1.4.3 Java 的工作机制

Java 程序的运行必须经过编写、编译和运行三个步骤。

编写是指在 Java 开发环境中进行程序代码的输入。最终形成后缀名为 .java 的 Java 源文件。

编译是指使用 Java 编译器对源文件进行错误排查的过程。编译后将生成后缀名为 .class 的字节码文件。

运行是指使用 Java 解释器(Java 虚拟机的一部分)将字节码文件翻译成机器代码,执行并显示结果。这一过程如图 1-1 所示。

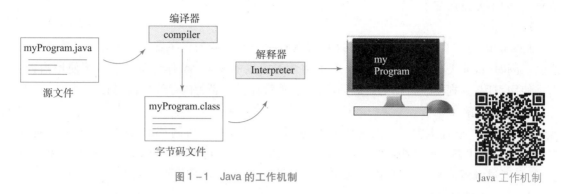

图 1-1 Java 的工作机制

Java 工作机制

其中,字节码文件是一种和任何具体机器环境及操作系统环境无关的中间代码,是 Java 源文件由 Java 编译器编译后生成的目标代码文件。编程人员和计算机都无法直接读懂字节码文件,它必须由专用的 Java 解释器来解释执行,因此,Java 是一种在编译基础上进行解释运行的语言。

1.4.4 Java 开发工具包(JDK)

Oracle 公司提供了一套 Java 开发工具包,简称 JDK(Java Development Kit),它是整个 Java 的核心,主要由两部分构成:Java 虚拟机和 Java 应用编程接口(Java API),为我们所编写的 Java 程序提供编译和运行的核心环境。上面的编译器和解释器就包含在 JDK 中。Oracle 公司除了为开发人员提供 JDK 外,还为普通用户提供了 Java 的运行环境(Java Runtime Environment,JRE)工具,JRE 只包括 Java 运行工具,不包括编译工具。为了方便使用,Oracl 公司在其 JDK 工具中自带了一个 JRE 工具,也就是说,开发环境中包含运行环境,这样,开发 Java 程序只需安装 JDK 即可。

针对不同的市场目标和设备进行定位,Oracle 公司对 Java 平台进行如下划分。

JSE(Java to Standard Edition,标准版):用于桌面开发、低端商务开发。

JME(Java to Micro Edition,微型版):用于移动电话、电子消费品、嵌入式开发。

JEE(Java to Enterprise Edition,企业版):用于企业级解决方案的开发、基于 Web 的开发等。

本书所讲述的内容属于 JSE 的范畴,下载的 JDK 版本是 JSDK。

1.4.5 Java 虚拟机(JVM)

JVM 是 Java Virtual Machine(Java 虚拟机)的缩写,JVM 是一个虚构出来的计算机,可以把安装了不同 Java 解释器的计算机看作一台虚拟的计算机。在运行 Java 程序时,首先会启动 JVM,然后由它来负责解释执行 Java 的字节码,并且 Java 字节码只能运行于 JVM 之上。这样利用 JVM 就可以把 Java 字节码程序和具体的硬件平台及操作系统环境分隔开来。只要在不同的计算机上安装了针对特定平台的 JVM,Java 程序就可以运行,而不用考虑当前具体的硬件平台及操作系统环境,也不用考虑字节码文件是在何种平台上生成的。JVM 把这种不同软硬件平台的具体差别隐藏起来,从而实现了真正的二进制代码级的跨平台移植,Java 的跨平台特性正是通过在 JVM 中运行 Java 程序实现的。Java 虚拟机的作用如图 1-2 所示。

Java 语言这种"一次编写,到处运行(Write Once,Run Anywhere)"的方式,有效地解决了目前大多数高级程序设计语言需要针对不同系统来编译产生不同机器代码的问题,即硬件环

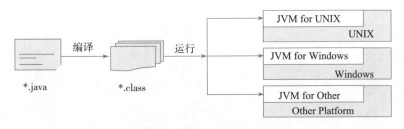

图1-2 Java虚拟机的作用

境和操作平台的异构问题,大大降低了程序开发、维护和管理的开销。

思考:

想一想:JDK、JRE、JVM之间有什么区别?
_____
_____
_____

1.5 任务实现

第一步:下载并安装JDK

要开发 Java 程序,首先必须下载 JDK。JDK 的下载地址是 https://www.oracle.com/java/technologies/javase-downloads.html。用户可以根据自己计算机的操作系统下载相应的 JDK 版本,如图1-3所示。

图1-3 JDK的下载

JDK 下载安装

下载完成后,直接运行相应的 jdk-*.exe 文件,进入 JDK 安装向导,按照安装向导提示的步骤进行安装即可。在安装时,需记住安装的路径,因为在下面配置环境变量时,将会用到安装路径。

安装 JDK 后生成的目录结构如图1-4所示。几个主要目录的作用如下:

- \bin 目录:提供 Java 开发工具,包括 javac、java、javadoc 等。
- \lib 目录:存放 Java 开发类库文件。
- \jre 目录:Java 运行环境,包括 Java 虚拟机、运行类库等。
- src.zip:Java 提供的 API 类的源代码压缩文件。

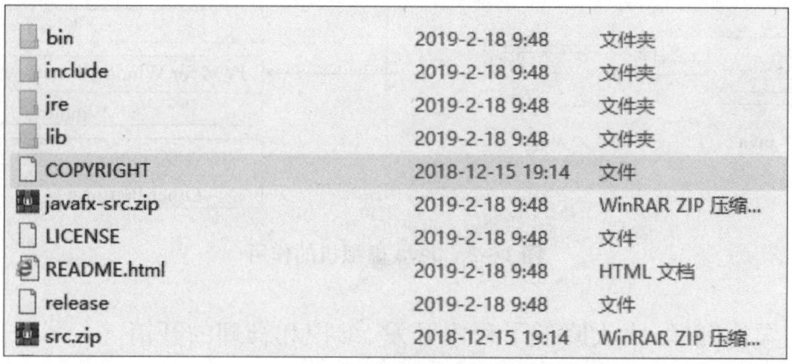

图 1-4 JDK 安装目录

JDK 的常用命令工具如下：
- javac：Java 编译器，用来将 Java 源程序编译成 .class 字节码文件。
- java：Java 解释器，执行已经转换成字节码的 Java 应用程序。
- jdb：Java 调试器，用来调试 Java 程序。
- javap：反编译，将类文件还原回方法和变量。
- javadoc：文档生成器，创建 HTML 帮助文件。

第二步：配置环境变量

安装好 JDK 之后，需要配置三个环境变量：JAVA_HOME、path 和 CLASSPATH（不区分大小写）。对于初学者来说，环境变量的配置是比较容易出错的，在配置的过程中应当仔细。

1. JAVA_HOME

通过 JAVA_HOME 环境变量指明 JDK 的安装目录。

右击"我的电脑"，选择"属性"，单击"高级"选项卡，选择"环境变量"，在系统变量栏中，单击"新建"按钮，弹出如图 1-5 所示的对话框。在"变量名"处填写 JAVA_HOME，在"变量值"处填写 JDK 的安装路径"C:\Program Files\Java\jdk1.8.0_201"，然后单击"确定"按钮，这样 JAVA_HOME 环境变量就配置完成了。

图 1-5 JAVA_HOME 环境变量配置窗口

2. path

path 环境变量的作用是指定命令搜索路径。需要把 JDK 安装目录下的 bin 目录增加到现有的 path 变量中，设置好 path 变量后，就可以在任何目录下执行 javac 和 java 等工具了，而不用运行命令时先转换路径。

path 变量在系统变量中已存在，要修改 path 变量，只需要选中 path 变量，单击"编辑"按钮即可。在变量值中加入如下内容："%JAVA_HOME%\bin；"（即 JDK bin 所在的路径。注意，路径之间用";"隔开)。其中,"%JAVA_HOME%"为上面设置的 JAVA_HOME 的值。使用 JAVA_HOME 的好处是,如果 Java 的安装路径发生变化,可以只修改 JAVA_HOME 的值,而不用修改 path 环境变量的值。path 环境变量的配置如图 1-6 所示。

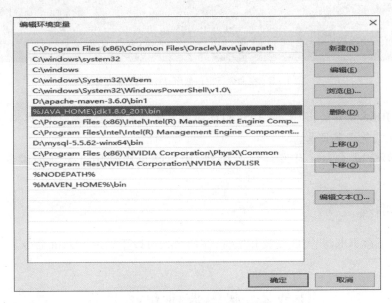

图 1-6 path 环境变量的配置

3. CLASSPATH

设置 CLASSPATH 变量的目的是让 Java 执行环境自动找到指定的 Java 程序对应的 class 文件及程序中引用的其他 class 文件。JDK 在默认情况下会到当前工作目录下(变量值用"."表示)及 JDK 的 lib 目录下寻找所需的 class 文件,因此,如果 Java 程序放在这两个目录中,即使不设置 CLASSPATH 变量执行环境,也可以找到。但是如果 Java 程序放在其他目录下,运行时则需要设置 CLASSPATH 变量。

具体来说,需要把 JDK 安装目录下的 lib 子目录中的 dt.jar 和 tools.jar 设置到 CLASSPATH 中,当然,当前目录中的"."也必须加入该变量中。CLASSPATH 的配置可以参考 JAVA_HOME 的配置过程,新建一个系统变量 CLASSPATH,环境变量的配置如图 1-7 所示。注意,路径前面要加".;"(. 表示当前路径)。

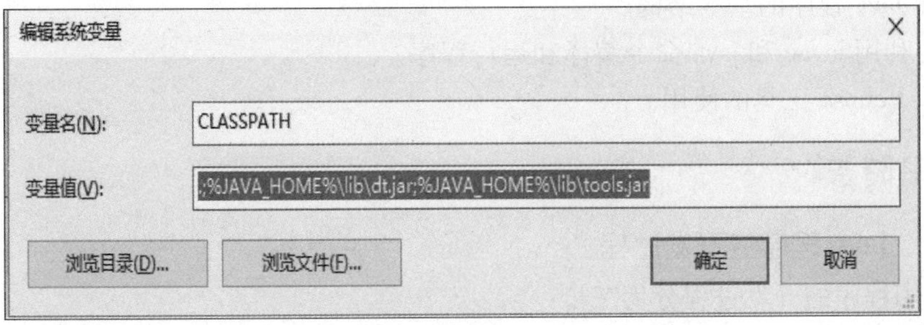

图 1-7 CLASSPATH 环境变量的配置

以上三个变量设置完毕后,单击"确定"按钮关闭窗口。接下来验证配置是否成功。单击

"开始"菜单,选择"运行",键入"cmd",进入 DOS 系统界面。然后输入"java-version",如果配置成功,系统会显示 JDK 的当前版本,如图 1-8 所示。

```
C:\Users\lenovo>java -version
java version "1.8.0_201"
Java(TM) SE Runtime Environment (build 1.8.0_201-b09)
Java HotSpot(TM) 64-Bit Server VM (build 25.201-b09, mixed mode)
```

图 1-8　在命令行窗口显示 Java 的当前版本

注意:从 JDK5.0 开始,如果 CLASSPATH 环境变量没有进行设置,Java 虚拟机会自动将其设置为".",也就是当前目录。

至此,已经完成了 Java 开发环境的搭建,接下来可以利用开发环境编译运行 Java 程序了。

1.6　巩固训练

自己动手下载 JDK,并完成安装和配置,在命令行可以正确运行 Java 命令。

任务 2　欢迎来到 Java 世界

2.1　任务描述

编写 Java 程序,在控制台输出"欢迎来到 Java 世界!"。

2.2　任务分析

用记事本编写 Java 程序,使用 javac 和 java 命令编译和运行程序。利用 Eclipse 开发工具进行项目创建,编写和运行 Java 程序。

2.3　任务学习目标

通过本任务的学习,达成以下目标:
1. 了解 Java 程序的基本结构。
2. 学会利用 javac 和 java 命令编译和运行程序。
3. 掌握 Eclipse 工具的使用。

2.4　知识储备

2.4.1　Java 程序的开发过程

Java 应用程序的开发过程分为三步:
① 编写 Java 源程序,文件的扩展名为 .Java。
② 编译 Java 源程序。

运行 javac 命令,将 .java 源文件编译成字节码文件 .class。

③运行 Java 程序。

运行 java 命令,将字节码文件.class 解释成机器码并运行。

2.4.2 Java 程序的基本结构

- 一个 Java 程序是由一个或多个类组成的。类的定义由两部分构成:类的声明和类的主体。用关键字 class 来声明一个类,大括号之间的内容叫作类体。如果一个类声明为 public,则 Java 程序的源文件名必须与该类名相同。因为文件名必须唯一,所以一个 Java 程序只能包含一个公共类。

- 类体由变量和方法的定义构成。其中包含 main()方法的类称为主类。一个 Java 应用程序必须有一个类含有 main()方法。main 方法是整个应用程序的入口。也就是说,Java 虚拟机总是从 main 方法开始执行程序。Java 应用程序中的 main()方法必须声明为 public static void main(String[ ]args)。

2.4.3 Eclipse 集成开发工具

1. Eclipse 的介绍

在进行实际项目开发时,程序员很少使用记事本编写代码,而是使用集成开发工具 IDE (Integrated Development Environment)来进行 Java 程序开发,这样可以极大提高开发效率。进行 Java 开发常用的工具是 Eclipse。

Eclipse 是由 IBM 花费巨资开发的一款功能完整且成熟的 IDE,它是一个开放源代码的、基于 Java 的可扩展开发平台,是目前最流行的 Java 开发工具之一。Eclipse 可以自动编译,检查错误,能够极大地提升开发效率。

Eclipse 的设计思想是"一切皆插件"。就其本身而言,它只是一个框架和一组服务,所有功能都是将插件组件加入 Eclipse 框架中实现的。

2. Eclipse 的下载、安装

登录 Eclipse 的官网 https://www.eclipse.org 进行下载。安装 Eclipse 时,只需要将下载的压缩包解压即可。

Eclipse 的使用

2.5 任务实现

第一步:编写 Java 源程序

首先用记事本建立一个名为 Hello.java 的源文件,保存在 D 盘根目录下。程序中声明一个公共类 Hello,类体中包含一个 main()方法,其中 System.out.println("欢迎来到 Java 世界!")的作用是在命令行窗口输出字符串"欢迎来到 Java 世界!"。具体代码如下:

```java
public class Hello{//声明类 Hello
    public static void main(String[]args){//main 方法的声明
        System.out.println("欢迎来到 Java 世界!");//输出语句
    }
}
```

第二步:编译 Java 源程序

打开命令行窗口,输入"D:"进入源程序文件所在目录,然后输入命令"javac Hello.java",如图 1-9 所示,按 Enter 键,编译 Java 源程序。如果编译成功,则会在当前目录下生成字节码文件 Hello.class。如果编译正常,直接返回命令行提示符,否则显示错误信息。

第三步:运行 Java 程序

在命令行窗口继续输入命令"java Hello",按 Enter 键,运行程序。结果如图 1-10 所示。

图 1-9　编译源程序

图 1-10　运行 Java 程序

注意:

◇ Java 是大小写敏感的,输入时应注意大小写问题。例如文件名是 Hello.java,而不要输成 hello.java。

◇ 编译器 javac 需要的文件名为 Hello.java;而解释器 java 需要一个字节码文件,即 Hello,不需要带.class 的文件后缀。

◇ 程序中出现的空格、括号、分号等符号必须采用英文半角格式,否则,程序会出错。

第四步:利用 Eclipse 集成开发工具实现任务

①在 Eclipse 中新建 Java 项目 demo,如图 1-11 所示。

图 1-11　新建项目

项目创建

②在项目的 src 文件夹下新建包 com.example,如图 1-12 所示。

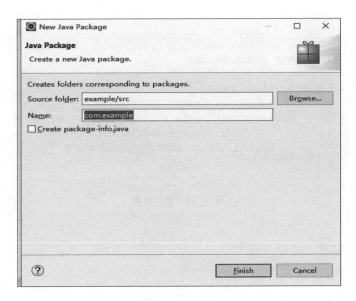

图1-12 新建包

③在包com.example上右击,新建class,命名为"Hello",选中main方法,如图1-13所示。

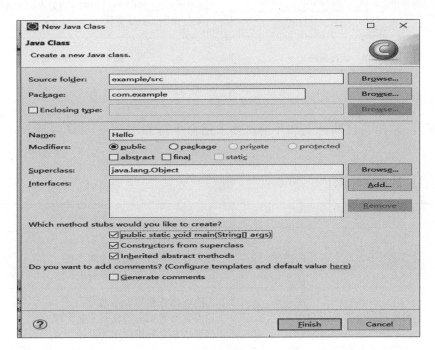

图1-13 新建类

④在编辑区输入代码并保存,如图1-14所示。

⑤单击"运行"按钮,选择"run as Java Application"运行Java程序,如图1-15所示。程序运行后,会在控制台输出文本"欢迎来到Java世界",如图1-16所示。

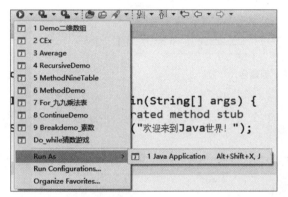

图 1-14 输入代码

图 1-15 运行程序　　　　　　　　　图 1-16 运行结果

2.6 巩固训练

编写程序,输出自己的姓名和年龄。要求用命令行和 Eclipse 工具两种方式开发运行程序。

学习目标达成度评价

序号	学习目标	学生自评
1	能够进行 Java 运行环境的搭建	□能够熟练搭建 Java 运行环境 □需要参考教材内容才能实现 □遇到问题不知道如何解决
2	能够编写简单的 Java 程序	□能够熟练编写 Java 程序 □需要参考相应的代码才能实现 □无法独立完成程序的设计
评价得分		
学生自评得分 (20%)	学习成果得分 (60%)	学习过程得分 (20%)	项目综合得分

- 学生自评得分

学生自评表格中,第一个选项得 25 分,第二个选项得 15 分,第三个选项得 10 分。

- 学习成果得分

教师根据学生学习成果完成情况酌情赋分,满分 100 分。

- 学习过程得分

教师根据学生其他学习过程表现,如到课情况、作业完成情况、课堂参与讨论情况等酌情赋分,满分 100 分。

学习笔记

学习成果 2

猜数游戏

项目导读

猜数游戏的规则为:由系统随机生成一个0~100之间的整数,用户从键盘输入所猜的数字,当输入的数太大或太小时,程序给出相应的提示,让用户继续输入;如果输入正确,则输出"恭喜你,猜对了!",结束游戏;猜数的过程中同时记录用户猜数的次数,当猜数次数超过5次时,提示游戏失败,结束游戏。程序的一次运行效果如图2-1所示。

```
请输入一个0~100之间的整数:          请输入一个0~100之间的整数:
50                                 90
你猜的数小了,请重新输入:           你猜的数小了,请重新输入:
您已猜错1次                         您已猜错2次
请输入一个0~100之间的整数:          请输入一个0~100之间的整数:
80                                 95
你猜的数小了,请重新输入:           你猜的数小了,请重新输入:
您已猜错2次                         您已猜错3次
请输入一个0~100之间的整数:          请输入一个0~100之间的整数:
90                                 96
你猜的数小了,请重新输入:           你猜的数小了,请重新输入:
您已猜错3次                         您已猜错4次
请输入一个0~100之间的整数:          99
95                                 你猜的数大了,请重新输入:
您已猜错4次                         您已猜错5次
恭喜你,猜对了                      请输入一个0~100之间的整数:
                                   98
                                   您猜错的次数已达上限,游戏结束
```

图 2-1 猜数游戏运行效果

学习目标

知识目标	能力目标	素质目标
1. 理解标识符和关键字 2. 掌握常用数据类型 3. 掌握常量、变量的定义 4. 掌握运算符、表达式 5. 掌握顺序、选择、循环结构程序设计 6. 掌握 Java 标准输入、输出方法	1. 能够根据数据的特点,正确定义程序中的数据 2. 能够熟练运用表达式对数据进行运算 3. 能够利用流程控制语句完成算法的设计、实现 4. 能够用流程图表达算法	1. 具有较高的思想政治素质,树立科学的人生观、价值观、道德观和法制观 2. 具有精益求精的工匠精神 3. 具有良好的职业规范意识 4. 具有发现问题、解决问题的能力 5. 具有一定的创新能力

学习成果2 猜数游戏

学习寄语

千里之行,始于足下,要编写规范、可读性强的Java程序,就必须掌握Java语言的基础语法。基础语法和Java原理是编程的地基,地基不牢靠,犹如在沙地上建摩天大厦,是相当危险的。本项目的实现就涉及Java的基础语法,大家要认真学习,为后面深入学习打下坚实的基础。作为一个合格的程序员,必须自觉遵守编码规范,只有这样,才能顺利地进行团队合作,降低代码的维护成本。要编写规范、可读性强的Java程序,就必须掌握Java语言的基础语法。本项目的实现就涉及Java的基础语法,大家要认真学习,为后面深入学习打下坚实的基础。

任务1 猜数游戏中信息的存储

1.1 任务描述

程序的作用就是对原始数据进行处理,最后得到结果数据,因此需要通过定义不同类型的变量来保存程序中的原始数据、结果数据和程序中用到的临时数据。在编程中,大多数初学者遇到的第一个困惑就是不知道需要定义几个变量,不知道使用什么数据类型定义变量,其实只要能分析清楚程序需要几个原始数据,最后得到几个结果数据,在中间的过程中又会用到哪些临时数据,它们都是什么特征的数据,就可以确定变量的个数和类型。本任务要求通过定义不同类型的变量,把猜数游戏中用到的各种数据保存在计算机中。

1.2 任务分析

在猜数游戏中,原始数据包含随机生成的数及用户猜的数,中间数据包含用户猜数的次数,这些都是整型数据。还需要将用户猜数的结果(大或小)反馈给用户,从成果的运行结果可以看出程序的反馈信息是文本,则需要用到字符串类型,因此需要使用不同的数据类型来保存数据。

1.3 任务学习目标

通过本任务学习,达成以下目标:
1. 了解标识符、关键字。
2. 掌握不同的数据类型。
3. 理解并掌握常量和变量的定义。
4. 理解并掌握数据类型的转换。
5. 掌握基本的输入/输出方法。

1.4 知识储备

1.4.1 标识符和关键字

1. 标识符(identifier)

就像在现实生活中任何事物都有自己的名字一样,在程序中出现的变量、类、方法等元素也应有自己的名字。程序员对程序中使用的各类元素命名时,使用的命名记号称为标识符。简而言之,标识符就是一个名字。

标识符

在 Java 语言中,标识符是由大小写字母、数字、下划线(_)和美元符号($)组成的一个字符序列,但不能以数字开头。例如,identifier、userName、User_Name、_sys_val、$change 为合法的标识符,而 2mail、room#、class 为非法的标识符,其中,2mail 以数字开头,room#出现非法字符"#",而 class 为 Java 的关键字。

2. 关键字(keyword)

关键字又称保留字,是 Java 语言中事先定义好并赋予了特殊含义的标识符。这些标识符由系统使用,不能作为一般的用户标识符使用。如果在应用程序中不小心把保留字当作标识符使用,编译时会报错。Java 语言中的关键字见表 2 - 1。

表 2 - 1 Java 语言中的关键字

abstract	break	byte	boolean	catch
case	class	char	continue	default
double	do	else	extends	false
final	float	for	finally	if
import	implements	int	interface	instanceof
long	length	native	new	null
package	private	protected	public	return
switch	synchronized	short	static	super
try	true	this	throw	throws
threadsafe	transient	void	volatile	while

注意:
◇ Java 标识符是大小写敏感的,X 和 x 是不同的标识符。
◇ Java 语言中的关键字均用小写字母表示,并且关键字不能用作标识符。
◇ 标识符命名要尽量做到见名知意。
◇ Java 中标识符采用驼峰命名法,即每个单词的首字母大写。习惯上,表示类、接口名的标识符用大写字母开头;表示变量、方法名的标识符用小写字母开头。常量名的标识符全部使用大写字母,单词之间用下划线连接。例如,用 ArrayList 表示类名,用 userName 表示变量名,用 DAY_OF_MONTH 表示常量名。

1.4.2 注释

在程序中添加适当的注释可提高程序的可读性,通常注释仅包含与阅读和理解程序有关的信息。注释只在源文件中有效,在编译程序中,编译器会忽略这些注释信息,不会将其编译到 class 字节码文件中。

Java 中的注释有三种形式:
①单行注释(放在一行的开头或语句的末尾)://…
②多行注释:/*
             …
             */

③文档注释:/**

　　　　　...

　　　*/

其中,单行注释可以对某一行语句注释说明,多行注释主要对某一个功能模块进行说明,文档注释主要对整个程序的功能做一个说明。可以使用 javadoc 命令提取程序文件中的文档注释来制作 HTML 帮助文档。同时,文档注释是多行注释的变形,因此也可用于多行注释。

注意:根据敏捷编程的观点,代码就是最好的文档,结构清晰对于提高代码可读性和可维护性是非常重要的,因此要养成对类和重要的方法或者比较关键的代码添加必要注释的习惯。

1.4.3 数据类型

使用计算机语言编程的主要目的是处理数据,但是现实生活中的数据又是多种多样的,很难统一处理。为了解决这个问题,编程语言通常都会根据数据的特点对数据进行分类,然后再根据不同类型数据的特点做相应的处理。

数据类型

Java 是一种强类型编程语言,数据在使用前必须预先声明其类型。程序在编译时,首先检查操作数的类型是否匹配,不匹配就会报编译错误。Java 语言中的数据类型分为基本数据类型和引用数据类型。具体划分如图 2-2 所示。基本数据类型是 Java 中定义的数据类型,是不可再分的原始类型。引用数据类型是用户根据需要用基本数据类型经过组合而成的类型。在此,首先介绍 Java 语言的基本数据类型。

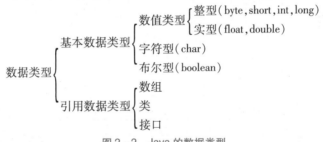

图 2-2　Java 的数据类型

1.4.4　Java 中的常量和变量

在 Java 程序中使用的各种数据类型有两种表现形式:常量和变量。

1. 常量

常量代表程序运行过程中不能改变的量。根据数据类型,常量有整型常量、实型常量、字符常量、布尔型常量及字符串常量,下面分别介绍。

常量和变量

(1)整型常量

Java 的整型常量有三种表示形式:十进制、八进制和十六进制。

- 十进制整数

十进制整数以 10 为基数,由 0~9 这 10 个数字和正、负号组成,如 123、-456。

- 八进制整数

八进制整数以 8 为基数,由 0~7 这 8 个数字和正、负号组成;八进制数必须以 0 开头,如 0123 表示十进制数 83、-011 表示十进制数 -9。

- 十六进制整数

十六进制整数以 16 为基数,由 0~9 这 10 个数字、a~f(或 A~F)6 个字母及正、负号组成;十六进制数必须以 0x 或 0X 开头,如 0x123 表示十进制数 291、-0X12 表示十进制数 -18。

Java 整型常量都为带符号的数,默认为 int 型,若为长整型,需要在数字后加字母 l 或 L。例如,18 是 int 型常量,而 18L 则是长整型常量。

(2)实型常量

实型常量就是在数学中用到的小数,也称浮点型常量。Java 的实型常量有两种表示形式:十进制数形式和科学计数法形式。

- 十进制数形式

由数字和小数点组成,并且必须有小数点,如 0.123、1.23、123.0。

- 科学计数法形式

如 123e3 或 123E3,其中,e 或 E 之前必须有数字,并且 e 或 E 后面的指数必须为整数。

(3)字符常量

字符常量用于表示一个字符,是用单引号括起来的一个字符,可以是英文字母、数字、标点符号等,如'a'、'1'。

在 Java 中,还有一种字符常量,以反斜杠(\)开头的多个字符,反斜杠将后面的字符转变为另外的含义,称为转义字符。Java 中的转义字符及其含义见表 2-2。

表 2-2 转义字符及其含义

转义字符	含义	转义字符	含义
\b	退格	\'	单引号
\f	换页	\"	双引号
\n	换行	\\	反斜杠
\r	回车	\ddd	三位八进制数表示的转义序列
\t	水平跳格	\uxxxx	四位十六进制数表示的转义序列

(4)布尔型常量

布尔类型的常量值只有两个值:true 和 flase,该常量通常用于区分一个事务的真与假。

(5)字符串常量

字符串常量用于表示一串连续的字符,是由双引号括起来的若干个字符,例如表示姓名的"张三"、"hello"。一个字符串可以包括一个或多个字符,也可以不包括任何字符,即空串。字符串的长度为字符串中包含的字符的个数,空串的长度为 0。

(6)符号常量

如果一个常量要多次使用,如数学中的 π,就可以定义一个符号常量把它保存下来,每次用到时,只需要引用符号常量就可以。符号常量用关键字 final 定义,其定义格式如下:

<final> <常量的数据类型> <符号常量标识符> = <常量值>

例如:final double PI = 3.1415926;
　　　final double PRICE = 6.32;

注意:符号常量一旦定义,其值将无法改变,也就是不能对已经定义的符号常量重新赋值。试着编译下面的代码,看看程序有无错误,并分析错误产生的原因。

学习成果2 猜数游戏

```
public class FinalDemo{
    public static void main(String[]args){
        final int NUM=45;    //定义符号常量NUM,并赋值45
        NUM=89;              //对已定义的NUM重新赋值
    }
}
```

2. 变量

变量代表程序运行过程中可以变化的量。例如,在2D游戏程序中表示人物的位置,需要用到两个变量,一个是x坐标,一个是y坐标,在程序运行过程中,这两个变量的值会随时发生改变。

变量有四个属性:变量名、变量的值、变量的类型及变量的作用域。为了方便引用变量的值,在程序中需要为变量取一个名字,这就是变量名,如上面提到的x和y。变量的值就是变量所取的值。变量的类型就是变量值所能取的数据类型,在Java语言中,变量的类型可以是任意的数据类型。变量的取值必须与变量类型匹配,并且符合对应类型的取值范围。变量的作用域是指变量的作用范围,根据变量定义位置的不同,其作用范围也不同。当声明一个变量时,编译程序会在内存中分配一块足以容纳此变量的内存空间给它,不论变量的值如何改变,此内存空间地址不会改变。

在使用一个变量前,必须先定义,定义的语法如下:

变量类型 变量名,变量名[=初始值];

例如:

int age,num;double score;boolean a=true;

在定义了一个变量之后,就可以给它赋值,或者使用它参与其他运算。需要注意的是,对于方法内定义的局部变量,必须先赋值后使用。

(1)整型变量

整型变量按所占内存大小的不同,可分为四种不同的类型,见表2-3。

表2-3 整型变量数据类型

数据类型	所占字节数	数的范围
byte	1	-128~127
short	2	-32 768~32 767
int	4	-2 147 483 648~2 147 483 647
long	8	-9 223 372 036 854 775 808~9 223 372 036 854 775 807

其中,int类型是最常用的整数类型,也是Java中整数常量的默认类型。

声明一个整型变量,如:

int age=18;

(2)实型变量

实型变量分为单精度和双精度类型,见表2-4。

表 2 – 4 实型变量数据类型

数据类型	所占字节数	数的范围
float	4	绝对值为 1.4E – 45 ~ 3.4E38
double	8	绝对值为 4.9E – 324 ~ 1.8E308

双精度浮点型 double 比单精度浮点型 float 的精度更高,表示数据的范围更大,因此实型变量经常声明为 double 类型。

声明一个实型变量,如:

```
double height = 1.78;
```

Java 语言的浮点型常量默认为 double 类型,要声明一个常量为 float 类型,则要在数字后加 f 或 F。例如,2.3f。

思考:
　　以下语句在编译时会报错,为什么?
　　float score = 86.5;

了解各种数值类型数据的表示范围很重要,如果不注意,可能会在程序中出现数据溢出的错误。

思考:
　　观察并运行下面的程序,看看是否会报错,分析其中的原因并改错。
　　byte b1 = 2;
　　byte b2 = 3;
　　byte b3 = b1 + b2;

(3) 字符型变量

字符型变量用于存储一个字符,用 char 表示,Java 采用 Unicode 格式的 16 位字符集,因此字符类型在内存中占两个字节,其范围为 0 ~ 65 535。Unicode 是全球语言统一编码,能容纳所有语言字符集,包括汉语、韩语、希腊语等,汉字和英文字母占的内存空间相同,如"JAVA 你好"共 12 个字节。

字符型变量只能保存单个字符,若要处理多个字符信息,需要使用 Java 提供的 String 类,后面会学到。

定义字符型变量,如:

```
char c = 'a';/* 指定变量 c 为 char 型,且赋初值为 'a' */
```

在给字符变量赋值时,也可以赋值为 0 ~ 65 535 之间的整数,计算机会根据 Unicode 编码自动将这些整数转换为所对应的字符,例如 65 对应的字符为 'A',97 对应的字符为 'a'。下面两行代码可以实现同样的功能。

```
char ch = 'd';
char ch = 100;
```

（4）布尔型变量

布尔型用来存储布尔值，用 boolean 表示，在内存中占 1 个字节。布尔型变量的取值只能为 true 或 false。

定义布尔型变量，如：

```
boolean b = true;        //指定变量 b 为 boolean 型,并且赋初值为 true
```

【案例 2-1】简单数据类型的例子。

```
public class DataTypeDemo{
    public static void main(String[]args){
        int x,y;//定义 x,y 两个整型变量
        float z = 1.234f;//定义变量 z 为 float 型,并且赋初值为 1.234
        double w = 1.234;//定义变量 w 为 double 型,并且赋初值为 1.234
        boolean flag = true;//定义变量 flag 为 boolean 型,并且赋初值为 true,
        char c;//定义字符型变量 c
        x = 12;//给整型变量 x 赋值为 12
        y = 300;//给整型变量 y 赋值为 300
        c = 'A';//给字符型变量 a 赋值为 'A'
        System.out.println(x);
        System.out.println(y);
        System.out.println(z);
        System.out.println(w);
        System.out.println(flag);
        System.out.println(c);
    }
}
```

1.4.5 包装类

由于 Java 语言拥有 int、float、double 等基本数据类型，因此 Java 不是纯面向对象的语言。Java 可以直接处理基本类型，但是在有些情况下需要将其作为对象来处理，这时就需要将其转化为包装类。所谓包装类，就是将基本数据类型"包装"成引用类型，以便用类的方式对基本数据类型进行处理。Java 为每个基本类型都提供了包装类，见表 2-5。

表 2-5 Java 的基本类型与包装类

基本类型	包装类	基本类型	包装类	基本类型	包装类
byte	Byte	long	Long	double	Double
short	Short	char	Character	boolean	Boolean
int	Integer	float	Float	void	Void

数值型的包装类中都提供了静态的常量 MAX_VALUE 及 MIN_VALUE，分别表示相应数

据类型的最大取值和最小取值。

【案例2-2】打印出各种数值类型数据的表示范围。

```
public class DataRang{
    public static void main(String[]args){
        System.out.println("字节型数据的最大值和最小值为:" + Byte.MAX_VALUE + " " + Byte.MIN_VALUE);
        System.out.println("短整型数据的最大值和最小值为:" + Short.MAX_VALUE + " " + Short.MIN_VALUE);
        System.out.println("整型数据的最大值和最小值为:" + Integer.MAX_VALUE + " " + Integer.MIN_VALUE);
        System.out.println("长整型数据的最大值和最小值为:" + Long.MAX_VALUE + " " + Long.MIN_VALUE);
        System.out.println("单精度浮点型数据的最大值和最小值为:" + Float.MAX_VALUE + " " + Float.MIN_VALUE);
        System.out.println("双精度浮点型数据的最大值和最小值为:" + Double.MAX_VALUE + " " + Double.MIN_VALUE);
    }
}
```

案例的运行结果如图2-3所示。

```
字节型数据的最大值和最小值为: 127  -128
短整型数据的最大值和最小值为: 32767  -32768
整型数据的最大值和最小值为: 2147483647  -2147483648
长整型数据的最大值和最小值为: 9223372036854775807  -9223372036854775808
单精度浮点型数据的最大值和最小值为: 3.4028235E38  1.4E-45
双精度浮点型数据的最大值和最小值为: 1.7976931348623157E308  4.9E-324
```

图2-3 案例运行结果

基本类型和包装类之间可以相互转化。包装类一般提供了一组静态方法，提供对基本数据类型的一些常规操作。以 Integer 类为例具体讲解其用法。

Integer 类的构造方法见表2-6。

表2-6 Integer 类的构造方法

构造方法	作用
Integer(int value)	使用一个整型值构造一个 Integer 对象
Integer(String s)	使用一个字符串类型的值构造一个 Integer 对象

Integer 类常用的方法见表2-7。

表2-7 Integer 类的常用方法

成员方法	作用
int intValue()	返回 Integer 类型的对象对应的 int 值
String toString()	返回一个表示该 Integer 值的 String 对象

续表

成员方法	作用
String toBinaryString(int i)	返回一个表示指定的 int 值对应的二进制字符串
String toHexString(int i)	返回一个表示指定的 int 值对应的十六进制字符串
String toOctalString(int i)	返回一个表示指定的 int 值对应的八进制字符串

【案例 2-3】Integer 包装类的使用。

```java
public class Integerdemo{
    public static void main(String[]args){
        //TODO Auto-generated method stub
        int x =123;
        Integer num = new Integer(x);//将整型包装成 Integer 类型
        System.out.println(num);
        System.out.println(num.intValue());//将包装类转换成 int 型
        System.out.println(num.toBinaryString(x));//输出 123 对应的二进制
        System.out.println(num.toHexString(x));//输出 123 对应的十六进制
        System.out.println(num.toOctalString(x));//输出 123 对应的八进制
        String s = "256";
        int a = Integer.parseInt(s);    //将字符串转换为 int 类型
        System.out.println(a +3);
    }
}
```

程序的运行结果如下：

```
123
123
1111011
7b
173
259
```

其他包装类的使用和 Integer 类的相似,请读者参考 API 帮助文档。

1.4.6 数据类型转换

在 Java 中,经常会遇到数据类型转换的场景,从变量的定义,到赋值、数值变量的计算,到方法的参数传递、基类与派生类间的造型等。Java 中的类型转换分为自动类型转换和强制类型转换。自动类型转换会在不损失数据精度的情况下自动完成,也称为隐式转换。强制类型转换发生在从存储范围大的类型转换到存储范围小的类型,这时系统不能自动完成,需要强制进行显示转换。

类型转换

1. 自动类型转换(隐式转换)

在 Java 中,整型、浮点型和字符型的数据可以进行混合运算。运算过程中,不同类型的数据先转换为同一类型,然后进行运算,转换从低级到高级进行。不同类型数据间的优先关系如下：

低 ---------------------->高

byte、short、char→int→long→float→double

例如,byte、short、char 类型在参与运算时,会首先转换为 int 类型,然后再参与运算。具体转换见表2-8。

表2-8 自动类型转换

操作数1类型	操作数2类型	结果的类型
byte、short、char	int	int
byte、short、char、int	long	long
byte、short、char、int、long	float	float
byte、short、char、int、long、float	double	double

2. 强制类型转换

要实现自动类型转换,需要满足两个条件:一是转换的两种类型互相兼容,二是低优先级数据转换成高优先级数据。一旦不满足这两个条件,则需用到强制类型转换。强制类型转换语法为:

```
(目标数据类型)(表达式或变量)
```

其中,目标数据类型为转换后的数据类型。
例如:

```
int i = 2;
double j = 2.3;
byte b = (byte)i;  //把 int 型变量 i 强制转换为 byte 型,i 的类型依然是 int
i = (int)(j + 2);  //把 j + 2 的结果转换为 int 类型,j 的类型依然是 double
```

【案例2-4】强制类型转换。

```java
public class Demo3{
    public static void main(String[]args){
        byte b;
        int a = 300;
        b = (byte)a;
        System.out.println("a = " + a);
        System.out.println("b = " + b);
    }
}
```

案例运行结果如下:

```
a = 300
b = 44
```

程序中把变量a由int类型强制转换成byte类型,并将结果赋给变量b。从运行结果可以看到,a的值为300,经过强制转换赋给b后,b的值为44,丢失了精度。出现这种情况,是因为

int 类型变量占用4个字节,byte 类型变量占用1个字节,当将 int 强制转换成 byte 类型后,int 的前3个高位字节的数据丢失,因此数值发生改变,丢失了精度。另外,从程序运行结果也可以看出,强制转换并不改变变量的值。

注意:
◇ 强制类型转换只是将表达式的结果强制转换为目标数据类型,而变量本身的类型和值并没有改变。
◇ 进行强制类型转换会导致精度下降,因此尽量避免使用强制类型转换。

1.4.7 基本的输入/输出方法

输入和输出是程序的重要组成部分,是实现人机交互的手段。在程序运行过程中,常常需要输入要加工处理的数据,处理结束后把结果呈现给用户。

1. 标准输出

标准输出指程序向标准输出设备——显示器的输出。在前面的例子中,程序中的 System.out.println()方法可以将常量、变量或表达式的值输出到显示器。其实在 System.out 对象中包含着多个向显示器输出数据的方法,常用的方法见表2-9。

表2-9 System.out 对象中常用的输出方法

方法	说明
println( )	向标准输出设备(显示器)输出一行文本并换行
print( )	向标准输出设备(显示器)输出一行文本但不换行
printf( )	按指定的格式,向标准输出设备(显示器)输出一行文本

在实际输出时,经常需要将提示信息与变量值一起输出,但 print 方法和 println 方法只有一个参数(即输出项),这时可以利用字符串运算符"+"将多个输出项连接为一个输出项进行输出。

【案例2-5】简单的输入/输出。

```
public class PrintDemo{
    public static void main(String[]args){
        int x =20,y =30;
        double z =1.2;
        System.out.print("x = " +x);//输出 x 的值,不换行
        System.out.println("y = " +y);// +号表示字符串连接
        System.out.println(x +y);//输出 x +y 的和, +号表示算术运算
        System.out.println("sum = " +x +y);
        System.out.println("sum = " + (x +y));
        System.out.printf("x =% d,y =% 4d,z =% f",x,y,z);   //格式输出
        System.out.println();//输出一个回车换行
    }
}
```

案例运行结果如下:

```
x = 20 y = 30
50
sum = 2030
sum = 50
x = 20,y = 30,z = 1.200000
```

说明:格式输出函数 printf 中,以%开头的称为格式控制字符,d 代表整型,f 代表浮点型,c 代表字符型。格式控制符之前的数字控制输出数据所在的位数,如果实际数据不足,则左侧不空格,否则将不受限制,原样输出数据。例如,%4d 表示输出整数,并占 4 位,由于 y 的值为 30,只占两位,因此输出时左侧补两个空格。

2. 标准输入

标准输入指在程序运行时从键盘输入数据到程序中。从键盘输入数据时,可以有两种方法:

(1)输入单个字符

使用 System.in.read( )方法可以从输入流中读取一个字节,数值为 0~255。应用本方法时,由于该方法抛出了异常,所以需要进行异常处理,如程序中的 throws IOException。

【案例 2-6】从键盘输入一个小写字母,转换为大写字母并输出。

```java
import java.io.IOException;    //引入 IOException 异常类
public class ReadDemo{
    public static void main(String[]args)throws IOException{
        //抛出异常
        char c1,c2;
        System.out.println("请输入一个小写字母");
        c1 = (char)System.in.read();
        System.out.println("输入的小写字母是" + c1);
        c2 = (char)(c1 - 32);
        System.out.println("转换为大写字母是" + c2);
    }
}
```

案例运行结果

```
请输入一个小写字母
a
输入的小写字母是 a
转换为大写字母是 A
```

说明:
- System.in.read( )会抛出异常,所以需要进行异常处理。
- 因为 System.in.read( )方法返回 int 类型,因此需要强制转换成 char 类型。
- 大小写字符的 Unicode 编码的差(小写字母的值比大写字母的值大 32)。

(2)输入各种数据类型的数据

使用 java.util.Scanner 类中的各种 next 方法,可以从键盘输入各种基本类型和字符串类型的数据。next 方法要根据输入数据的类型来选用,有 nextInt、nextLong、nextDouble 等,多个输入的数据用空格或者是换行分隔,具体见 API 帮助文档。

【案例 2-7】从键盘输入三角形的三个边长,求这个三角形的面积。

```
import java.util.Scanner;
public class ScannerDemo{
    public static void main(String args[]){
        System.out.printf("请输入三角形的三边长:\n");
        Scanner sc = new Scanner(System.in);//创建 Scanner 对象,接收键盘输入
        double a = sc.nextDouble();//从键盘输入 double 型数据
        double b = sc.nextDouble();
        double c = sc.nextDouble();
        double t = (a+b+c)/2.0;
        double s = Math.sqrt(t*(t-a)*(t-b)*(t-c));//求平方根
        System.out.printf("三角形的面积为%f\n",s);
    }
}
```

案例运行结果如下:

请输入三角形的三边长:
8 12 16
三角形的面积为 46.475800

1.5 任务实现

学习了变量、常量、数据类型等知识后,可以完成任务 1,定义不同类型的变量实现猜数游戏的数据存储。代码如下:

```
import java.util.Scanner;
public class GuessNum{
    public static void main(String[]args){
        int n = (int)(Math.random()* 100);//随机数
        int x;//x 表示用户猜的数
        Scanner scan = new Scanner(System.in);
        x = scan.nextInt();
        int i = 0;//表示猜数的次数
    }
}
```

1.6 巩固训练

通过键盘输入个人的基本信息,包括姓名、年龄、性别、身高等,保存在不同类型的变量中,并将结果输出到屏幕上。

任务 2　猜数游戏的逻辑设计

2.1　任务描述

完成猜数游戏的逻辑设计,判断用户所猜数的大小,给出不同的提示。如果猜错,则继续下一轮猜数过程,直到猜对为止。如果游戏次数大于 5,则退出游戏。

2.2　任务分析

在任务 1 中,完成了猜数游戏中的数据存储,接下来,需要将用户猜的数据和随机生成的数据相比较,然后将结果反馈给用户,游戏会如此重复下去,直到用户猜中了或者猜错的次数大于 5 次结束游戏。在程序设计中,需要比较用户猜的数据和随机数大小,还要计算比较的次数,这需要用到运算符和表达式;还需要根据比较的结果决定游戏是否继续重复下去,这就需要使用 Java 语言的流程控制语句。

2.3　任务学习目标

通过本任务学习,达成以下目标:
1. 掌握运算符和表达式。
2. 理解 Java 程序的三种结构。
3. 掌握选择语句:if-else、switch 的使用。
4. 掌握循环语句:while、do-while、for 的使用。
5. 掌握与程序转移有关的跳转语句:break、continue 的使用。

2.4　知识储备

2.4.1　运算符和表达式

1. 运算符

对各种类型的数据进行加工的过程称为运算,表示各种不同运算的符号称为运算符。参与运算的数据称为操作数。

按操作数的数目来划分,运算符可分为:

① 一元运算符,如 ++ 、-- 、+(正号)、-(负号)。
② 二元运算符,如 +(加)、-(减)、> 。
③ 三元运算符,如?:。

按功能划分,运算符可分为算术运算符、关系运算符、逻辑运算符、位运算符、赋值运算符、条件运算符和字符串运算符。

(1) 算术运算符

算术运算符主要完成算术运算,常见的算术运算符见表 2-10。

运算符

算术运算符

表 2-10 常见的算术运算符

运算符	运 算	运算符	运 算	运算符	运 算	运算符	运 算
+	正号	-	减号	%	求余		
-	负号	*	乘号	++	自增		
+	加号	/	除号	--	自减		

其中,正号(+)、负号(-)、自增(++)和自减(--)运算符是一元运算符,其余均为二元运算符。对于自增和自减运算符,要求参与运算的操作数必须为变量。当自增、自减运算符用在变量之前时,变量自身首先加1(或减1),然后再参与其他运算;当自增、自减运算符用在变量之后时,变量首先参与其他运算,然后自身加1(或减1)。

例如:

```
int a=1,b,c;
b=a++;      //先将a的值赋给b,然后a加1
c=++a;      //先将a的值加1,然后将a的值赋给c
```

经过运算后,a=3,b=1,c=3。

注意:

◇ 两个整数相除,结果仍为整数,舍去小数部分,如5/2=2。

◇ 求余运算符%用于求两个操作数相除的余数。其对浮点类型的数据也能计算。浮点型数据a%b的运算结果为a-(int)(a/b)*b,余数的符号与被除数a相同。如17%3=2,123.4%5=3.4。

> 思考:
> 请分析执行下面代码后,i、j、k的值分别为多少?
> int i=0;
> int j=i++ + ++i;
> int k=--i+i--;

(2)关系运算符

关系运算符又称比较运算符,主要完成操作数的比较运算,可以用于比较两个变量、字符或表达式的值。常见的关系运算符见表2-11。

关系运算符

表 2-11 常见的关系运算符

运算符	运 算	运算符	运 算
==	等于	!=	不等于
>	大于	<	小于
>=	大于等于	<=	小于等于

关系运算的结果为布尔值,即为true或false。

例如：
1==2,结果为 false；
2<=3,结果为 true。

(3) 逻辑运算符

逻辑运算符主要完成逻辑运算。常见的逻辑运算符见表 2-12。

逻辑运算符

表 2-12 常见的逻辑运算符

运算符	运 算	运算符	运 算
&	非简洁与	∧	异或
|	非简洁或	&&	简洁与
!	逻辑非	||	简洁或

逻辑运算的结果为布尔值,即为 true 或 false。逻辑运算符中,逻辑非(!)为一元运算符,其余均为二元运算符。其中,"与"表示只有当两个操作数同时成立时,运算的结果才为真；"或"表示两个操作数只要有一个成立,运算的结果即为真；"异或"表示只要两个操作数不同,运算的结果即为真。简洁与、或和非简洁与、或的区别在于:简洁与、或在运算时,若运算符左端表达式的值能够确定整个表达式的值,则运算符右端表达式将不会被计算,即存在"短路现象"。而非简洁与、或在运算时,运算符两端的表达式都要进行计算,最后计算整个表达式的值。例如:

```
int a=1,b=2,c=10,d=11;
boolean x=(++a<++b)||(c++>d++);   //存在"短路现象"
boolean y=(++a<++b)|(c++>d++);    //两边的表达式均要计算
```

两个式子的运算结果分别为

```
x=true,a=2,b=3,c=10,d=11
y=true,a=2,b=3,c=11,d=12
```

熟练掌握关系运算符和逻辑运算符,可以用逻辑表达式描述复杂的条件。

① 用 int 变量 x、y、z 表示三角形的三个边长,它们能构成一个三角形的条件是:任意两边之和大于第三边,该条件用逻辑表达式可表示为(x+y)>z&&(y+z)>x&&(z+x)>y。

② 判断某年 year 是否为闰年的条件:该年能被 400 整除,或能被 4 整除但不能被 100 整除,用逻辑表达式可表示为 year%400==0||y%4==0&&y%100!=0。

(4) 位运算符

位运算符用来对二进制位进行运算。位运算符只限于对整型或字符型数据进行运算,结果为整型数据。常见的位运算符见表 2-13。

表 2-13 常见的位运算符

运算符	运 算	运算符	运 算
~	按位取反	<<	算术左移
&	与运算	>>	算术右移
|	或运算	>>>	逻辑右移
^	异或运算		

学习成果 2　猜数游戏

其中,除了按位取反(~)是一元运算符外,其余都是二元运算符。要理解位运算符的功能,应掌握数据的表示形式。Java 语言使用补码表示数据。数据在计算机中以二进制形式保存,在补码表示中,最高位为符号位,正数为 0,负数为 1。对于正数,除符号位外,其余位代表数值本身,如 +8 的 8 位补码为 00001000;对于负数,通常用将负数的绝对值的补码取反加 1 的方法来得到负数的补码,如 -8 的 8 位补码为 11111000。

以 INT 型数据为例介绍各种位运算符的功能,其占 4 个字节,32 位(以下 1 代表 TRUE,0 代表 FALSE):

①按位取反运算(~):对数据的各个二进制位按位取反,即将 0 变为 1,1 变为 0,如 int a = 8,b = ~a;,则 b 的值为 7。

②与运算(&):参与运算的两个值,如果两个相应位都为 1,运算结果为 1;否则,为 0。如 6&3 = 2。

③或运算(|):参与运算的两个值,如果两个相应位都为 0 时,运算结果为 0;否则,为 1。如 6|3 = 7。

④异或运算(^):参与运算的两个值,如果两个相应位相同,运算结果为 0;否则,为 1,如 6^3 = 5。

⑤算术左移运算(<<):将左边操作数的所有二进制位向左移动由右边操作数指定的位数,移动后低位自动补 0,如 int a = 8,b = a << 2;,则 b = 32。

在不产生溢出的情况下,数据每左移 1 位,相当于乘以 2,而且用左移来实现乘法比乘法运算效率要高。

⑥算术右移运算(>>):将左边操作数的所有二进制位向右移动由右边操作数指定的位数,移出的低位被舍弃,如果左边操作数是正数,则移动后的数高位补 0;反之,则补 1。如 int a = 8,b = a >> 2;,则 b = 2。

数据每右移 1 位,相当于移位数据除以 2 取商,而且用右移来实现除法比除法运算效率要高,但要注意,当移位数据为负且最低位有 1 移出时,上述结论不成立,如 int a = -5,b = a >> 1;,则 b = -3。

⑦逻辑右移运算(>>>):将左边操作数的所有二进制位向右移动由右边操作数指定的位数,移出的低位被舍弃,不管操作数是正是负,最高位都补 0,如 int a = 8,b = a >>> 2;,则 b = 2。

注意:

◇ 移位运算符适用的数据类型有 byte、short、char、int、long。

◇ 对低于 int 型的操作数,将先自动转换为 int 型再移位。

◇ 对于 int 型整数移位 a >> b,系统先将 b 对 32 取模,得到的结果才是真正移位的位数。例如,a >> 33 和 a >> 1 的结果是一样的。

◇ 对于 long 型整数,移位时 a >> b,则是先将 b 对 64 取模。

◇ 移位不会改变变量本身的值。如 a >> 1;在一行单独存在,毫无意义。

思考:
　　请用最有效率的方法计算出 2 乘以 8 等于几。

> 疑难解析:所谓的最有效率,实际上就是通过最少、最简单的运算得出想要的结果,而移位是计算机中相当基础的运算。左移位"<<"把被操作数每向左移动一位,效果等同于将被操作数乘以2,而2*8=(2*2*2*2),就是把2向左移位3次。
> 因此,最有效率的计算2乘以8的方法就是"2<<3"。

(5) 赋值运算符

在前面的代码中,已经使用了赋值运算符"=",它的作用是将右侧一个数据值赋给左侧变量。在 Java 程序中,可以在赋值运算符"="前面加上其他运算符,构成复合赋值运算符。复合赋值运算符仍为一个运算符,它的使用可简化表达式的书写。常见的复合赋值运算符见表 2-14。

赋值运算符

表 2-14 常见的复合赋值运算符

运算符	运算	实例	含义
+=	加等于	a += b	a = a + b
-=	减等于	a -= b	a = a - b
*=	乘等于	a *= b	a = a * b
/=	除等于	a /= b	a = a / b
%=	模除等于	a %= b	a = a % b

说明:

① 当赋值运算符两侧类型不一致时,若左侧变量的数据类型级别高,则右侧的数据会自动转换成与左侧数据类型相同的数据,然后赋给左侧变量;反之,则需要使用强制类型转换,如

```
byte a,b=1;
int c=1,d;
d=b;              //自动类型转换
a=(byte)c;        //强制类型转换
```

② 复合赋值运算符的右侧操作数是一个整体,如 a *= b + c 等价于 a = a * (b + c),其中括号一定不能缺少。

(6) 条件运算符

条件运算符"?:"是一种三元运算符,它的格式如下:

布尔表达式?表达式1:表达式2

其运算为:先计算布尔表达式的值,若为 true,则计算并返回表达式 1 的值;若为 false,则计算并返回表达式 2 的值。例如,表达式(a>b)?a:b 返回的是 a 和 b 的最大值。

条件运算符

(7) 字符串运算符

字符串运算符"+"可以实现两个或多个字符串的连接,如"hello"+"world"得到字符串"hello world"。同时,"+"也可实现字符串与其他类型数据的连接,在连接时,其他类型的数据会被转换成字符串类型。

上面介绍了 Java 语言中的基本运算符,这些运算符除了有结合性外,还有优先级,优先级确定不同级别运算符的运算顺序,结合性确定同一级别运算符的运算顺序。Java 运算符的优先级和结合性见表 2-15。

表 2-15 运算符优先级和结合性

优先级	运算符	结合性
1	++、--、!、~	从右到左
2	*、/、%	从左到右
3	+、-	从左到右
4	>>、>>>、<<	从左到右
5	>、<、>=、<=	从左到右
6	==、!=	从左到右
7	&	从左到右
8	^	从左到右
9	|	从左到右
10	&&	从左到右
11	||	从左到右
12	?:	从右到左
13	=、+=、-=、*=、/=、%=、^=、&=、|=、<<=、>>=、>>>=	从右到左

在实际编程中,要记住这么多运算符的优先级是比较困难的,在需要某个表达式先计算时,可以使用括号,如 j=(i++)+(++j)。另外,应尽量避免编写过长的表达式,长表达式容易引起对求值次序的误解。

2. 表达式

表达式是由操作数和运算符按照一定语法形式组成的符号序列,一个常量或变量是最简单的表达式。如 55(常量)、a(变量)、a*b+5、x<3&&y!=0 等都是表达式。每个表达式经过运算后都会产生一个确定的值,称为表达式的值。表达式的值的数据类型称为表达式的类型。不同类型的操作数参与运算时,系统将自动进行类型转换,运算结果的类型是所有操作数类型中级别最高的类型。

例如:

```
double a = 3.2;
int b = 8;
float c = 9.8f;
```

则表达式 a+b*c 的类型为 double。

2.4.2 程序结构

尽管现实世界的问题错综复杂,但对应的计算机算法流程只有三种基本结构:顺序结构、选择结构、循环结构。其中,顺序结构表示程序中

程序结构

的各操作是按照它们书写的先后顺序执行的,前面讲到的案例都是顺序结构;选择结构表示程序的处理步骤出现了分支,它需要根据某个特定的条件选择其中的一个分支执行;循环结构表示程序反复执行某个或某些操作,直到某条件为假(或为真)时才可终止循环。

Java 语言提供支持结构化程序设计的所有流程控制结构,通过控制语句来执行程序流,完成一定的任务。Java 中的控制语句有以下几类:

- 选择语句:if-else、switch。
- 循环语句:while、do-while、for。
- 与程序转移有关的跳转语句:break、continue。

2.4.3 选择语句

在现实生活中,经常需要做出各种选择,例如,开车来到一个十字路口,需要根据目的地选择路线;不同的季节,需要穿不同的衣服。对于这类问题,Java 使用选择语句进行处理,允许程序根据不同的条件采取不同的动作、执行不同的操作。Java 语言的选择语句有两种:if 语句和 switch 语句。

选择语句

1. if 语句

if 语句有三种语法形式,下面分别进行介绍。

(1) if 语句

语法格式:

```
if(布尔表达式)         //根据布尔表达式的值决定执行不同的语句
{
语句序列;              //条件为真时执行
}
```

说明:

① 布尔表达式即值为布尔类型的表达式,一般为关系表达式或逻辑表达式,如果布尔表达式的值为 true,则执行语句序列;如果为 false,则什么也不做。

② 语句序列可以是单一的语句,也可以是由任意个语句构成的复合语句。复合语句要用大括号括起来;如果是单一语句,大括号可以省略,但建议都加上,可以增加程序的可读性。

if 语句的流程图如图 2-4 所示。

【案例 2-8】输入两个整数,按由小到大的顺序输出。

解题思路:

对于任意两个数 a、b,当 a 比 b 大的时候,只需要 a、b 的值交换一下即可,也就是让 a 保存两个数中较小的数,b 保存两个数中较大的数即可。要交换两个变量,需要用到第三个变量,这就如同交换两个瓶子中的饮料一样,需要一个空瓶子。

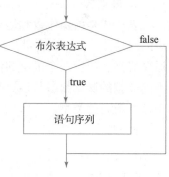

图 2-4 if 语句流程图

案例代码：

```java
import java.util.Scanner;
public class IfDemo{
    public static void main(String[]args){
        //TODO Auto-generated method stub
        Scanner sc = new Scanner(System.in);
        System.out.println("请输入两个整数");
        int a = sc.nextInt();
        int b = sc.nextInt();
        int t;
        if(a>b){
            t=a;
            a=b;
            b=t;
        }
        System.out.println("从小到大输出两个数" + a + " " + b);
    }
}
```

(2) if–else 语句

语法格式：

```
if(布尔表达式)          //根据布尔表达式的值决定执行不同的语句
  {
    语句序列1;          //条件为真时执行
  }
else{
    语句序列2;          //条件为假时执行
}
```

说明：

① if–else 语句的执行过程为：如果布尔表达式的值为 true，则执行语句序列 1；如果为 false，则执行语句序列 2。

② 语句序列 1、2 可以是单一的语句，也可以是由任意个语句构成的复合语句。复合语句要用大括号括起来。

if–else 语句的流程图如图 2–5 所示。

【案例 2–9】从键盘输入一个数，判断其是否为 2 和 3 的公倍数。

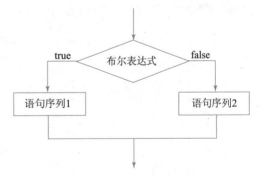

图 2–5 if–else 语句流程图

```java
import java.util.Scanner;
public class IfDemo{
```

```
    public static void main(String args[]){
        int a;
        Scanner s = new Scanner(System.in);
        System.out.println("请输入一个数");
        a = s.nextInt();
        if((a%2==0)&&(a%3==0)){
            System.out.println(a + "是2和3的公倍数!");
        }
        else{
            System.out.println(a + "不是2和3的公倍数!");
        }
    }
}
```

程序的运行结果如下：

请输入一个数
95
95 不是2和3的公倍数!

（3）if – else if 的形式

语法格式：

```
if(条件1)
    {语句1}
else if(条件2)
    {语句2}
```

如果条件1正确，执行语句1；如果条件2正确，则执行语句2。

【案例2-10】从键盘输入学生成绩，判断其等级并输出。90~100 分等级为 A,80~89 分等级为 B,70~79 分等级为 C,60~69 分等级为 D,60 分以下等级为 E。

```
import java.util.Scanner;
public class IfElseDemo{
    public static void main(String[]args){
        double score;
        char grade;
        System.out.println("请输入学生的成绩:");
        Scanner sc = new Scanner(System.in);
        score = sc.nextDouble();
        if(score >= 90)
            grade = 'A';
        else if(score >= 80)
            grade = 'B';
        else if(score >= 70)
            grade = 'C';
        else if(score >= 60)
```

```
            grade = 'D';
        else
            grade = 'E';
        System.out.println("成绩等级为" + grade);
    }
}
```

程序的运行结果如下：

请输入学生的成绩
86
成绩等级为 B

(4) if – else 嵌套

即语句序列 1 和语句序列 2 都可以是 if – else 语句。

语法格式：

```
if(表达式1)
    if(表达式2)
        语句1;
    else
        语句3;
else
    if(表达式3)
        语句3;
    else
        语句4;
```

在嵌套使用时，并非每个嵌套都需要完整的 if – else 语句，可以只使用 if 语句。因此，实际编程时，可根据需要灵活使用 if – else 语句。

注意：else 总是和它前面最近的 if 配对，要改变这种配对关系，可以利用大括号。例如：

```
if(x > 0){
    if(x > 20)
        y = x + 1;
}
else
    y = x - 1;
```

由于使用了大括号，因此上面代码中的 else 和第一个 if 配对，表示的是 x <= 0 的情况；如果去掉大括号，则 else 和第二个 if 配对，表示的是 0 < x && x <= 20 的情况。

2. 多分支语句 switch

在 if 语句中，布尔表达式的值只能为 true 或 false。若要实现程序的多路径分支，可以使用 if – else if 的形式。但如果分支较多，则不但会降低代码的可读性，而且会降低程序执行的效率。这种情况下，就需要另一种可提供更多选择的语句：switch 语句。switch 语句也称为开关语句。其语法格式如下：

switch 语句

```
switch(表达式){
```

```
    case 值1:语句1;break;
    case 值2:语句2;break;
    …
    case 值n:语句n;break;
    [default:语句n+1;]
}
```

执行 switch 语句时,先计算表达式的值,然后将该值同每个 case 后的值做相等比较,如果相等,则执行此 case 语句后至第一个 break 间的语句或语句块,如果表达式的值与所有 case 后的常量都不匹配,则执行 default 子句的语句 n+1(若没有 default 子句,则什么也不做)。

说明:

①表达式的值的类型必须是这几种类型之一:int,byte,char,short,并与各个 case 后的常量值类型相同。在 JDK 7.0 版本中引入了新特性,switch 后面的表达式可以是 String 类型。

②case 子句中的值必须是常量,而且所有 case 子句中的值应是不同的。

③default 子句可有可无,但最多只能有一个。

④break 语句用来在执行完一个 case 分支后,使程序跳出 switch 语句,即终止 switch 语句的执行。在多个不同的 case 值要执行一组相同的操作时,前面的 case 语句后不需要写任何语句,只在需要跳出的最后一个 case 语句后加上操作的语句块和 break 语句即可。

【案例 2-11】通过一个月份来判断当前所属季节。

```java
public class Example10{
public static void main(String[]args){
    System.out.println("请输入月份:");
    Scanner sc = new Scanner(System.in);
    int month = sc.nextInt();    //定义一个变量 month,输入月份
    switch(month){
        case 3:
        case 4:
        case 5:System.out.println("该月份为春季");
            break;
        case 6:
        case 7:
        case 8:System.out.println("该月份为夏季");
            break;
        case 9:
        case 10:
        case 11:System.out.println("该月份为秋季");
            break;
        case 12:
        case 1:
        case 2:System.out.println("该月份为冬季");
            break;
         default:System.out.println("该月份不存在");
```

```
        }
    }
}
```

> 思考：
> 　　大家可以试着把代码中所有 case 后面的 break 去掉，重新运行程序，看看出现什么结果？

2.4.4 循环语句

循环语句的作用是重复执行一段语句序列，直到循环条件不成立为止。一个循环一般包括三个部分。

①初始化部分：用来设置循环的一些初始条件，如为循环变量赋初值，一般只执行一次。

②循环条件：一般为布尔表达式，是循环执行的条件，每次循环都要对该表达式求值，循环条件成立，则执行循环体，否则，结束循环。

③循环体部分：重复执行的语句序列称为循环体，可以是单一语句，也可以是复合语句，为了让循环能够正常结束，循环体中通常会有相应的迭代语句，例如循环变量的改变。

Java 语言中提供的循环语句有 while 语句、do – while 语句、for 语句。

循环语句

1. while 语句

语法格式：

```
while(布尔表达式){
    循环体语句；
}
```

while 语句

程序运行时，先判断布尔表达式的值（循环条件），若布尔表达式的值为 true，则执行循环体语句，然后再次判断布尔表达式的值，如果为真，则继续执行循环体，直到循环条件不成立，则退出循环。while 语句循环的流程图如图 2 – 6 所示。

简单地说，while 语句循环是先判断条件然后执行，因此也称为当型循环。若第一次执行 while 循环时，布尔表达式的值为 false，则循环一次也不执行，即 while 语句循环体最少执行次数为 0。

每执行一次循环后，循环条件均应发生相应的变化，使得执行若干次循环后，循环条件会由 true 变为 false，即循环终止。否则，会造成死循环。

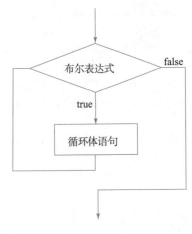

图 2 – 6　while 语句循环流程图

【案例 2 – 12】计算 1~100 所有奇数的和。

```
public class WhileDemo{
    public static void main(String[]args){
```

```
    int sum = 0;
    int i = 1;
    while(i < 100){
        sum += i;
        i += 2;
    }
    System.out.println("sum = " + sum);
}
```

程序的运行结果如下:

```
sum = 2500
```

2. do – while 语句

语法格式:

```
do{
    循环体语句
} while(布尔表达式);     //此处的分号一定不能少
```

do – while 语句

程序运行时,先执行循环体语句,之后判断布尔表达式的值,若布尔表达式的值为 true,则重复执行循环体语句。若布尔表达式的值为 false,则退出循环。简单地说,do – while 循环是先执行,然后判断条件,因此也称为直到型循环。其流程图如图 2 – 7 所示。

由于 do – while 语句是先执行后判断,因此 do – while 语句循环体最少执行次数为 1。这也是 while 语句和 do – while 语句的不同之处。

【案例 2 – 13】有一分数序列:2/1,3/2,5/3,8/5,13/8,21/13,…,求这个数列的前 20 项之和。

```
class DoWhileDemo{
    public static void main(String[]args){
        double sum = 0.0;
        int i = 0, m = 2, n = 1, t;
        do{
            sum += (1.0 * m)/n;
            i++;
            t = m;
            m = m + n;
            n = t;
        }while(i <= 20);
        System.out.printf("sum = % f", sum);
    }
}
```

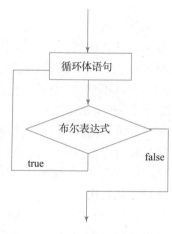

图 2 – 7 do – while 循环流程图

程序运行结果如下:

```
sum = 34.278295
```

3. for 语句

for 循环语句功能强大且使用灵活,是最有用的一种循环语句。for 语句的语法格式如下:

```
for([表达式1];[表达式2];[表达式3]){    //表达式2为循环条件
    循环体语句;
}
```

for 语句

其中,表达式 1 用于设置循环控制变量的初始值,表达式 2 为循环的终止条件,表达式 3 用于设置循环变量每次改变的步长。程序运行时,先执行表达式 1(只计算一次),然后计算判断表达式 2 的值,若表达式 2 的值为 true,则执行循环体语句和表达式 3,然后再计算表达式 2 的值。若表达式 2 的值为 false,则退出循环,否则,重复上面的操作。简单地说,for 语句各部分执行次序为表达式 1、表达式 2、循环体语句、表达式 3,表达式 2 的值决定了循环体和表达式 3 是否循环执行。

说明:

①表达式 1 和表达式 3 可以使用逗号语句进行多个操作。逗号语句是用逗号分隔的语句序列。如

```
for(i=0,j=10;i<j;i++,j--){
    ...
}
```

②for 语句表现形式灵活,三个表达式均可省略,但分号不能省。例如:

```
int i=0;
for(;i<5;i++)    //省略表达式1
```

③for 循环语句不仅可以灵活调整表达式部分,还可以没有循环体。例如:

```
for(i=0;i<10;sum+=i++);    //计算1~10的累加和
```

for 循环流程图如 2-8 所示。

下面通过案例学习 for 语句的使用。

【案例 2-14】用 for 语句实现案例 2-12。

```
public class ForDemo{
    public static void main(String[]args){
        int sum=0;
        for(int i=1;i<100;i+=2)
            sum+=i;
        System.out.println("sum="+sum);
    }
}
```

注意:

◇ while、do-while 和 for 语句都可以表示循环结构,一般情况下三者可以相互转换。

◇ do-while 语句循环体至少会执行 1 次,而 while 语句

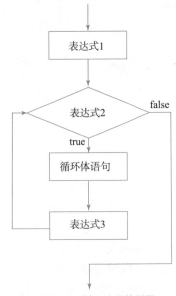

图 2-8 for 循环流程控制图

和 for 语句的循环体至少执行 0 次。

4. 循环嵌套

Java 语言中的三种循环语句都可以相互嵌套构成多重循环。循环嵌套是指在某个循环语句的循环体中又包含另一个完整的循环语句。外面的循环语句称为"外层循环",外层循环的循环体中的循环称为"内层循环"。例如以下几种都是合法的循环嵌套。

循环嵌套

```
(1) while( ){                    (2) while( ){
      …                                …
      while( ){                        do{
        …                                …
      }                                }while( );
      …                                …
    }                                }

(3) for( ; ; ){                  (4) for( ; ; ){
      …                                …
      for( ; ; ){                      while( ){
        …                                …
      }                                }
      …                                …
    }                                }
```

设计循环嵌套结构时,要注意内层循环语句必须完整地包含在外层循环的循环体中,不能出现内外层循环体交叉的情况。

【案例 2-15】 输出九九乘法表。

```
public class MultiLoopDemo{
    public static void main(String[]args){
        for(int i =1;i <10;i ++){            //外层循环
            for(int j =1;j <= i;j ++)        //内层循环
            {
                System.out.print(i +"* " +j +" =");
                System.out.printf("%-4d",i* j);/* "%-4d"控制输出占
四列,不足四位右边补空格* /
            }                                //内层循环结束
            System.out.println();
        }                                    //外层循环结束
    }
}
```

2.4.5 跳转语句

1. break 语句

break 语句的功能是终止执行包含 break 语句的程序块。break 语句除了可应用于前面介绍的 switch 语句中外,还可应用于各种循环语句中。在使用循环语句时,只有循环条件为假时才能结束循环,若要提前

跳转语句

结束循环,可在循环体中使用 break 语句。break 语句的格式如下:

```
break;
```

【案例 2-16】判断一个数是否是素数。

解题思路:

素数是只能被 1 和自身整除的数。判断一个数 n 是否是素数,最基本的操作是,让 n 从 2 开始除,一直除到 n-1,如果期间能够被某个数整除,则一定不是素数;如果均不能整除,则为素数。

案例代码:

```java
import java.util.Scanner;
public class Breakdemo_素数{
    public static void main(String[]args){
        Scanner scan=new Scanner(System.in);
        System.out.println("请输入一个整数:");
        int x=scan.nextInt();//输入1个整数
        boolean t=true;//标识x是否是素数
        for(int i=2;i<x;i++){
            if(x%i==0){//x能够被整除,则x不是素数
                t=false;
                break;//跳出循环
            }
        }
        if(t){//如果循环结束,t值为真,说明x是素数
            System.out.println(x+"是素数");
        }else{
            System.out.println(x+"不是素数");
        }
    }
}
```

案例运行结果:

```
12
12 不是素数
```

2. continue 语句

与 break 语句不同,continue 语句只能用于循环语句中,用来结束本次循环,跳过循环体中下面尚未执行的语句,直接进入下一次循环。它的格式为:

```
continue;
```

例如:

```
int sum=0;
for(int i=0;i<=100;i++){
```

```
if(i%2!=0)
    continue;
  sum+=i;        //当执行continue语句时,此语句被跳过
}
```

分析上面的代码,可知变量 sum 中保存的是 1~100 偶数的和。

【案例2-17】从键盘输入班级某小组学生人数,再输入该组学生 Java 课程考试的成绩,统计小组 Java 课程的及格率。

```
import java.util.Scanner;
public class ContinueDemo1{
    public static void main(String[]args){
        Scanner in =new Scanner(System.in);
        int pass =0,score;
        System.out.println("请输入班级学生人数");
        int num =in.nextInt();
        for(int i =1;i <=num;i ++){
            System.out.print("第"+i+"个学生的成绩为:");
            score =in.nextInt();
            if(score <60)
                continue;
            pass ++;
        }
        System.out.println("Java 课程的及格率为:" + (double)pass/num* 100
+"% ");
    }
}
```

案例运行结果如下:

```
请输入小组学生人数
5
第1个学生的成绩为:89
第2个学生的成绩为:54
第3个学生的成绩为:78
第4个学生的成绩为:90
第5个学生的成绩为:69
Java 课程的及格率为:80.0%
```

2.4.6 流程控制语句实战

就像前面讲到的,任何复杂的算法,都可以使用三种基本的流程控制语句实现,因此,对于流程控制语句的使用,大家要灵活掌握,下面通过案例的完成,进一步提升读者对流程控制语句的掌握。

【案例2-18】求斐波那契数列的前 20 个数,要求每行输出 5 个数。

斐波那契数列(Fibonacci sequence),又称黄金分割数列,因数学家里昂纳多·斐波那契(Leonardoda Fibonacci)以兔子繁殖为例而引入,故又称为"兔子数列",指的是这样一个数列:

1,1,2,3,5,8,13,21,34,…,数列从第3个数开始,每一项都是前面两项的和。用数学方式表示如下:

$$f(x) = \begin{cases} 1, & x = 1 \\ 1, & x = 2 \\ f(x-1)+f(x-2), & x > 2 \end{cases}$$

解题思路:

因为要求数列的前 20 个数,很显然得用循环完成,接下来就需要找循环的三要素:循环初始条件、循环条件、循环体。数列前两项没有任何规律,只能采用直接赋值的方式,从第三项开始有规律可循,可以用 n1,n2 分别表示每一项的前两个数,这样对于每一项 n 而言,n = n1 + n2;注意,每求出一项,n,n1,n2 都发生改变,顺序往后移动一项,即 n1 = n2,n2 = n。要求数列的前 20 个数,可以单独设一个计数器,每求出一项便自增,循环条件即为计数器 <20。另外,要求每行输出 5 个数,可以利用计数器进行控制,每当计数器的值是 5 的倍数时,就输出一个换行符。

案例代码:

```
public class FibDemo{
    public static void main(String[]args){
        //TODO Auto-generated method stub
        int n1 =1,n2 =1,n;
        int t =0;
        System.out.printf("% 6d% 6d",n1,n2);
        t =2;
        while(t < 20){
            n =n1 + n2;
            System.out.printf("% 6d",n);
            t ++;
            n1 =n2;
            n2 =n;
            if(t % 5 ==0){
                System.out.println();
            }
        }
    }
}
```

案例运行结果如下:

```
    1     1     2     3
    8    13    21    34
   89   144   233   377
  987  1597  2584  4181
```

【**案例 2-19**】从键盘输入一个数,判断它是几位数,并逆序输出各个位上的数字。

解题思路:

在这个案例中,由于没有限制输入数字的位数,对于任意的数,除以 10 的余数一定是个位数字。分离一个数字的各位数字,可以借助算术运算符/和%。每次用该数除以10取余数,得到最低位数字,然后再整除10,舍弃个位数,如此反复,就可以得到每一位数字。

案例代码:

```java
import java.util.Scanner;
public class NumDemo{
    public static void main(String[]args){
        //TODO Auto-generated method stub
        int x;
        int t,num=0;//num为计数器,统计x的位数
        Scanner sc=new Scanner(System.in);
        System.out.println("请输入一个数");
        x=sc.nextInt();
        int n=x;
        System.out.println(x + "逆序输出各个位数字");
        do{
            t=n%10;
            System.out.print(t + " ");
            n=n/10;
            num++;
        }while(n>0);
        System.out.println();
        System.out.println(x + "是" + num + "位数字");
    }
}
```

案例运行结果如下:

```
请输入一个数
1234
1234 逆序输出各个位数字:
4 3 2 1
1234 是 4 位数字
```

2.5 任务实现

根据任务分析,需要利用综合循环和分支语句来实现猜数游戏的逻辑设计。让用户现重复猜数,直到猜对为止。如果猜错,游戏次数加1,如果游戏次数>5,则用break跳出循环。由于本任务用户至少要进行1次猜数,也就是循环至少执行1次,因此适合用do-while循环实现。任务代码如下:

```java
import java.util.Scanner;
public class GuessNum{
    public static void main(String[]args){
        int n=(int)(Math.random()* 100);
        int x=-1;
        int i=0;
        Scanner scan=new Scanner(System.in);
```

```
        do{
            System.out.println("请输入一个0~100之间的整数:");
            x = scan.nextInt();
            if(x > n){
                System.out.println("你猜的数大了,请重新输入:");
            } else if(x < n){
                System.out.println("你猜的数小了,请重新输入:");
            }
            i++;//记录猜错的次数
            if(i > 5){
                System.out.println("您猜错的次数已达上限,游戏结束");
                break;
            } else{
                System.out.println("您已猜错" + i + "次");
            }
        } while(x != n);
        if(i <= 5){
            System.out.println("恭喜你,猜对了");
        }
    }
}
```

2.6 巩固训练

1. 输入两个正整数,求其最大公约数和最小公倍数。

2. 求 1!+2!+3!+…10!。

3. 输出所有的"水仙花数"。水仙花数是一个3位数,其各位数字立方和等于该数本身。例如,153 就是水仙花数。

4. 输出 1 000 之内的所有的完数。一个数如果恰好等于它的因子之和,这个数就称为"完数"。例如 6 的因子为 1,2,3,而 6 = 1 + 2 + 3,因此 6 是完数。要求输出格式如下:

    6 是完数,它的因子是 1,2,3

5. 求 1~100 之间的素数,并输出。

学习目标达成度评价

序号	学习目标	学生自评
1	能够正确定义程序中的数据	□能够分析程序中用到的数据,并使用正确的数据类型定义数据 □需要参考教材内容才能实现 □不知道如何提炼、定义数据
2	能够根据实际需求对数据进行相应运算	□能够熟练使用不同的运算符 □需要参考教材内容才能实现 □不能熟练运用各种运算符

续表

序号	学习目标	学生自评
3	能够灵活运用流程控制语句进行算法的设计、实现,并能够对程序进行调试	□能够熟练利用流程控制语句进行编程 □能掌握简单的流程控制语句,但复杂的流程控制语句有困难 □无法应用流程控制语句
4	能够正确从标准输入设备中读取数据,经过一定的处理后,能够将结果输出到标准输出设备	□能够熟练掌握输入、输出语句 □参考书上内容,可以进行数据的读取和输出 □不能进行输入、输出操作
评价得分			
学生自评得分 (20%)	学习成果得分 (60%)	学习过程得分 (20%)	项目综合得分

- 学生自评得分

学生自评表格中,第一个选项得 25 分,第二个选项得 15 分,第三个选项得 10 分。

- 学习成果得分

教师根据学生学习成果完成情况酌情赋分,满分 100 分。

- 学习过程得分

教师根据学生其他学习过程表现,如到课情况,作业完成情况,课堂参与讨论情况等酌情赋分,满分 100 分。

学习笔记

_____
_____
_____
_____
_____
_____
_____
_____
_____

学习成果3
统计分析某公司员工的工资情况

项目导读

实现某公司员工收入情况的统计分析,例如计算员工的平均工资、最高工资,某个工资范围的员工数等,现通过编程来实现这一功能。

学习目标

知识目标	能力目标	素质目标
1. 掌握方法的定义、调用 2. 理解并掌握方法调用时的参数传递 3. 理解一维、二维数组的定义,掌握数组元素的引用 4. 掌握数组常见算法的设计、实现 5. 具有精益求精、勇于探索的大国工匠精神	1. 能够根据程序需要,正确定义方法,并调用方法 2. 能够利用数组处理批量数据	1. 具有发现问题、解决问题的能力 2. 具有较强的团队协作能力 3. 具有不怕困难、善于总结、勇往直前的品质 4. 具有沟通表达、吃苦耐劳的职业素养

学习寄语

不积跬步,无以至千里,要想实现该项目,需要掌握数组及方法的相关知识。数组和方法也是Java基础中重要的内容,在学习过程中要善于梳理、总结知识点。学习中会遇到各种问题,只有主动探索解决问题的方法,才能体会到其中的乐趣。在学习中,相信只要不忘初心、坚持不懈,将每一个知识点熟练掌握到可以灵活应用的程度,就一定能够学有所成。

任务1 利用方法为项目搭建框架

1.1 任务描述

本任务要求利用方法为项目搭建框架。

1.2 任务分析

在项目中,需要分析公司员工的收入情况,包括最高、最低、平均工资等,可以想象,如果将所有的代码都放在 main 方法中，main 方法将变得非常庞大，程序结构变得不清晰，这样做既不利于代码的重复使用，也不满足模块化程序设计的思想。

按照模块化程序设计的思想，在解决一些比较复杂的问题时，应仔细分析问题，将这些复杂问题分解成若干相对简单的问题，即划分为多个模块。这样，解决一个复杂问题就转化为逐个解决一些简单问题。对程序开发和维护而言，小模块比大程序更便于管理。

在 Java 语言中，类和方法就是程序的模块。对于本项目，可以将每个功能分别设计成一个模块，即方法，然后根据需要，在 main 方法中进行调用。

1.3 任务学习目标

通过本任务学习，达成以下目标：
1. 理解并掌握方法的定义、调用。
2. 理解方法调用时的参数传递。

1.4 知识储备

1.4.1 方法的定义

在学习方法的相关知识之前，先来看一个案例。

【案例 3-1】利用 * 号，打印不同的矩形。

方法的定义

```java
public class MethodDemo{
    public static void main(String[]args){
        for(int i=0;i<2;i++){
            for(int j=0;j<4;j++){
                System.out.print("* ");
            }
        }
        System.out.println();
        for(int i=0;i<2;i++){
            for(int j=0;j<6;j++){
                System.out.print("* ");
            }
        }
        System.out.println();
        for(int i=0;i<2;i++){
            for(int j=0;j<8;j++){
                System.out.print("* ");
            }
            System.out.println();
        }
    }
}
```

程序运行结果如下：

* * * *

```
* * * *
* * * * * *
* * * * * *
* * * * * * * *
* * * * * * * *
```

代码分析：

程序中使用了三个嵌套 for 循环完成了三个矩形的打印，外循环控制矩形的高（行数），内循环控制矩形的宽（列数）。仔细观察会发现，这三个 for 循环的代码几乎是一模一样，完成的功能也是一样的，那么可不可以用更简洁的方式来完成呢？将案例 3-1 的代码修改如下。

```java
public class MethodDemo{
    public static void main(String[]args){
        printRectangle(2,4);
        printRectangle(2,6);
        printRectangle(2,8);
    }
    public static void printRectangle(int height,int width){
        for(int i=0;i<height;i++){
            for(int j=0;j<width;j++){
                System.out.print("* ");
            }
            System.out.println();
        }
    }
}
```

在上面的代码中，类 MethodDemo 中除了 main 方法外，还定义了一个打印矩形的方法 printRectangle()，矩形的长、宽由方法的参数 height 和 width 决定，在 main 方法中调用了三次 printRectangle() 方法，完成三个不同矩形的打印输出，这样代码变得非常简洁。利用方法不仅可以让代码变得简洁，结构清晰，而且还有利于代码的复用，下面学习关于方法的相关知识。

Java 语言中的方法类似于其他语言中的函数。方法的定义是描述实现某个特定功能所需的数据及进行的运算和操作。方法的定义包括方法首部（方法头）和方法体两部分。其定义形式如下：

```
[修饰符]类型 方法名([参数表列])     //方法首部
{
    //方法体
}
```

其中，用方括号括住的项目是可选的。

说明：

①修饰符，主要有访问权限修饰符、静态修饰符等，具体内容会在后面的学习中陆续讲解。

②类型，指的是方法返回值的类型。返回值类型可以是基本类型，也可以是引用类型。

Java 语言使用 return 语句从当前方法中退出,带回指定的数值,并返回到调用该方法的语句处,使程序从紧跟该语句的下一语句继续执行。return 语句的格式如下:

  return[表达式];

或

  return([表达式]);

  return 语句通常用在一个方法体的最后,否则会产生编译错误。如果没有返回值,则应将方法类型明确定义为 void 类型,此时方法体中的 return 语句不能带表达式,或者可以不用 return 语句,程序执行完,自然返回。若一个方法的返回类型不是 void 类型,那么就必须用带表达式的 return 语句。表达式的类型应该同这个方法的返回类型一致或小于返回值类型。例如,一个方法的返回类型是 double 类型时,return 语句表达式的类型可以是 double、float 或是 short、int、byte、char 等。实际编程时,为了清晰、不引起混乱,return 语句后的表达式类型通常和方法的类型保持一致。

  【案例 3-2】定义一个求两个数的最大值的方法。

```
double max(int x,double y){        //求两个数的最大值
    if(x>y)
    return x;
    else
    return y;
}
```

  一个方法体中可以有多个 return 语句,但只能有一个 return 语句被执行。上面的代码中,当 x>y 成立时,return x;被执行,否则,return y;被执行。

  ③方法名,为合法的 Java 标识符,其命名原则与变量的命名原则相同,即,简短且能清楚地表明方法的作用。通常第一个单词的首字母小写,其后单词的首字母大写,如 circleArea。

  ④参数表列,描述方法在被调用时要接收的参数,如果方法不需要接收任何参数,则参数列表可以为空,此时方法称为无参方法,否则,称为有参方法。注意,定义方法时,不论有没有参数,方法名后面的()一定不能省略。参数表列包括参数的类型、参数的名称,如果有多个参数,参数之间用逗号隔开。方法定义时的参数称为形式参数,简称形参。

  【案例 3-3】定义一个求 1~100 的和的方法。

```
int sum(){        //无参方法
    int t=0;
    for(int i=1;i<=100;i++){
        t+=i;
    }
    return t;     //return 语句带回方法返回值
}
```

  【案例 3-4】定义一个方法,求两个整数的最大公约数。

```
int maxDivisor(int a,int b){//求 a,b 的最大公约数
    int min=a;
```

```
        if(min<b){
            min=b;              //min 保存 a,b 中的最小值
        }
        for(int i=min;i>0;i--){
            if(a%i==0&&b%i==0){
                return i;
            }
        }
        return 0;
    }
```

> 思考:
> 代码的最后为什么还要加 return 0;这条语句?

【案例 3-5】定义一个方法,要求输出由星号组成的菱形图案。

```
              *
             ***
            *****
           *******
            *****
             ***
              *
```

字符图案程序的设计关键是找规律。在本案例中,可以将每行输出内容分为空格、星号和回车,然后寻找每行的空格数、星号数、回车与行数之间的关系。设 i 表示行数,m 表示空格数,n 表示星号数,为方便起见,令 i 取值 -3,-2,-1,0,1,2,3,则 m = Math.abs(i),n = (4 - Math.abs(i))*2 - 1。

案例代码:

```java
void printDiamond(){
    for(int i=-3;i<=3;i++){                              //外层循环,控制行数
        for(int m=1;m<=Math.abs(i);m++)                  //内层循环,控制空格数
            System.out.print(" ");
        for(int n=1;n<=(4-Math.abs(i))*2-1;n++)          //内层循环,控制星号
            System.out.print("* ");
        System.out.println();                             //每行后的回车换行
    }
}
```

方法的定义是 Java 程序设计的一个基本功,很多初学者在定义方法时,感到无从下手,不知道如何判断方法有无返回值及有无参数。其实,方法有没有返回值只需看方法需不需要将某个数值带回给主调方法(即调用方法的方法)。例如案例 3-4 中,方法的功能是求两个整数的最大公约数,则方法需要将最大公约数带回给主调方法,此时方法有返回值,并且类型为

int 类型。而案例 3-5 中,方法只是完成某种功能,不需要返回某个数值,因此方法的类型为 void 类型。方法有无参数只需看方法需不需要从主调方法获得某些数据。例如案例 3-4,方法需要从主调方法处得到求最大公约数的两个整数,因此方法有两个参数,均为 int 类型。案例 3-3 和案例 3-5 中,方法无须从主调方法处得到任何数据,因此方法没有参数。

1.4.2 方法的调用

在程序设计时,可将一个程序中完成特定功能的程序段定义为方法。在需要使用这些功能时,可调用相应的方法,此时调用方法的方法称为主调方法。方法调用的语法为:

方法名(实参表列);

方法的调用

说明:

①如果方法有返回值,并且要使用其返回值时,可以定义和返回值类型一致的变量接收方法的返回值。

②方法调用时的参数称为实参(实际参数),实参的个数、类型要和形参一一对应,并且实参一定要有确定的值。

一般情况下,可用两种方式调用方法:

①若方法有返回值,则方法的调用可作为表达式出现在允许表达式出现的任何地方。例如调用案例 3-4 中定义的方法,可以用以下形式:

```
int x = maxDivisor(8,14);//方法调用作为赋值表达式的一部分
System.out.println(maxDivisor(8,14));//方法调用作为另一个方法的参数
int y = maxDivisor(8,14)* a;//方法调用作为算术表达式的一部分
```

②若方法没有返回值,这时方法的调用可作为一条单独的语句出现。例如调用案例 3-5 中的方法:

```
printDiamond();
```

【案例 3-6】分别调用案例 3-4、案例 3-5 中定义的方法,完成相应的功能。

```java
public class MethodDemo2{
    public static void main(String[]args){
        System.out.println("调用案例 3-4 中定义的方法");
        System.out.println("8 和 14 的最大公约数是" +maxDivisor(8,14));
        System.out.println("调用案例 3-5 中定义的方法");
        printDiamond();
    }
    static int maxDivisor(int a,int b){//求最大公约数
        int min = a;
        if(min < b)
        min = b;
        for(int i = min;i > 0;i --)
        if(a% i == 0&&b% i == 0)
            return i;
        return 0;
```

```
    }
    static void printDiamond(){//打印菱形
        int i;
        for(i = -3;i <=3;i ++){
            for(int m =1;m <= Math.abs(i);m ++)
                System.out.print(" ");
            for(int n =1;n <= (4 - Math.abs(i))* 2 -1;n ++)
                System.out.print("* ");
            System.out.println();
        }
    }
}
```

程序运行结果如图 3 – 1 所示。

```
调用案例3-4中定义的方法
8和14的最大公约数是2
调用案例3-5中定义的方法
       *
      ***
     *****
    *******
     *****
      ***
       *
```

图 3 – 1 案例 3 – 6 运行结果

代码分析：

代码中两个方法（maxDivisor 和 printDiamond）定义的前面都加上了修饰符 static，与 main 方法的声明相同。static 关键字是静态修饰符，声明方法为类方法，类方法可以直接调用，而不需要创建类的实例。如果不用 static 修饰，则方法为实例方法，实例方法不能直接调用，需要首先创建方法所在类的对象，然后通过对象进行调用，相关的内容后面会学习到。

注意：

◇ Java 语法规定，在一个类中可以有多个方法，方法定义的次序无关紧要，但方法的定义是彼此独立的，不能在一个方法体内定义另外一个方法，即嵌套定义。

◇ 方法不能嵌套定义，但可以嵌套调用，即调用一个方法的同时又调用了另外一个方法。

1.4.3 方法调用时的参数传递

在方法调用时，主调方法与被调方法之间往往需要进行数据传送。例如，主调方法通过实参将数据传送给被调方法，被调方法对将数据进行一定的加工、处理，最后将结果通过 return 语句带回主调方法。其中，方法的参数传递，依据参数类型不同，一般分为传值调用和传引用调用两种方式。

参数传递

1. 传值调用

若方法的参数类型为基本类型,则称为传值调用。在这种参数传递方式下,是将实际参数的数值传递给形式参数。实参、形参占用不同的内存空间,被调方法对形参的计算、加工与对应的实参已完全脱离关系,形参的值即使发生改变,也不会影响到实参。

【案例3-7】定义一个方法交换两个变量的值,并在 main 方法中调用。

```java
public class PassPara1{
    public static void main(String[]args){
        int a=8,b=6;
        System.out.println("调用方法前,实参a,b的值为 a="+a+"b="+b);
        exchange(a,b);
        System.out.println("调用方法后,实参a,b的值为 a="+a+"b="+b);
    }
    static void exchange(int a,int b){
        int c;
        System.out.println("交换前,形参a,b的值为 a="+a+"b="+b);
        c=a;
        a=b;
        b=c;
        System.out.println("交换后,形参a,b的值为 a="+a+"b="+b);
    }
}
```

程序运行结果如下:

```
调用方法前,实参a,b的值为 a=8b=6
交换前,形参a,b的值为 a=8b=6
交换后,形参a,b的值为 a=6b=8
调用方法后,实参a,b的值为 a=8b=6
```

代码分析:

案例中的实参和形参虽然名字相同,但是它们分别占用不同的内存单元,形参a、b只有在方法被调用时,才分配相应的内存单元,并接收从实参传递来的数值,在方法调用结束时,形参a、b占有的内存也将释放。因此,对形参的改变并没有影响到实参,方法调用结束后,实参的值没有发生任何改变。

2. 传引用调用

若方法的参数类型为引用类型,则称为传引用调用。引用类型变量中存储的是对象的引用(即对象在内存中的首地址)。所以,在参数传送中传送的是引用,方法接收参数的引用,形参、实参保存的是同一个对象的引用。

【案例3-8】用传引用的方法改写案例3-7。

```java
public class PassPara2{
    public static void main(String[]args){
        Point p=new Point();    //声明一个point 类型的对象p,p的类型为引用类型
        p.a=8;
```

```
        p.b=6;
        System.out.println("调用方法前,实参p.a,p.b的值为p.a=" +p.a +"p.b=" +
p.b);
        exchange(p);
        System.out.println("调用方法后,实参p.a,p.b的值为p.a-" +p.a +"p.b-" +
p.b);
    }
    static void exchange(Point p){    //引用变量p做方法的参数
        int c;
        System.out.println("交换前,p.a=" +p.a +"p.b=" +p.b);
        c=p.a;
        p.a=p.b;
        p.b=c;
        System.out.println("交换后,p.a=" +p.a +"p.b=" +p.b);
    }
}
class Point{    //定义类Point
    int a,b;
}
```

程序运行结果如下:

```
调用方法前,实参p.a,p.b的值为p.a=8p.b=6
交换前,p.a=8p.b=6
交换后,p.a=6p.b=8
调用方法后,实参p.a,p.b的值为p.a=6p.b=8
```

代码分析:

案例程序中包含两个类,涉及对类的定义及相关知识,后面会详细讲解。通过比较案例3-7和案例3-8的运行结果,能看出传值调用和传引用调用的区别。

1.4.4 变量的作用域

在Java语言中,变量的作用域是非常清晰的。变量定义的位置不同,其作用域也不相同。一个方法使用某个变量时,以如下的顺序查找变量:当前方法、当前类、一级一级向上的直接父类及间接父类、引入的类和包,若都找不到相应的变量定义,则产生编译错误。

变量的作用域

下面对方法和变量作用域的讨论限于在一个类中的情况。

1. 局部变量

顾名思义,局部变量是指定义在语句块(用{}括起来的代码块)或方法内的变量,局部变量仅在定义它的语句块或方法内起作用,而且要先定义赋值,然后再使用,不允许超前引用。若局部变量与类的实例变量或类变量名相同,则该实例变量或类变量在定义局部变量的语句块或方法体内不起作用,被暂时"屏蔽"起来,只有离开局部变量的作用范围,实例变量或类变量才起作用。

【案例3-9】 局部变量与实例变量同名。

```
public class A{                    //定义一个类A
    int x=100;        //x为实例变量
    static int y=200; //y由static修饰,为类变量
    void method(){    //实例方法,只能通过对象来调用
        System.out.println("x="+x+" y="+y);
        int x;        //局部变量与实例变量x重名,实例变量x被屏蔽
        x=10;         //局部变量x
        y=20;         //类变量y
        System.out.println("x="+x+" y="+y);
    }
    public static void main(String[]args){
        A a=new A();
        a.method();   //通过对象,调用类A的实例方法
    }
}
```

程序运行结果如下:

```
x=100 y=200
x=10 y=20
```

每调用一次方法,都要动态地为方法的局部变量分配内存空间并进行初始化,因此方法体内不能定义静态变量。方法体内的任何语句块都可以定义新的变量,这些变量仅在定义它的语句块内起作用。当语句块有嵌套时,内层语句块定义的变量不能与外层语句块的变量同名,否则将产生编译错误。另外,方法的参数也属于局部变量,因此,声明与参数同名的局部变量也会产生编译错误。

例如:

```
void method(int a){
    int a=1;      //与方法参数重名,错误
    int b=2
    {
        int b=3;  //与外层语句块的变量b重名,错误
    }
}
```

2. 成员变量

类是Java程序的最小组成单位,定义在类内的方法称为类的成员方法,而定义在类内方法外的变量称为类的成员变量。成员变量又分为静态变量和实例变量,若使用修饰符static修饰,则是静态变量(或称类变量),否则是实例变量。实例变量和类变量的作用域为类,而局部变量的作用域为语句块或方法,因此,实例变量和类变量可以与局部变量同名。请分析案例3-9的运行结果。

1.4.5 方法的嵌套调用和递归调用

1. 方法的嵌套调用

Java语言中的方法定义都是互相独立的,也就是说,一个方法的方

递归算法

法体里不能包含另一个方法的定义,如案例3-9中method方法和main方法的定义是相互独立的。但一个方法的方法体里却可以调用另外的方法,这就是方法的嵌套调用,如案例3-9中,在main方法中调用method方法。

【案例3-10】 利用方法调用,求三个数的最大值。

```java
import java.util.Scanner;
public class Max{
    public static void main(String[]args){
        Scanner sc=new Scanner(System.in);
        int a=sc.nextInt();
        int b=sc.nextInt();
        int c=sc.nextInt();
        System.out.println("三个数的最大值是:"+threeMax(a,b,c));
    }
    public static int threeMax(int a,int b,int c){
        return twoMax(twoMax(a,b),c);
    }
    public static int twoMax(int a,int b){
        return a>b?a:b;
    }
}
```

案例运行结果:

```
12 45 39
三个数的最大值是:45
```

代码解析:

在main方法中调用了求三个数的最大值的threeMax方法,而在该方法中,又间接调用了求两个数最大值的twoMax方法。

> **思考:**
> 该案例的实施可以采用多种方法,大家不妨写下来。
> _____
> _____

2. 方法的递归调用

在一个方法的方法体中又调用自身,则称为方法的直接递归调用,如果一个方法通过调用其他方法而间接地调用到自身,则称为方法的间接递归调用。大多数情况是直接递归调用,即一个方法直接调用自身。

如果一个问题可以用递归算法求解,通常这个问题本身满足两个条件:一是原问题可以分解成若干个相对简单且类同的子问题,二是简单到一定程序的子问题可以直接求解,即递归结束的条件,否则会陷入无限递归、无法结束的情况。相应地,在设计递归算法时,要解决两个问题:一是递归计算的公式,二是递归结束的条件。

【案例 3-11】已知数列 1,1,2,3,5,8,13,21,34,…,算出第 30 个数。

分析:这是一个斐波那契数列,在前面的学习中,用循环控制语句解决过数列的相关问题,在此,用递归的方法来求数列的项。数列的规律可以用以下函数表达:

$$fib(n)=\begin{cases} 1 & n=1,2 \quad (递归结束条件) \\ fib(n-1)+fib(n-2) & n>2 \quad (递归计算公式) \end{cases}$$

案例代码:

```java
public class Fibo{
    public static void main(String[]args){
        System.out.println("数列的第 30 个数是");
        System.out.println(fib(30));
    }
    public static long fib(long n){
        if(n==1||n==2)
        return 1;                    //递归结束条件
        else
        return fib(n-1)+fib(n-2);    //递归计算公式
    }
}
```

程序运行结果如下:

```
数列的第 30 个数是
832040
```

【案例 3-12】用递归的方法求 n!。

分析:求阶乘的递归公式为

$$n!=\begin{cases} 1 & n=1(递归结束的条件) \\ n(n-1)! & n>1(递归的计算公式) \end{cases}$$

案例代码:

```java
import java.util.Scanner;
public class DiGui{
    public static void main(String[]args){
        System.out.println("请输入一个数");
        Scanner in=new Scanner(System.in);
        int n=in.nextInt();
        System.out.println(n+"的阶乘为"+diGui(n));
    }
    public static int diGui(int n){
        if(n==1)
        return 1;
        else
        return n*diGui(n-1);
    }
}
```

程序运行结果如下:

请输入一个数
6
6 的阶乘为 720

1.4.6 方法的重载

方法重载指的是一个类中可以定义方法名相同,但参数的类型、参数的个数或参数的排列顺序不同的多个方法。方法重载用于解决在同一个类中几个不同方法完成同一任务的问题。例如,在 System.out 对象中就有多个重载的 println( ) 方法,能够将不同类型的数据输出到屏幕上。在调用方法时,Java 编译器会根据方法参数的个数、类型和顺序的不同来调用对应的方法。

方法的重载

【案例3-13】用方法重载计算圆形、正方形及长方形的面积。

```java
public class Area{
    public static void main(String[]args){
        int length1 =5;
        System.out.println("边长为5的正方形面积为" + area(length1));
        double r =4.5;
        System.out.println("半径为4.5的圆面积为" + area(r));
        double length2 =3.6;
        double width =2;
        System.out.println("长为3.6,宽为2的长方形面积为" + area(length2, width));
    }
    static int area(int length){
        return length* length;
    }
    static double area(double r){
        return Math.PI* r* r;
    }
    static double area(double length,double width){
        return length* width;
    }
}
```

程序运行结果如下:

边长为5 的正方形面积为25
半径为4.5 的圆面积为63.61725123519331
长为3.6,宽为2 的长方形面积为7.2

代码分析:

代码中定义了三个同名的 area( ) 方法,它们的参数类型或个数不同,从而形成了方法的重载。在 main 方法中调用 area( ) 方法时,通过传入不同的参数来确定调用哪个方法。

注意: 对于重载的方法,方法名称相同,返回值的类型可以不同,但返回值不能仅作为方重载的标志,即重载的方法可以有不同的返回值。只有返回值不同的两个方法在编译时才会出现方法已定义的错误。

1.5 任务实现

学习了方法的相关知识,可以很容易地实现任务1,在这里由于还没有学习数组,无法存储员工的工资信息,因此代码中方法的参数列表及方法体暂时为空,在后面的学习中将继续完成。任务1代码如下:

```java
public class SalaryDemo{
    public static int maxSalary(){//求员工的最高工资
    }
    public static int minSalary(){//求员工的最低工资
    }
    public static double averageSalary(){//求员工的平均工资
    }
    public static int count(){//求高于平均工资的员工人数
    }
    public static void main(String[]args){
    }
}
```

1.6 巩固训练

1. 写一个方法,判断一个数是否是素数,在main方法中调用。
2. 写一个方法,判断某年某月某日是一年中的第几天,在main方法中调用。
3. 写一个方法,判断某个整数是几位数字,在main方法中调用。

任务2 利用数组存储员工工资

2.1 任务描述

项目需要对公司所有员工的工资进行分析,在分析处理前,需要存储员工工资,即需要对批量同类型的数据(工资)进行处理。本任务要求用数组完成员工工资的存储,并实现对员工工资的分析。

2.2 任务分析

假定员工的工资都是整数,可以用int来表示,但公司的员工都比较多,如果每个员工用一个变量来表示,显然不现实。在程序设计中,可以使用数组来处理批量数据。

2.3 任务学习目标

通过本任务学习,达成以下目标:

1. 了解一维、二维数组的定义及使用。
2. 掌握数组常见算法。

2.4 知识储备

数组是一种最简单的复合数据类型,是编程语言中最常见的一种数据结构。数组是具有相同数据类型的一组数据的集合,数组在内存中占用一块地址连续的内存单元。数组中的一个数据成员称为数组元素,所有的数组元素都可以用数组名和元素在数组中的相对位置即下标来引用。在编程中,通常将数组和循环结合起来使用,可以有效地处理大批量同类型的数据,十分方便。

根据数组下标是一个还是多个,数组分为一维数组和多维数组。

2.4.1 一维数组

1. 一维数组的声明

同其他类型的变量一样,在使用数组之前,必须进行声明。数组的声明格式如下:

    数组类型　数组名[];

一维数组

或

    数组类型[]　数组名;

其中,数组类型为数组中数据元素的类型,可以是 Java 中的任意数据类型,包括简单类型和复合类型。数组名是一个合法的 Java 标识符,[]指明该变量是一个数组变量。例如:

    int a[](或 int[]a)   //声明一个整型数组
    double b[](或 double[]b)   //声明一个双精度数组
    String str[](或 String[]str) //声明一个字符串数组,即复合类型数组
    int a[],b[],c[](或 int[]a,b,c)//声明三个整型数组

注意:Java 在数组声明时,并不为数组分配存储空间,因此并没有在[]中指定数组的大小,所以对于上面声明的所有数组,均不能访问。

2. 一维数组的空间分配

数组在声明之后,必须经过初始化、分配存储空间创建数组后,才能访问数组中的元素。为数组分配空间有两种方法:一是数组初始化;二是使用 new 运算符。

(1)数组初始化

在声明数组的同时,指定数组元素的初始值,初始值应用"{}"括起来。一维数组元素初始化的形式如下:

    类型　数组名[] = {初值1,初值2…}

数组初始化将数组声明及数组元素的赋值合二为一,基本类型和字符串数组都可以用这种方式创建数组。

    int a[] = {1,2,3};
    double b[] = {1.1,2.2,3.3,4.4};
    String str[] = {"Beijing","Shanghai","Tianjin"};

数组初始化时,系统将自动按照所给初值的个数计算出数组长度,并分配相应的存储空间。

(2)使用 new 运算符

若数组已声明,则为已声明数组分配空间的格式如下:

数组名 = new 数组类型[数组长度]

如:

int[ ]a;
a = new int[10];

第一行代码 int[ ]a,声明了一个引用类型的变量 a,a 会在栈内存中占用一块内存单元,a 没有初始化,因此这个内存单元的值为空。其内存示意图如图 3-2 所示。

第二行代码 a = new int[10],利用 new 运算符在堆内存中开辟了连续的 10 个内存单元即数组,并把数组的首地址赋值给引用变量 a。其内存状态如图 3-3 所示。

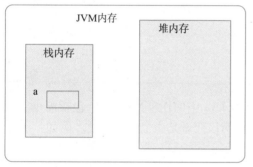

图 3-2　声明 a 后内存示意图

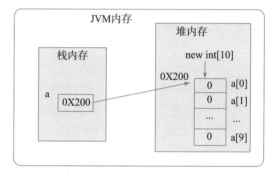

图 3-3　初始化 a 后内存示意图

若数组未声明,则可以在声明的同时,用 new 运算符分配空间,格式如下:

int a[ ] = new int[10];　//声明一个整型数组,并分配 3 个整型数据空间
double[ ]b = new double[4];　　//声明一个双精度数组,并分配 4 个双精度数据空间

注意:

◇ 数组使用 new 分配空间时,数组中的每个元素会自动赋一个默认值,整型为 0,实型为 0.0,布尔型为 false,字符型为 '\0',引用型为 null。在实际操作时,通常不使用默认值,会对数组元素重新赋值。

◇ 为数组分配空间后,数组变量中存储的是数组存储空间的引用地址。

◇ 数组一旦初始化或用 new 运算符分配空间以后,数组的长度随即固定下来,不能改变,除非用 new 运算符重新分配空间。当对一个数组再次用 new 运算符分配空间时,若该数组的存储空间的引用没有另外的存储时,该数组之前的数据将会丢失。例如:

int a[ ] = {1,2,3};a = new int[6]//重新分配空间,数组之前保存的 1,2,3 将丢失

3. 一维数组的引用

一维数组的引用分为数组元素的引用和数组的引用,大部分都是对数组元素的引用。一维数组元素的引用格式如下:

学习成果 3 统计分析某公司员工的工资情况

数组名[下标];

其中,下标可以为整型常量或表达式,如为表达式,则要有确定的值。下标的取值从 0 开始,直到数组的长度减 1。例如,若有定义 int a[ ]={1,2,3},则对数组元素的引用为 a[0]、a[1]、a[2],其中下标的取值只能为 0~2。

Java 对数组元素要进行越界检查,以保证安全性,若数组元素下标小于 0、大于或等于数组长度时,在程序编译时不会报错,但运行时系统将提示出现 java.lang.ArrayIndexOutOfBoundsException 异常。

对于每一个定义的数组,Java 语言都有一个指明数组长度的属性 length,它与数组的类型无关。例如,有定义 int a[ ]=new int[10],则 a.length 的值为 10。

如果要逐个引用一维数组元素,即遍历数组元素,则通常采用循环结构进行处理。

【案例 3-14】设数组中存有 10 个整数,现从键盘输入一个数,检查该数是否在数组中,若在数组中,则输出该数在数组中的下标,否则,输出"Not Found"。

```
import java.util.Scanner;
public class ArrayDemo1{
    public static void main(String[]args){
        int a[] = {4,78,49,25,70,5,9,32,12,82};
        Scanner sc = new Scanner(System.in);
        System.out.print("请输入要查询的数");
        int x = sc.nextInt();
        query(a,x);
    }
    static void query(int a[],int x){
        for(int i =0;i<a.length;i ++)
            if(x ==a[i]){
                System.out.print(x +"在数组中的下标为" +i);
                return;
            }
        System.out.print("Not Found!");
    }
}
```

程序运行结果如下:

请输入要查找的数
15
Not Found!

代码解析:

上述程序中,用数组名 a 作为 query 方法的参数。由于数组是一种引用类型,变量 a 中存储的是数组存储区的引用,因此数组名作方法参数属于传引用调用。在 query 方法中操作的数组 a 同在 main 方法中声明的数组 a 指向的是同一段内存存储区,因此,若在 query 方法中改变数组元素的值,则在 query 方法调用结束时,这种改变将被保留下来。

【案例 3-15】用数组求斐波那契数列的第 30 项。

```
public class ArrayDemo2{
```

```
    public static void main(String[]args){
        int[]a = new int[30];
        a[0] = 1;
        a[1] = 1;
        for(int i = 2;i < a.length;i ++)
            a[i] = a[i-1] + a[i-2];
        System.out.print("数列的第 30 个数是");
        System.out.print(a[29]);
    }
}
```

【案例 3-16】求数组元素的最大值及最大值所在的下标。

```
public class ArrayDemo3{
    public static void main(String[]args){
        int a[] = {4,78,49,25,70,5,9,32,12,82};
        int max = a[0],x = 0;
        for(int i = 1;i < a.length;i ++){
            if(max < a[i]){
                max = a[i];
                x = i;
            }
        }
        System.out.print("数组元素的最大值是" + max
            + "\n 在数组中的下标是" + x);
    }
}
```

程序运行结果如下：

数组元素的最大值是 82
在数组中的下标是 9

2.4.2 多维数组

用一维数组可以保存班级学生某门课程成绩,如果要保存班级学生所有课程的成绩,可以使用多维数组。Java 语言支持多维数组,多维数组被看作数组的数组。例如,二维数组是一个特殊的一维数组,这个一维数组的每一个元素又是一个一维数组。二维数组 a[2][3]可以理解

多维数组

为 a 是一个含有两个元素 a[0]、a[1]的一维数组,而每个元素又都是一个含有三个元素的一维数组。下面主要介绍二维数组的定义和引用,其他更高维数组的情况都是类似的。

1. 二维数组的声明

二维数组的声明与一维数组类似,有两种格式：

数组类型 数组名[ ][ ]
数组类型[ ][ ]数组名

例如,int a[ ][ ](或 int[ ][ ]a,int[ ]a[ ])声明了一个二维数组。与一维数组一样,二维数

组在声明时并没有为数组元素分配内存空间,还不能引用数组元素。需要使用 new 运算符为数组分配空间。

2. 二维数组的空间分配

同一维数组一样,为二维数组分配空间也有两种方法:一是数组初始化;二是使用 new 运算符。

(1)数组初始化

在声明数组的同时指定数组元素的初始值,初始值应用"{}"括起来,初始化时,系统将自动按照所给初值的个数计算出数组长度,并分配相应的存储空间。二维数组元素初始化的形式如下:

类型 数组名[][]={{初值1,初值2},{初值3,初值4},{...}...}

例如:

```
int a[][]={{1,2,3},{4,5,6}};      //数组 a 是二行三列的二维数组
int b[][]={{1},{2,3},{4,5,6}};    //数组 b 是三行三列的二维数组
```

(2)使用 new 运算符

使用 new 运算符为二维数组分配内存空间有两种方法:第一种方法是直接为每一维分配空间。例如 int a[]=new a[2][3]。第二种方法是从高维开始,分别为每一维分配空间。例如:

```
int a[][]=new int[2][];
a[0]=new int[3];
a[1]=new int[3];
```

3. 二维数组的引用

二维数组元素的引用格式如下:

数组名[行下标][列下标]

其中,行下标和列下标可以为整型常量和表达式,都从 0 开始,最大值为每一维的长度减 1。

【案例 3-17】用二维数组输出九九乘法表。

```java
public class ArrayDemo4{
    public static void main(String[]args){
        int a[][]=new int[10][10];
        for(int i=1;i<9;i++){
            for(int j=1;j<=i;j++){
                a[i][j]=i*j;
                System.out.print(i+"* "+j+"="+a[i][j]+"\t");
            }
            System.out.print("");
        }
    }
}
```

【案例 3-18】编程实现二维数组转置。二维数组的转置指将数组的行、列互换。

```java
public class ArrayDemo5{
    public static void main(String[]args){
        int a[][]={{1,2,3},{4,5,6}};
        int b[][]=new int[3][2];
        int i,j;
        System.out.print("数组a中的元素为:");
        for(i=0;i<2;i++){
            for(j=0;j<3;j++){
                System.out.print(a[i][j]+"\t");
                b[j][i]=a[i][j];
            }
            System.out.println();
        }
        System.out.println("数组b中的元素为:");
        for(i=0;i<3;i++){
            for(j=0;j<2;j++)
                System.out.print(b[i][j]+"\t");
            System.out.println();
        }
    }
}
```

程序运行结果如下:

数组 a 中的元素为:
1　2　3
4　5　6
数组 b 中的元素为:
1　4
2　5
3　6

2.4.3　数组的常用方法

Java 基础类库里提供了一些对数组进行操作的类和方法,使用这些系统定义的方法,可以很方便地对数组进行操作。

1. 系统类 System 中的 arraycopy()方法

使用系统类 System 中的静态方法 arraycopy()可以完成数组的复制。

Arrays 类

其格式为:

```
public static void arraycopy(Object src,int srcPos,Object dest,int destPos,int length)
```

该方法的作用为:将源数组 src 中从下标 srcPos 开始的 length 个元素,复制到目标数组 dest,从目标数组的下标 destPos 所对应的位置开始存储。

【案例 3-19】使用 arraycopy()方法进行数组复制。

```java
public class ArrayCopyDemo{
    public static void main(String[]args){
        int[]src = {0,2,4,6,8,10};
        System.out.println("源数组 src");
        print(src);
        int[]dest = {1,3,5,7,9,11};
        System.out.println("目标数组 dest");
        print(dest);
        System.arraycopy(src,1,dest,2,3);
        System.out.println("复制后的目标数组");
        print(dest);
    }
    static void print(int[]a){
        for(int i =0;i<a.length;i ++){
            System.out.print(a[i]+" ");
        }
        System.out.println();
    }
}
```

程序运行结果如下：

```
源数组 src
0 2 4 6 8 10
目标数组 dest
1 3 5 7 9 11
复制后的目标数组
1 3 2 4 6 11
```

2. Arrays 类中的方法

Arrays 类位于 java.util 包中，该类提供了一系列数组操作的方法，如排序方法 sort( )、二分法查找方法 binarySearch( )等。

sort 方法可以实现对数组的递增排序。Arrays 类中提供了一系列重载的 sort 方法，以实现对不同类型数组的递增排序。例如：

```
public static void sort(double[]a)        //对实型数组排序
public static void sort(int[]a)           //对整型数组排序
```

【案例 3 – 20】用 Arrays.sort( )方法实现数组排序。

```java
import java.util.Arrays;
public class ArraysortDemo{
    public static void main(String[]args){
        int a[] = {4,78,49,25,70,5,9,32,12,82};
        System.out.println("排序前数组元素为:");
        Output(a);
        Arrays.sort(a);
```

```
            System.out.println("排序后数组元素为:");
            Output(a);
        }
        private static void Output(int score[]){
            for(int i =0;i<score.length;i ++)
            System.out.print(score[i] +" ");
            System.out.println();
        }
}
```

程序运行结果如下:

排序前数组元素为:
4 78 49 25 70 5 9 32 12 82
排序后数组元素为:
4 5 9 12 25 32 49 70 78 82

除了将整个数组中的元素递增排序,Arrays 类中还提供了对部分数组元素递增排序的方法。例如:

```
public static void sort(double[]a,intfromIndex,inttoIndex)
```

上述 sort 方法的作用是:对指定 double 型数组的指定范围递增排序。排序的范围从索引 fromIndex(包括)一直到索引 toIndex(不包括),如果 fromIndex == toIndex,则排序范围为空。

2.4.4 数组常见算法实战

【案例 3-21】随机生成 10 个整数,按由小到大的顺序排序,然后随机插入一个数,要求按原来的排序规律将其插入数组中,然后输出。

```java
import java.util.Scanner;
public class ArrayTest{
    public static void main(String[]args){
        int a[] =new int[20];
        random(a,10);
        System.out.println("排序前的数组元素为:");
        print(a,10);
        sort(a,10);
        System.out.println("排序后的数组元素为:");
        print(a,10);
        Scanner scanner = new Scanner(System.in);
        System.out.println("请输入要插入的整数");
        int x = scanner.nextInt();
        insert(x,a,10);
        System.out.println("插入后的数组元素为:");
        print(a,11);
    }
```

```java
static void random(int a[],int n){//随机生成数组元素
    for(int i=0;i<n;i++){
        a[i]=(int)(Math.random()*100);
    }
}
static void sort(int a[],int n){//由小到大对数组元素排序
    int t,k;
    for(int i=0;i<n-1;i++){
        k=i;
        for(int j=i+1;j<n;j++){
            if(a[k]>a[j])
                k=j;//变量k始终保存较小元素所在的下标
        }
        if(k!=i){
            t=a[k];
            a[k]=a[i];
            a[i]=t;
        }
    }
}
static void print(int a[],int n){//打印输出数组元素
    for(int i=0;i<n;i++)
    System.out.print(a[i]+" ");
    System.out.println();
}
static void insert(int x,int a[],int n){//将数据插入数组中
    for(int i=0;i<a.length;i++){
        if(x<a[i]){for(int j=n;j>=i+1;j--)
        a[j]=a[j-1];
        a[i]=x;
        return;
        }
    }
}
}
```

程序运行结果如下：

排序前的数组元素为：
42 33 33 83 44 22 73 34 7 62
排序后的数组元素为：
7 22 33 33 34 42 44 62 73 83
请输入要插入的整数：
30
插入后的数组元素为：
7 22 30 33 33 34 42 44 62 73 83

代码解析:

程序中的 print 方法被调用了多次,充分体现了模块化设计有利于代码复用的特点。程序中的 sort 方法采用了选择排序算法。

对于代码中 insert 方法,由于插入一个数不能改变数组原先的排序规律,因此首先确定要插入位置的下标 i,然后将从 i 开始的数组元素,从最后一个数组元素开始依次后移,最后将插入的数赋给 a[i]。

> **知识拓展**
>
> 选择排序是一个典型的排序算法,其算法思路是:先将所有数中最小的数与 a[0] 交换,然后将余下数中最小的数与 a[1] 交换,依此类推,每一轮找出一个未经排序的数中最小的一个,然后与未经排序的第一个数交换。

【案例 3-22】 输出某品牌手机的销售排行榜。

```java
import java.util.Scanner;
public class PhoneSort{
    public static void main(String[]args){
        Scanner in = new Scanner(System.in);
        System.out.println("请输入各种手机型号的数量");
        int num = in.nextInt();
        int[]score = new int[num];
        for(int i = 0;i < num;i ++){
            System.out.print("第" + (i + 1) + "个品牌手机的销售额:");
            score[i] = in.nextInt();
        }
        sort(score);
        System.out.println("手机销售排行榜为:");
        output(score);
    }
    static void output(int score[]){
        for(int i = 0;i < score.length;i ++)
            System.out.print(score[i] + " ");
        System.out.println();
    }
    static void sort(int score[]){
        int temp,length = score.length;
        for(int i = 0;i < length -1;i ++){
            for(int j = 0;j < length -1 -i;j ++){
                if(score[j] < score[j +1]){
                    temp = score[j];
                    score[j] = score[j +1];
                    score[j +1] = temp;
                }
```

```
            }
        }
    }
}
```

程序运行结果如下：

请输入手机型号数量
10
第1个品牌手机的销售额:68
第2个品牌手机的销售额:95
第3个品牌手机的销售额:64
第4个品牌手机的销售额:83
第5个品牌手机的销售额:76
第6个品牌手机的销售额:70
第7个品牌手机的销售额:58
第8个品牌手机的销售额:66
第9个品牌手机的销售额:90
第10个品牌手机的销售额:82
手机销售排行榜为：
95 90 83 82 76 70 68 66 64 58

代码分析：

程序中对数组元素的排序采用了冒泡排序，冒泡排序也是一种非常典型的排序算法。冒泡排序的思路是：每次比较相邻的两个数值，并将较大的元素调到后面，而较小的元素往前调。经过第一轮的比较，最大的数将冒到顶部，第二轮对余下的数继续排序，经过第二轮的比较，在余下的数中"最大"的数又冒到"顶部"，依此类推，直到所有的数排好序为止。可以推知，如果有 n 个数要排序，则要经过 n－1 轮比较，在第 i 轮比较中，要经过 n－i 次两两比较。冒泡算法通常采用双重 for 循环来处理，外层 for 循环控制轮数，内层 for 循环控制每轮中的两两比较次数。

案例 3－22 中 10 个数据前三轮数据排序过程。

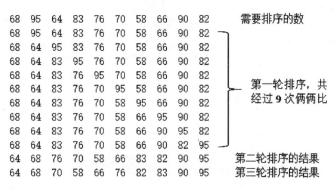

图 3－4 案例 3－22 中数据排序的过程

2.5 任务实现

第一步:利用数组存放员工工资

根据员工工资批量同类型的特点,利用数组来保存员工的工资,由于数组的大小和员工人数有关,因此,在程序中可以首先要求用户输入员工人数,然后再为数组开辟内存空间。

第二步:实现项目各模块功能

实现员工工资分析的各个模块的功能,将数组作为方法参数进行传递,同时定义参数 num 表示当前数组元素的个数,具体代码如下:

```java
import java.util.Scanner;

public class SalaryDemo{
    public static int maxSalary(int[]a,int num){
        int max = a[0];
        for(int i = 0;i < num;i ++){
            if(max < a[i]){
                max = a[i];
            }
        }
        return max;
    }
    public static int minSalary(int[]a,int num){
        int min = a[0];
        for(int i = 0;i < num;i ++){
            if(min > a[i]){
                min = a[i];
            }
        }
        return min;
    }
    public static double averageSalary(int[]a,int num){
        double sum = 0;
        for(int i = 0;i < num;i ++){
            sum += a[i];
        }
        return sum/num;
    }
    public static int count(int[]a,int num,double average){
        int n = 0;
        for(int i = 0;i < num;i ++){
            if(a[i] > average){
                n ++;
            }
        }
```

学习成果3　统计分析某公司员工的工资情况

```java
        return n;
    }
    public static void main(String[]args){
        Scanner sc = new Scanner(System.in);
        System.out.println("请输入员工人数");
        int num = sc.nextInt();
        int[]a = new int[num];
        System.out.println("请顺序输入员工工资");
        for(int i = 0;i < num;i ++){
            a[i] = sc.nextInt();
        }
        System.out.println("员工的最高工资为:" + maxSalary(a,num));
        System.out.println("员工的最低工资为:" + minSalary(a,num));
        System.out.println("员工的平均工资为:" + averageSalary(a,num));
        System.out.println("高于平均工资的员工数为:" + count(a,num,averageSalary(a,num)));
    }
}
```

程序运行结果如下:

请输入员工人数
10
请顺序输入员工工资
3980 2760 4080 4500 3950 2490 5020 4030 3450 4600
员工的最高工资为:5020
员工的最低工资为:2490
员工的平均工资为:3886.0
高于平均工资的员工数为:7

2.6　巩固训练

1. 删除数组中某个元素,如果不存在,则给出提示。
2. 将数组元素逆置,即原数组元素为 1 3 4 9 8 6,逆置后的数组元素是 6 8 9 4 3 1
3. 输出杨辉三角的前 10 行,杨辉三角如下:

```
1
1 1
1 2 1
1 3 3 1
1 4 6 4 1
1 5 10 10 5 1
```

学习目标达成度评价

序号	学习目标	学生自评
1	能够正确定义方法	□能够正确定义方法 □需要参考教材内容才能实现 □不知道如何定义方法
2	能够正确定义数组，并引用数组元素	□能够正确定义数组并引用数组元素 □需要参考教材内容才能实现 □无法独立完成程序的设计
3	能够掌握数组常见的算法	□能够独立实现数组常见算法 □需要参考教材内容才能实现 □无法独立、完整实现算法
评价得分		
学生自评得分（20%）	学习成果得分（60%）	学习过程得分（20%）	项目综合得分

- 学生自评得分

学生自评表格中，第一个选项得 25 分，第二个选项得 15 分，第三个选项得 10 分。

- 学习成果得分

教师根据学生学习成果完成情况酌情赋分，满分 100 分。

- 学习过程得分

教师根据学生其他学习过程表现，如到课情况、作业完成情况、课堂参与讨论情况等酌情赋分，满分 100 分。

学习笔记

学习成果 4
汽车租赁系统的设计实现

项目导读

Java 是一门面向对象的编程语言,本项目要求采用面向对象的方法实现一个汽车租赁系统,系统功能主要分为两个模块:车辆日租金设置及租车业务处理。车辆日租金设置允许用户根据需要,对车辆的日租金重新设置,在租车业务中,公司共有两种车型供出租,分别是轿车和客车,车辆的详细信息参见表 4-1。

表 4-1 汽车租赁系统中车辆的详细信息

车型	车辆具体信息	日租金/元	折扣
轿车	红旗 H9(京 99235A)	600	days>7 天　9 折 days>15 天　8 折 days>30 天　7 折
	红旗 HSS(京 99103C)	500	
	哈弗 H9(京 P99078)	400	
	哈弗 F7x(京 C99289)	350	
客车	金杯 6 座(京 NY9926)	500	days≥5 天　9 折 days≥15 天　8 折 days≥20 天　7 折 days≥30 天　6 折
	金杯 13 座(京 NY9281)	1 000	
	金龙 7 座(京 NT7546)	600	
	金龙 23 座(京 NT9328)	1 500	

每辆车因为品牌、车型或座位数不同,日租金也不相同,并且根据租车时间长短有不同的折扣。客户租车时,可以选择要租用的车辆,并输入租用的天数,系统会根据客户的选择,输出租用车辆的详细信息、租车的费用及租车、还车的时间。汽车租赁系统的一次运行结果如图 4-1 所示。

```
*********************欢迎光临蓝天汽车租赁公司*********************
1. 车辆日租金设置    2. 租车业务
请选择你要处理的业务类型:2
您要进行的业务是租车,请输入您要租用的车型:1. 轿车  2. 客车:2
您要租用的车型为客车,请选择您要租赁的客车品牌:1. 金杯 2. 金龙1
请选择你要租赁的汽车座位数:1. 6 座   2. 13 座 2
您要租用的车辆详细信息为:
租用的车辆品牌为:金杯 车牌为为:京 NY9281 日租金为:1000.0 座位数为:13
请输入您要租赁车辆的天数:12
您需要支付的租赁费用为:10800.0元。
您租车时间为:2021年7月27日
您还车时间为:2021年8月8日
```

图 4-1 汽车租赁系统的一次运行结果

学习目标

知识目标	能力目标	职业素质目标
1. 理解面向对象的编程思想 2. 掌握类、对象的定义和创建 3. 掌握面向对象的三大特性 4. 理解并掌握抽象类、接口的定义及使用 5. 理解异常的概念,掌握异常处理的方法 6. 理解集合的概念,掌握集合常见的操作 7. 掌握 JDK 中常见类的操作	1. 能够根据项目需求,正确提炼并定义类及接口 2. 能够利用面向对象的特性进行程序设计 3. 能够正确处理程序中出现的异常 4. 能够选用恰当的集合进行数据处理 5. 能够熟练使用 JDK 中的常见类 6. 能够正确调试程序	1. 具有良好的职业道德和职业规范 2. 具有较强的团队协作能力 3. 具有较强的自主学习能力 4. 具有较强的分析问题和解决问题的能力

学习寄语

在前面的学习中,已经能够写出简单的程序了,但这仅仅是 Java 语言最基础的内容,离企业的岗位任职要求还相去甚远,从本项目开始,将带领大家领悟 Java 面向对象的特性及 Java 语言的高级应用,这也是一名 Java 工程师必经的修炼之路。

当然,作为一名职业程序员,除了要熟练掌握编程的基本技能外,还要有意识地锻炼自己的担当精神,提升自身的职业素养。同时,软件开发离不开一个团队,所以还要具备恪尽职守、有效沟通和交流、关心队友的团队精神。

任务1 轿车类、客车类的创建

1.1 任务描述

在本任务中,具体完成的功能如下:
1. 提取汽车租赁系统的类。
2. 实现轿车类、客车类的定义,并利用封装保证数据的安全性。
3. 为类定义构造方法,并调用不同的构造方法创建对象。
4. 测试类中创建轿车类、客车类的对象,并分别输出租用10天的费用。

1.2 任务分析

汽车租赁系统中,供出租的车辆是最基本的数据模型,也是系统处理的主要对象。要利用面向对象的方法,实现汽车租赁系统,首先要提取系统的类,进行系统建模。类是面向对象编程中的重要概念,是 Java 程序的灵魂,那么什么是类,如何来定义、使用类呢?接下来我们就要逐一学习。

1.3 任务学习目标

通过本任务学习,达成以下目标:

1. 理解类、对象的概念。
2. 掌握类的定义方法及对象的创建。
3. 理解构造方法的作用,掌握其定义方法。
4. 掌握 this、static 关键字的使用。
5. 掌握内部类的定义及使用。
6. 掌握封装的作用及实现。

1.4 知识储备

1.4.1 类与对象

Java 语言是一种面向对象的语言,面向对象编程(Object Oriented Programming,OOP)是一种符合人类思维习惯的编程思想,是软件设计与实现的有效方法。面向对象编程将客观世界中存在的事物看作对象,用对象之间的关系来描述事物之间的联系,而每个客观事物都有自己的特

类与对象

征和行为。例如一辆车有品牌、车型、车牌号等特征,也具有行驶、加速等行为。具有相同特征和行为的对象被抽象为类。类是对象的模板,包括一个对象的所有数据和代码。类是抽象的,对象是具体的,对象也称为类的实例。例如,现实世界中轿车是一个类,当提到轿车的时候,无法在脑海中呈现出这辆轿车的全貌,而某一辆具体的车,例如车牌号为京 P99078 的轿车就是这个轿车类的一个对象,是一个具体存在的、唯一的轿车。

在进行面向对象的编程时,需要将现实世界中的对象转换为程序中的对象,具体做法是用数据来描述对象的特征,用方法来实现对象的行为。因此,对象就是一组变量和相关方法的集合。因为类描述了同类对象的共性,它定义了一个对象的运行方式及在对象被创建或者说实例化的时候所包含的数据。所以,在创建对象时,总是从定义类开始的。这就如同生产产品,在实际投入生产之前都必须先画好设计图纸,然后交给生产车间按照图纸进行生产。而类就相当于设计图纸,对象就相当于按照设计图纸生产出来的一件件产品。

1.4.2 类的定义

在面向对象的思想中最核心的就是对象,要创建对象,首先需要定义对象的模板——类。类是组成 Java 程序的基本元素,任何一个 Java 程序都是由若干个类的定义组成的,它封装了一系列的变量(即成员变量,也称为域)和方法(即成员方法),是一类对象的原型。创建一个新的类,就是创建一个新的数据类型。实例化一个类,就得到一个对象。

定义一个类的一般形式为:

```
[修饰符]class 类名[extends 父类名][implement 接口名表]{//类的声明
//类体
成员变量声明;
成员方法声明;
}
```

类的定义包含类的声明和类的主体两部分。

1. 类的声明

对类的一些性质进行声明,包括类的修饰符、类名等。其中用方括号括起来的部分可以根据实际情况选择使用。

(1) 修饰符

类修饰符也叫访问指示符,主要有以下几种:
- public 修饰符表示类可以被包以外的对象引用,默认情况下,一个类只能被同一包内的其他类引用。
- abstract 修饰符声明一个抽象类。
- final 修饰符声明一个终极类,即不能被继承的类。

(2) 类名

类名紧跟在关键字 class 之后,类名的命名要符合 Java 标识符的命名规则。若用英文单词,按照类名的命名规范,各个单词的首字母要大写。

(3) extends 和 implements

extends 和 implements 都是 Java 的关键字,分别表示该类与其他类或接口的继承关系。

2. 类的主体

类的主体由两部分构成:成员变量定义和方法定义。变量用来描述属性,方法用来描述行为。类体在类的声明之后,用一对花括符{}界定。

注意:Java 中的变量分为成员变量和局部变量两种。在方法体中声明的变量,其作用域在该方法内部,称为局部变量。编程中若局部变量与类的成员变量同名,则类的成员变量被隐藏。

面向对象程序设计首先要做的就是根据用户的需求抽象出类,确定与类相关的属性和方法。通常可以先找出需求中的名词,然后确定这些名词哪些是类,哪些是依附于类的属性,最后可以通过需求中的动词来分析哪些是类的行为,确定了属性和行为之后,就可以定义类。

注意:不是所有依附于类的名词和动词都要提取成属性和方法,而要根据系统实际情况进行辨别。

在汽车租赁系统中,供出租的车辆分为轿车和客车两类车型,可以将其抽象成轿车类和客车类,其中轿车类的属性包括品牌、车型、车牌号及日租金,同时,该类还有计算租金和显示车辆详细信息的方法,根据提取出来的类信息,来定义轿车 Car 类。

定义一个 Car 类:

```java
public class Car{//类的声明
String brand;//品牌
    String carType;//汽车型号
    String vhId;//车牌号
    double dataRent;//日租金
public double calRent(int days){//计算租车费用
double price=dataRent* days;
        //折扣计算
        if(days >7 && days <=15){
            price *=0.9;
        }else if(days >15 && days <=30){
            price *=0.8;
        }else if(days >30){
            price *=0.7;
```

```
        }
        return price;
}
    public StringshowMessage(){//输出轿车的详细信息
        return"轿车品牌为:"+brand+"型号为:"+carType+"车牌号为:"+vhId+"日租金
为:"+dateRent;
    }
}
```

1.4.3 对象

一旦定义了所需的类,就可以创建该类的对象。创建类的对象称为类的实例化。

类的对象是在程序运行中创建生成的,其所占的空间在程序运行中动态分配。当一个类的对象完成了它的使命,为节省空间资源,Java 语言的垃圾收集程序就会自动回收这个对象所占的空间,即类对象有自己的生命周期。

对象的创建

1. 创建对象

创建类的对象需用 new 运算符,一般形式为:

```
类名 对象名=new 类名();
```

new 运算符的作用是在创建对象时分配内存空间,并将存储空间的引用存入对象变量。

例如,已经定义了 Car 类,则可以用如下的方法来创建对象:

```
Car c=new Car();    //定义类的对象
```

执行完后的内存状态如图 4-2 所示。

2. 使用对象

创建了类的对象后,就可以访问对象的成员,进行各种处理。访问对象成员的一般形式为:

图 4-2 创建对象后的内存状态

```
对象名.成员变量名
对象名.方法成员名()
```

运算符"."在这里称为成员运算符,在对象名和成员名之间起到连接的作用,指明是哪个对象的哪个成员。例如:

```
c.name     //引用对象的数据成员
c.calRent()//引用对象的成员方法
```

创建 Car 类的对象,并访问其成员:

```
publicclass Test{
    public static void main(String[]args){
```

```
        Car c = new Car();//创建Car类对象
        c.brand = "红旗";//通过对象访问变量,并赋值
        c.carType = "H9";
        c.vhId = "京 99235A";
        c.dateRent = 600;
        System.out.println(c.showMessage());//通过对象访问成员方法
    }
}
```

程序的运行结果如下:

轿车品牌为:红旗型号为:H9 车牌号为:京 99235A 日租金为:600.0

1.4.4 构造方法

1. 构造方法的定义

上面的任务中,创建了一个 Car 的对象 c 后,通过赋值运算符逐一为其成员变量赋值。除了这种办法之外,还可以在创建对象的同时为其成员变量赋值,这时需要自定义构造方法。Java 提供了为类的对象定义初始化状态的构造方法(constructor)。构造方法是一种特殊的成员方法,它的特殊性反映在以下几个方面:

构造方法

①构造方法名与类名相同。

②构造方法不返回任何值,也没有返回类型。

③构造方法在创建对象时自动执行,一般不能显式地直接调用,必须在创建类的实例时通过 new 关键字来自动调用。

例如:Car c = new Car( );

④一个类可以定义多个构造方法。

每一个类均有构造方法,如果没有显式地为一个类定义构造方法,当创建类对象时,编译器将自动为它创建一个没有参数的默认构造方法。同时,在实例化对象时,Java 虚拟机会自动为对象的成员变量进行初始化,将不同类型的成员变量赋值为相应的默认值。所有整型类型的默认值均为 0,浮点型的默认值为 0.0,字符类型的默认值为空字符,引用类型的默认值都为 null。

当设计类时,不要依赖于默认构造方法,最好显式地定义一个构造方法,以确保每个对象的实例变量都能有有意义的初始值。

2. 构造方法的重载

构造方法可以被重载。利用重载的构造方法,可以创建初始状态不同的对象。

为 Car 类定义多个重载的构造方法,代码如下:

```
public class Car{
    String brand;//品牌
    StringcarType;//汽车型号
    StringvhId;//车牌号
    double dateRent;//日租金
    public Car(String v){
        vhId = v;
```

```java
    }
    public Car(String b,String c){
        brand=b;
        carType=c;
    }
    public Car(String b,String c,String v,double d){
        brand=b;
        carType=c;
        vhId=v;
        dateRent=d;
    }
    public double calRent(int days){//计算租车费用
        double price=dateRent* days;
        //折扣计算
        if(days >7 && days <=15){
            price * =0.9;
        }else if(days >15 && days <=30){
            price * =0.8;
        }else if(days >30){
            price * =0.7;
        }
        return price;
    }
    public String showMessage(){
        return "轿车品牌为:"+brand+"型号为:"+carType+"车牌号为:"+vhId+"日租金为:"+dateRent;
    }
}
```

重写测试类,调用 Car 类不同的构造方法,分别创建 Car 类对象,代码如下:

```java
public class Test{
    public static void main(String[]args){
        Car c1=new Car("京 P99078");//调用构造方法,创建Car类对象
        Car c2=new Car("红旗","HSS");
        Car c3=new Car("哈弗","F7x","京 C99289",350);
        System.out.println(c1.showMessage());
        System.out.println(c2.showMessage());
        System.out.println(c3.showMessage());
    }
}
```

程序的运行结果如下:

```
轿车品牌为:null 型号为:null 车牌号为:京 P99078 日租金为:0.0
轿车品牌为:红旗 型号为:HSS 车牌号为:null 日租金为:0.0
轿车品牌为:哈弗 型号为:F7x 车牌号为:京 C99289 日租金为:350.0
```

从运行结果可以看出,虽然没有为 c1、c2 对象的所有属性赋值,但其属性都有值,没有赋值的属性值均为默认值。

注意:一旦自己定义了构造方法,系统将不再为我们提供默认的不带参数的构造方法。除非我们自己定义,否则,我们将不能调用不带参数的构造方法。

1.4.5 this 关键字

this 代表当前对象的引用。利用关键字 this,可以在构造方法和非静态方法中引用当前对象的任何成员。

其实在 Java 程序设计中,一个实例方法引用它自己的实例变量和其他实例方法时,在每个引用前面都隐含着 this。例如上面代码 Car 类中的 showMessage( )方法等价于下面的代码:

```
public String showMessage(){
    return "轿车品牌为:"+this.Brand+"型号为:"+this.carType+"车牌号为:"
+this.vhId+"日租金为:"+this.dateRent;
}
```

在一个方法内部,当成员变量与局部变量同名时,成员变量会被局部变量所覆盖,这时如果要指明一个方法中同名的变量表示的是成员变量,this 关键字就不能省略了。

在 Car 类的构造方法中,构造方法的参数命名为 b、c、v、d 这样一些没有意义的名字,这样做可以避免局部变量和成员变量重名,但却降低了程序的可读性,此时可以使用 this 关键字解决这个问题。将构造方法的形式参数设为与类的成员变量名相同,在构造方法内部使用 this 关键字指明成员变量。具体语法为:

```
this.成员变量
```

对 Car 的代码进一步修改如下:

```
public class Car{
    String brand;//品牌
    StringcarType;//汽车型号
    StringvhId;//车牌号
    double dateRent;//日租金
    public Car(String vhId){
        this.vhId=vhId;
    }
    public Car(String brand,String carType){
        this.brand=brand;
        this.carType=carType;
    }
    public Car(String brand,String carType,String vhId,double dateRent){
        this.brand=brand;
        this.carType=carType;
        this.vhId=vhId;
        this.dateRent=dateRent;
    }
```

```
    public double calRent(int days){//计算租车费用
        ...//代码同前,此处省略
    }
    public String showMessage(){
        ...//代码同前,此处省略
    }
}
```

观察 Car 类三个不同的构造方法,发现构造方法中有重复的代码,此时可以利用 this 关键字在构造方法中调用其他重载的构造方法,语法格式为:

```
this(参数列表)
```

例如,在 Car 类的构造方法中调用其他重载的构造方法,代码如下:

```
public class Car{
    String brand;//品牌
    StringcarType;//汽车型号
    StringvhId;//车牌号
    double dateRent;//日租金
    public Car(String vhId){
        this.vhId=vhId;
    }
    public Car(String brand,String carType){
        this.brand=brand;
        this.carType=carType;
    }
    public Car(String brand,String carType,String vhId,double dateRent){
        this(brand,carType);//调用重载的含有两个参数的构造方法
        this.vhId=vhId;
        this.dateRent=dateRent;
    }
    public double calRent(int days){//计算租车费用
        ...//代码同前,此处省略
    }
    public String showMessage(){
        ...//代码同前,此处省略
    }
}
```

注意:在构造方法中,调用其他重载的构造方法的语句必须是当前构造方法的第一条可执行语句。

> this 关键字学完了,快来总结一下它的用法吧。
> _____
> _____

1.4.6 static 关键字

static 关键字可以用来修饰成员变量、成员方法及代码块等,下面逐一介绍。

1. 静态成员变量

默认情况下,类的成员变量都是实例成员,它们的最大特色是:如果所属的对象没有被创建,它们就不存在。如果在类的外部使用它,需要先创建一个对象,然后通过"对象名.变量名"来访问。不同的对象,拥有不同的实例成员变量,各自占用不同的内存空间,它们互不干扰,对一个对象成员变量的修改不会影响到其他对象的成员变量的值。但在某些情况下,我们却希望所有对象能够共享某个成员变量的值。

静态变量

假如要在轿车类中增加一个车辆所属公司的属性,很显然每辆轿车所属的公司信息都一致,如果为每一个 Car 类的对象都单独分配一个内存单元,保存成员变量公司的值,这无疑会造成内存空间的浪费。那么有没有好的解决方法呢?可以通过静态成员变量来解决这一问题。静态成员变量具有以下特点:

- 它保存在类的内存区域的公共存储单元,被类的所有对象共享。
- 它不是属于某个具体对象,可以在类的对象被创建之前就能使用。既可以通过"对象名.变量名"方式访问,也可以通过"类名.变量名"的方式访问。它们是完全等价的。

静态成员变量用 static 关键字修饰。一般直接使用类名去访问它,也称类变量。

修改 Car 类的定义,增加 company 属性,并用 static 来修饰。因为所有轿车对象所属的公司都一致,因此,在定义 company 属性的同时为其赋值。在成员方法 showMessage 中加入公司信息。

具体代码如下:

```java
public class Car{
    public static String company = "蓝天汽车租赁公司";//static 修饰的静态成员变量
    String brand;//品牌
    StringcarType;//汽车型号
    StringvhId;//车牌号
    double dateRent;//日租金
    public Car(String vhId){
        this.vhId = vhId;
    }
    public Car(String brand,String carType){
        this.brand = brand;
        this.carType = carType;
    }
    public Car(String brand,String carType,String vhId,double dateRent){
        this(brand,carType);//调用重载的含有两个参数的构造方法
        this.vhId = vhId;
        this.dateRent = dateRent;
    }
    public double calRent(int days){//计算租车费用
        ...//代码同前,此处省略
    }
    public String showMessage(){
```

```
        return "轿车品牌为:"+brand+"型号为:"+carType+"车牌号为:"+vhId+"日
租金为:"+dateRent+"车辆所属公司为:"+company;
    }
}
```

继续修改测试类,创建两个 Car 对象,并调用相应的 showMessage 方法,代码如下:

```
public class Test{
    public static void main(String[]args){
        Car c1=new Car("红旗","H9","京 99235A",600);
        Car c2=new Car("哈弗","F7x","京 C99289",350);
        System.out.println(c1.showMessage());
        System.out.println(c2.showMessage());
    }
}
```

程序的运行结果如下:

轿车品牌为:红旗型号为:H9 车牌号为:京 99235A 日租金为:600.0 车辆所属公司为:蓝天汽车租赁公司
轿车品牌为:哈弗型号为:F7x 车牌号为:京 C99289 日租金为:350.0 车辆所属公司为:蓝天汽车租赁公司

从运行结果可以看到,两个轿车对象的公司信息保持一致。

案例中,两个 Car 对象的内存分配如图 4-3 所示,static 类型的属性 company 被两个对象所共享,显然,一旦 company 属性的值发生改变,那么所有对象的 company 属性值也随之改变。

注意:static 关键字只能用于修饰成员变量,不能用于修饰局部变量,否则编译系统会报错。

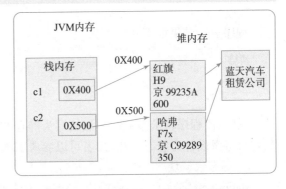

图 4-3 两个 Car 对象的内存分配

2. 静态成员方法

有时希望在不创建对象的情况下也可以调用某个方法,也就是说,方法不必和对象绑定在一起,这时可以定义静态方法。用 static 修饰的方法称为静态方法,也叫类方法,在调用时,一般直接通过类名调用。当然,也可以通过对象来调用,但必须清楚的是,它不依赖于任何对象。使用静态方法时,应注意下面三个原则:

静态成员方法

- 类的静态方法只能访问其他的静态成员,绝不能访问任何非静态的成员。
- 静态方法不能使用 this 和 super 关键字。
- 静态方法不能被覆盖为非静态方法。

下面通过一个案例演示静态方法的使用,编写一个求素数的方法,因为该方法与调用它的对象的具体状态无关,没有必要通过特定的对象来调用它,因此将其声明为静态的。

【案例 4-1】编写程序判断某个数是否是素数。

```java
import java.util.Scanner;
public class StaticTest{
    public static void main(String[]args){
        Scanner sc = new Scanner(System.in);
        System.out.println("请输入一个整数");
        int x = sc.nextInt();
        if(isPrime(x)){
            System.out.println(x + "是素数");
        }else{
            System.out.println(x + "不是素数");
        }
    }
    public static boolean isPrime(int x){
        for(int k = 2;k <= Math.sqrt(x);k ++){
            if(x% k == 0)
                return false;
        }
        return true;
    }
}
```

程序运行结果如下:

```
请输入一个整数
7
7 是素数
```

说明:该程序将求素数的方法编写为静态方法是最好的选择。事实上,大多数数学运算函数均可考虑设计为静态方法,读者可以参考 JDK 中 Math 类的定义。

3. 静态代码块

static 关键字除了可以修饰成员变量、方法外,还可以用来修饰代码块。在类中,使用一对大括号括起来的若干行代码称为一个代码块。用 static 修饰的代码块称为静态代码块,静态代码块会随类一起加载,由于类只能加载一次,因此,静态代码块只执行一次,其中的变量也必须是静态变量。在程序中,静态代码块通常用来对类的成员变量赋值或加载那些只需要执行一次的代码。

【**案例 4-2**】案例静态代码块的使用。

```java
class A{
    static String str;
    static{    //静态代码块只会加载一次
        str = "A";//静态代码块中的变量也必须是static
        System.out.println(str + "类中的静态代码块");
    }
}
```

```
public class StaticDemo{
    static{
        System.out.println("StaticDemo 类的静态代码块");
    }
    public static void main(String[]args){
        A a1 = new A();
        A a2 = new A();
    }
}
```

程序运行结果如下：

```
StaticDemo 类的静态代码块
A 类中的静态代码块
```

案例解析：

在程序执行时，首先会加载 main 方法所在的 StaticDemo 类，因此该类的静态代码块首先执行，然后执行 main 方法。在 main 方法中创建了 A 类的两个对象，在创建第一个对象时，加载了 A 类，并执行了 A 类的静态代码块，当再次创建 A 类的对象时，不再重新加载类，因此 A 类的静态代码块只执行了一次。

> static 关键字学完了，快来总结一下它的用法吧。
> _____
> _____

1.4.7 内部类

在一个类的内部定义的类叫作内部类，内部类所在的类称为外部类。内部类的主要作用是将逻辑上相关联的类放在一起。在解决一个复杂的问题时，可能希望创建一个类，用来辅助自己的程序方案，但是又不愿意把它公开，内部类则可以实现这一点。根据内部类的位置、修饰符和定义的方式，可以分为成员内部类、静态内部类、方法内部类及匿名内部类。

1. 成员内部类

在一个类中，除了可以定义成员变量、成员方法外，还可以定义类，这样的内部类称为成员内部类。成员内部类，顾名思义，就像类的一个成员，可以访问外部类的所有成员。

【案例4-3】成员内部类的使用。

```
class Outer{
private int index =10;
int num =5;
    class Inner{//此处定义了一个内部类
        private int index =20;
        void print(){
            int index =30;
            System.out.println(this);//this 表示的是当前的内部类对象
            System.out.println(Outer.this);//Outer.this 表示的是当前的外部类对象
```

```
                System.out.println(index);//输出方法内局部变量的值30
                System.out.println(this.index);//输出内部类的成员变量的值20
                System.out.println(Outer.this.index);/* 内部类可以访问和修改外部类的
私有成员,这个是外部类的变量10*/
                System.out.println(num);
            }
        }
void print(){
            Inner inner=new Inner();//外部类的方法可以直接创建内部类的对象
            inner.print();
        }
}
public class TestInner{
    public static void main(String[]args){
        Outer outer=new Outer();
        outer.print();
    }
}
```

程序运行结果为:

```
Outer$Inner@1fb8ee3
Outer@61de33
30
20
10
5
```

说明:在这里内部类Inner中,关键字this指向内部类Inner的对象,如果想指向外部类的对象,必须在this指针前加上外部类名称,表示this是指向外部类构造的对象,如Outer.this。

案例4-3中是通过外部类对象调用外部类的成员方法,间接创建了内部类对象,并调用内部类的成员方法。如果想直接创建内部类对象,则可以使用下面的语法:

外部类名.内部类名 内部类对象名=new 外部类名().new 内部类名();

对上面案例中的main方法改写如下:

```
public class TestInner{
    public static void main(String[]args){
Outer.Inner inner=new Outer().new Inner();
        inner.print();
    }
}
```

程序运行结果相同。

2. 静态内部类

可以使用static关键字修饰成员内部类,此时成员内部类称为静态内部类。此时静态内部类相当于外部类的类成员,可以在不创建外部类对象的情况下,直接创建内部类的对象,具体语法如下：

  外部类名.内部类名 内部类对象名 = new 外部类名.内部类名();

【案例4-4】静态内部类的使用。

```
class Outer{
    private static int num1 = 1;
    static class Inner{
        static int num2 = 2; /* 静态内部类可以定义静态成员 */
        int num3 = 3; //静态内部类也可以定义实例成员
        void show(){
            System.out.println("num1 = " + num1); /* 静态内部类只能访问外部类的静态成员 */
            System.out.println("num2 = " + num2);
            System.out.println("num3 = " + num3);
        }
    }
}
public class Test{
    public static void main(String[]args){
        Outer.Inner inner = new Outer.Inner();
        inner.show();
    }
}
```

程序运行结果如下：

```
num1 = 1
num2 = 2
num3 = 3
```

注意：在静态内部类中，只能访问外部类的静态成员。静态内部类中可以定义静态成员，也可以定义实例成员，但在非静态内部类中，不允许定义静态成员。

3. 方法内部类

在成员方法内部定义的类，称为方法内部类。它相当于方法的局部成员，只能在当前方法中被使用。

【案例4-5】方法内部类的使用。

```
class Outer{
    private int index = 10;
    public void test(){
        //在print方法中定义内部类Inner
        class Inner{
            private int index = 20;
            void print(){
                int index = 30;
```

```
            System.out.println(index);
            System.out.println(this.index);
            System.out.println(Outer.this.index);
        }
    }
    Inner inner = new Inner();
    inner.print();
    }
}
public class TestInner{
    public static void main(String[]args){
        Outer outer = new Outer();
        outer.test();
    }
}
```

程序运行结果为:

```
30
20
10
```

代码解析:

代码在 test 方法内部定义了一个方法内部类 Inner,因此只能在 test 方法内部创建 Inner 类的对象,并调用 print 方法。从案例运行结果看,方法内部类也可以访问外部类的成员变量。

4. 匿名内部类

匿名内部类是使用最多的一种内部类,经常用于 GUI 的事件处理。匿名内部类没有明确的类名。

1.4.8 封装

把数据和方法包装在一个单独的单元(称为类)中的行为称为封装。数据封装是类的最典型特点,类是封装的基本单元。通过封装可以隐藏类的实现细节,数据不能被外界访问,只能被封装在同一个类中的方法访问,避免了外界的干扰和不确定性。

封装

例如,可以把一台电视机看成一个对象。不必关心电视机里面的集成电路是怎样的,也不用关心电视机显像管的工作原理,只需要知道电视机的遥控器上提供了对这台电视机的什么操作,比如选台、调节色彩、声音等。这样虽然不知道电视机内部是怎么工作的,但可以使用这台电视机。听起来这跟编程没什么关系,但面向对象的思想正是与它类似:类的数据封装在类的内部,对外只提供操作该数据的方法,类的内部实现细节对外是隐藏的,把这种技术叫作数据封装。

通过分析下面程序中存在的问题来理解封装,代码如下:

```
public class Test{
    public static void main(String[]args){
```

```
        Car c1 = new Car("红旗","H9");
        c1.vhId = "京 99235A";
        c1.dateRent = -600;//为日租金赋值负数
        System.out.println("租用车辆的详细信息如下:");
        System.out.println(c1.showMessage());
        System.out.println("租用 10 天的费用如下:");
        System.out.println(c1.calRent(10));
    }
}
```

程序的运行结果如下:

```
租用车辆的详细信息如下:
轿车品牌为:红旗型号为:H9 车牌号为:京 99235A 日租金为:-600.0 车辆所属公司为:蓝天
汽车租赁公司
租用 10 天的费用如下:
-5400.0
```

看到运行结果,大家一定发现问题了:在 Car 类的测试类中,为轿车的日租金属性赋了一个负值,从运行结果来看,程序没有做出任何检测,直接输出了租用 10 天的费用,也是一个负数,显然,在软件开发过程中,这是不允许出现的。问题产生的原因就是在 Car 类的外部可以通过其对象随意地访问属性,为属性赋值,并且在赋值时没有任何的检查。

要解决这个问题,保证数据的安全性就要用到封装。具体办法是将类的成员变量声明为私有(private)的,然后提供一个或多个公有(public)方法来实现对该成员变量的访问和修改,这种方式就被称为封装。其中修改私有成员变量值的方法称为设置器,一般命名为 setXXX(),其中,XXX 与成员变量的名字相同,通常为:

```
public void setXXX(类型 x){
        this.x = x;//修改成员变量的值
}
```

访问私有成员变量值的方法称为访问器,一般命名为 getXXX(),通常为:

```
public 类型 getXXX(){
        return x;//返回成员变量的值
}
```

实现封装可以达到如下目的:
- 隐藏类的实现细节,让使用者只能通过事先定义好的成员方法来访问数据,可以方便地加入控制逻辑,限制对属性的不合理操作。
- 便于修改,增强代码的可维护性。

接下来利用封装,修改 Car 类的定义,将属性设为私有,并提供公共的访问器和设置器,其中在日租金的设置器中,增加了对日租金为负值的判断,在四个属性中,品牌、车牌号、车型一旦确定,不能随意更改,因此这三个属性只提供了访问器,而日租金可以根据实际情况进行修改,因此提供了访问器和设置器。具体代码如下:

```java
public class Car{
    private String brand;//品牌
    private String carType;//汽车型号
    private String vhId;//车牌号
    private double dateRent;//日租金
    public String getBrand(){
        return brand;
    }
    public String getCarType(){
    return carType;
    }
    public String getVhId(){
        return vhId;
    }
    public double getDateRent(){
        return dateRent;
    }
    public void setDateRent(double dateRent){
        if(dateRent<0){//对日租金为负值的情况做判断
            return;
        }
        this.dateRent=dateRent;
    }
    public Car(String vhId){
        this.vhId=vhId;
    }
    public Car(String brand,String carType){
        this.brand=brand;
        this.carType=carType;
    }
    public Car(String brand,String carType,String vhId,double dateRent){
        this(brand,carType,vhId);//调用重载的含有两个参数的构造方法
        this.dateRent=dateRent;
    }
    public double calRent(int days){//计算租车费用
        ...//代码同前,此处省略
    }
    public String showMessage(){
        ...//代码同前,此处省略
    }
}
```

由于Car类中的属性设为私有,因此,在Test类中不能直接通过对象调用属性赋值,而必须通过调用属性的设置器为其赋值,修改Test类,代码如下:

```java
public class Test{
```

```
public static void main(String[]args){
    Car c1 = new Car("红旗","H9");
    c1.setVhId("京 99235A");;
    c1.setDateRent(-600);//为日租金赋值负数
    System.out.println("租用车辆的详细信息如下:");
    System.out.println(c1.showMessage());
    System.out.println("租用 10 天的费用如下:");
    System.out.println(c1.calRent(10));
}
}
```

程序的运行结果如下:

租用车辆的详细信息如下:
轿车品牌为:红旗型号为:H9 车牌号为:京 99235A 日租金为:0.0
租用 10 天的费用如下:
0.0

从程序的运行结果可以看出,如果数据不合法,则 dateRent 还保持原来的默认值。通过封装,外部只能使用公有的方法 setDateRent()去修改私有变量 dateRent 的值,这样就保证了只能按照预先定义的规则对成员变量进行修改,从而避免了对成员变量的不合理修改。如果要修改访问的规则,只需修改 setDateRent()方法的定义即可,便于代码维护。

1.4.9　Java 中的访问控制符

封装用到了 private 访问修饰符,其实,Java 语言中共有四种不同的访问控制符,提供了四种不同的访问权限,其控制级别由小到大依次是

private→default→protected→ public

其中,default 为默认的,就是不用修饰符的情况。这四种访问修饰符可以用来修饰类、成员变量和成员方法,具体见表 4-2。

表 4-2　四种访问修饰符修饰情况

访问修饰符	类	成员变量	成员方法
private		√	√
default	√	√	√
protected		√	√
public	√	√	√

为了清楚起见,将类成员的可访问性总结在表 4-3 中。其中,"√"表示允许使用相应的变量和方法。注意,表中列出的类成员可访问性是针对 public 类的。

表 4-3　Java 中类的访问控制符的作用范围比较

访问修饰符	同一个类	同一个包	不同包的子类	不同包非子类
private	√			
default	√	√		
protected	√	√	√	
public	√	√	√	√

说明：
- private 为类访问级别，default 为包访问级别，protected 为子类访问级别，public 为公共访问级别。
- 因为类封装了类成员，因此，类成员的访问权限也与类的访问权限有关。

1.5 任务实现

第一步：定义轿车 Car 类

根据前面的学习，已经能够正确定义轿车类 Car，其具体代码前面已经实现，在此不再赘述。

第二步：定义客车 Bus 类

按照同样的方法，从汽车租赁系统中提取客车类 Bus，Bus 有四个属性：品牌、车型、车牌号、座位数，也同样具有计算租金及显示车辆信息的方法。Bus 类的具体定义如下：

```java
public class Bus{
    private String brand;//品牌
    private int seatNum;//座位数
    private String vhId;//车牌号
    private double dateRent;//日租金
    public Bus(String brand,int seatNum,String vhId,double dateRent){
        this.brand=brand;
        this.seatNum=seatNum;
        this.vhId=vhId;
        this.dateRent=dateRent;
    }
    public String getBrand(){
        return brand;
    }
    public int getSeatNum(){
        return seatNum;
    }
    public String getVhId(){
        return vhId;
    }
    public double getDateRent(){
        return dateRent;
    }
    
    public void setDateRent(double dateRent){
        if(dateRent<0){//对日租金为负值的情况做判断
            return;
        }
        this.dateRent=dateRent;
    }
    public double calRent(int days){//计算租车费用
        double price=dateRent*days;
```

```
    //折扣计算
    if(days >5 && days <=15){
        price *=0.9;
    }else if(days >15 && days <=20){
        price *=0.8;
    }else if(days >20 && days <=30){
        price *=0.7;
    }else if(days >30){
        price *=0.6;
    }
    return price;
}
public String showMessage(){
    return "客车品牌为:" + brand + "座位数为:" + seatNum + "车牌号为:" + vhId + "日租金为:" +dateRent;
    }
}
```

1.6 巩固训练

利用任务 1 学到的技能,完成学生类 Student 的设计,具体要求如下:

①Student 类中包含姓名、年龄、学校三个属性,学校属性应定义为 static 类型,并赋值。

②实现数据的封装。

③Student 类中定义两个构造方法:一个为无参构造方法,另一个构造方法接收两个参数,分别为姓名、年龄两个属性赋值。

④测试类中创建两个 Student 对象:一个使用无参构造方法创建,然后利用方法给姓名和年龄赋值;一个使用带参数的构造方法创建。

任务 2 交通工具类的定义

2.1 任务描述

在本任务中,具体完成的功能如下:
1. 抽取轿车类、客车类的父类交通工具类。
2. 重新修改两个子类的定义,继承自交通工具类。
3. 重写测试类,创建轿车类、客车类的对象。

2.2 任务分析

任务 1 中,从汽车租赁系统的需求中提取了两个类:轿车类和客车类,在任务实现时,发现两个类的定义中有很多重复的代码,出现了代码冗余。主要原因是轿车类和客车类同属一个大类,同时,两个类中有三个同样的属性:品牌、车牌号及日租金,并且两个类中都有显示车辆信息的 showMessage( )方法。这在实际项目开发中是不允许的。要解决这种同属一个大类，两个以上的类中的重复代码，需要使用继承。

2.3 任务学习目标

通过本任务学习，达成以下目标：
1. 理解继承的概念，掌握继承在代码中的实现。
2. 掌握方法重写的代码实现。
3. 掌握 this、super、final 关键字的使用。

2.4 知识储备

2.4.1 继承

在 Java 中，类的继承是指在一个现有类的基础上构建一个新的类，现有的类称为父类或超类，构建的新类称为子类或派生类。通过继承，子类可以拥有父类所有可继承的属性和方法，即可以复用父类的代码，避免了代码的冗余。子类除了能够继承父类的属性和方法外，也可以定义自己的属性和方法。在程序中，如果没有明确声明父类，则默认父类是 java. lang. object 类，即 Object 类是所有类的直接或间接父类。

继承

继承支持按级分类的概念。例如，老虎属于食肉类动物，也属于动物。就像图 4-4 中描绘的那样，这种分类的原则是，每一个子类都具有父类的公共特性。

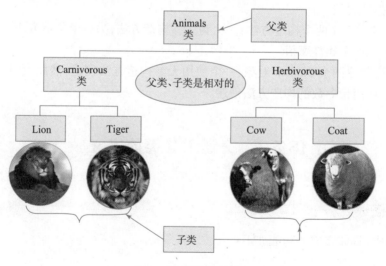

图 4-4 继承关系示例

Java 中继承的语法格式为：

```
class SubClass extends SuperClass{
...
}
```

这里 SubClass 称为子类或派生类，SuperClass 称为父类或超类。

接下来用继承机制改造汽车租赁系统中的 Car 类和 Bus 类的定义。首先,将两个类中公共的属性及方法抽取出来定义父类 Vehicles。具体代码如下:

```java
public class Vehicles{
    private String vhId;//车牌号
    private String brand;//品牌
    private double dateRent;//日租金
    public Vehicles(){//无参构造方法
    }
    public Vehicles(String brand){
        this.brand=brand;
    }
    public Vehicles(String vhId,String brand,double dateRent){//构造方法
        this(brand);
        this.vhId=vhId;
        this.dateRent=dateRent;
    }
    public String getVhId(){//车牌号的访问器
        return vhId;
    }
    public String getBrand(){//品牌的访问器
        return brand;
    }
    public double getDateRent(){//日租金的访问器
        return dateRent;
    }
    public void setDateRent(double dateRent){//日租金的设置器
        if(dateRent<0){
            return;
        }
        this.dateRent=dateRent;
    }
    public String showMessage(){//重写 toString()方法
        return "租用的车辆品牌为:"+brand+" 车牌号为:"+vhId+" 日租金为:"+dateRent;
    }
}
```

在父类中,依然使用封装保证了数据的安全性,并且在日租金的设置器中,对日租金为负的情况做了简单的处理。

有了父类 Vehicles 的定义,在此基础上重新定义 Car 类,让 Car 类继承自 Vehicles 类,只需要在 Car 类中定义自己特有的属性"车型"并添加计算租金方法即可。具体代码如下:

```java
public class Car extends Vehicles{
    private String carType;//汽车型号
    public String getCarType(){
        return carType;
    }
    public double calRent(int days){//子类定义了自己的方法
        double price = this.getDateRent()* days;
        //折扣计算
        if(days >7 && days <=15){
            price * =0.9;
        }else if(days >15 && days <=30){
            price * =0.8;
        }else if(days >30){
            price * =0.7;
        }
        return price;
    }
}
```

可以看到,通过继承,减少了代码冗余,Car 类中只需要定义自己特有的属性就可以了。

说明:

①子类可以继承父类中非私有的成员变量和方法,并保持其访问权限不变。

②Java 只支持单继承,不允许多重继承,即一个类只允许有一个直接父类。

③多个类可以继承自同一个父类,例如猫类和狗类都可以继承动物类。

④继承具有传递性。即子类继承父类的所有成员,也继承父类直至祖先的所有成员。

2.4.2 方法重写

在继承关系中,子类会自动继承父类中定义的方法,但有时在子类中需要根据实际情况对继承的方法进行一些修改,这时可以在子类中对父类的方法进行重写。就像现实世界中,父亲和儿子都喜欢运动,但运动的方式不同,父亲喜欢散步,儿子喜欢打篮球。

方法重写

说明:

①在子类中重写的方法需要和父类被重写的方法具有相同的方法名、参数列表及返回值类型,即同一个方法父类、子类可以有不同的实现。

②子类重写的方法不能比父类中被重写方法的访问性低,也不能抛出更多的异常。关于异常的概念,会在后面的章节中介绍。

例如,在上面的代码中,父类中定义了 showMessage( )方法,输出了车辆的品牌、车牌号和日租金信息,但对于子类 Car 而言,还需要输出车型信息,这时可以在子类 Car 中重写 showMessage( )方法。在子类中重写父类的方法,可以在集成开发环境的代码编辑区右键单击,选择"Source",然后选择"Override/Implement Methods",在打开的对话框内选择需要重写的方法即可,如图 4-5 所示。

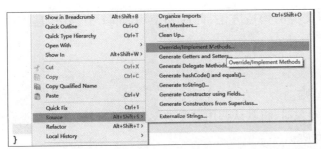
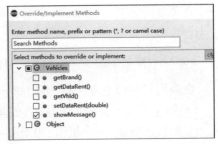

图 4-5 子类重写父类中的方法

修改 Car 类的定义,重写 showMessage()方法,方法的具体代码如下:

```
@Override
    public String showMessage(){
        //TODO Auto-generated method stub
        return "轿车品牌为:"+this.getBrand()+"型号为:"+carType+"车牌号为:"+this.getVhId()+"日租金为:"+this.getDateRent();
    }
```

由于父类中的 brand、vhId 及 dateRent 三个属性均设置成 private 类型,因此,在 Car 类的 showMessage()方法中,要输出这三个属性的值,只能通过调用公共的访问器得到属性值。

继承的原理及实现机制已经介绍完了,最后对继承相关知识进行总结:使用继承的前提是多个类中有重复的属性方法,并且这多个类同属一个大的类别,继承的作用是实现代码复用,继承的特点可以用六个字概括,分别是传承,即子类可以继承父类的属性和方法;拓展,即子类可以定义自己的属性和方法;创新,即子类可以重写父类的方法。

2.4.3 super 关键字

在继承中,子类可以定义自己的属性和方法,可以重写父类的方法,其实子类还可以定义和父类同名的属性,在 Car 类的 showMessage()方法中发现,其实就是在父类的 showMessage()方法的基础上,再加上车型的信息。那么可不可以在子类中调用父类被重写的 showMessage()方法呢?这时就需要使用 super 关键字。

super 关键字主要用在子类中调用父类的内容。super 主要有两个用途:一是调用父类的构造方法,二是调用父类被覆盖的成员变量和成员方法。

1. 调用父类的构造方法

在上面的父类 Vehicles 的代码中,添加了一个不带参数的构造方法,如果把这个构造方法去掉,则子类 Car 就会报编译错误,如图 4-6 所示。意思是父类默认的构造方法 Vehicles()没有定义,子类 Car 必须明确定义一个构造方法。

图 4-6 子类 Car 报编译错误

在子类的构造方法中,一定会调用父类的构造方法,此时要使用super关键字,具体语法为:

> super([参数1,参数2…]);

在调用父类构造方法时,遵循如下原则:
- 当子类未定义构造方法时,创建对象时,将默认调用父类的无参构造方法,如果父类没有无参的构造方法,则会报错,如图4-6所示。
- 对于父类的含参数构造方法,子类可以在自己构造方法中使用super(参数列表)来调用,但super调用语句必须是子类构造方法中的第一个可执行语句。
- 子类在自己定义的构造方法中如果没有用super明确调用父类的构造方法,则默认调用父类的不带参数的构造方法,即在构造方法中隐含了语句super()。

要修改图4-6中的编译错误,可以在父类中增加无参的构造方法,也可以在子类自定义构造方法,然后利用super调用父类带参数的构造方法。此处采用第二种方法,在子类Car中自定义构造方法,代码如下:

```
public Car(String vhId,String brand,double dateRent,String carType){
    super(vhId,brand,dateRent);
    this.carType=carType;
}
```

在构造方法的第一行,利用super调用了父类带参数的构造方法,为vhId、brand、dataRent三个属性赋值,第二行为子类Car自己的属性carType赋值。

2. 调用父类被覆盖的成员

在继承中,若子类(派生类)新增的成员名称与父类(超类)成员相同,则称为成员覆盖(overriding),包括成员变量的覆盖及成员方法的重写。

若子类声明了与父类同名的成员变量,则父类的成员变量被隐藏起来,直接使用的是子类的成员变量,但父类的成员变量仍占据空间,此时可通过super来访问,具体语法为:

> super.成员变量;

【案例4-6】成员变量的覆盖。

```
public class A{
    int x=200;
}
public class B extends A{
    int x=200;
    void print(){
        System.out.println("Subclass.x="+x);
        System.out.println("Superclass.x="+super.x);/* super 关键字访问被子类覆盖的父类的成员x*/
    }
    public static void main(String args[]){
        B b=new B();
```

```
        b.print();
    }
}
```

程序运行结果如下:

```
Subclass.x = 200
Superclass.x = 200
```

注意: super 不能用于静态方法中,因为静态的方法只能访问静态的变量,在静态的方法中,父类的静态变量可通过父类名来引用。

子类除了可以定义与父类同名的成员变量外,还可以对父类同名的方法重写。成员方法的重写与成员变量的覆盖的不同之处在于:子类隐藏父类的成员变量只是使得它不可见,父类的同名成员变量在子类的对象中仍占据自己的空间;而方法重写将清除父类方法所占用的空间,从而使得父类的方法在子类中不复存在。如果要调用父类被重写的方法,则需使用 super 关键字,具体语法为:

```
super.成员方法([参数1,参数2…]);
```

在前面的分析中,我们发现子类的 showMessage() 方法和父类的 showMessage() 方法很相似,因此,可以在子类的 showMessage() 方法通过 super 调用父类的 showMessage() 方法,具体代码如下。

```
@Override
    public String showMessage(){
        //TODO Auto-generated method stub
        return  super.showMessage() + "型号为:" + carType;
    }
```

2.4.4 final 关键字

final 表示最终的意思。它可以用来修饰类、方法和变量。

- 用 final 修饰的类不能被继承,这个类称为最终类。
- 用 final 修饰的方法是不能被更改的最终方法,即不能被子类覆盖。
- 用 final 修饰的变量(成员变量或局部变量)为常量。常量可以在定义时赋值,也可以先定义后赋值,但只能赋值一次。常量在命名时,一般所有字母都是大写的,如 final double PI = 3.14159。

【案例 4-7】final 关键字的使用。

```
class Person{
    final String name = "张三";/* final 修饰成员变量时,在定义的同时必须赋值,否则会报编译错误*/
    public void print(){
        System.out.println("name = " + name);
    }
}
    public class TestFinal{
```

```
    public static void main(String[]args){
        Person person = new Person();
        person.print();
    }
}
```

程序运行结果如下:

name = 张三

> **知识拓展**
>
> 　　用 final 标记的变量即为常量,但也只能在类的内部使用,不能在类的外部直接使用。可以用 public static final 修饰符共同标记常量,这个常量就成为全局的常量。这种常量只能在声明时赋值一次。如 PI 在 Math 类中是这样定义的:
>
> 　　public static final double PI = 3.14159265358979323846;

2.5 任务实现

第一步:抽象出父类车辆类 Vehicles

提取子类 Car 和 Bus 中共有的属性,抽象出父类车辆类 Vehicles,父类的定义代码在前面讲过,在此不再赘述。

第二步:完成子类 Car 的重定义

重定义 Car 类,继承父类 Vehicles,并重写 showMessage()方法。Car 类的完整代码如下:

```java
public class Car extends Vehicles{
    private String carType;//汽车型号
    public String getCarType(){
        return carType;
    }
    public Car(String brand,String carType){
        super(brand);
        this.carType = carType;
    }
    public Car(String vhId,String brand,double dateRent,String carType){
        super(vhId,brand,dateRent);//调用父类构造方法
        this.carType = carType;
    }
    public double calRent(int days){//实现了父类中的抽象方法
        ...//代码同前,此处省略
    }
    @Override
    public String showMessage(){//计算租车费用
        //TODO Auto-generated method stub
```

```
        return super.showMessage()+"车型为:"+carType;/* 利用super调用了父
类被重写的方法*/
    }
}
```

第三步:完成子类 Bus 的重定义

重定义 Bus 类,继承父类 Vehicles,并重写 showMessage( )方法。Bus 类的完整代码如下:

```
public class Bus extends Vehicles{
    private int seatNum;//座位数
    public Bus(String brand,int seatNum){
        super(brand);
        this.seatNum=seatNum;
    }
    public Bus(String vhId,String brand,double dateRent,int seatNum){
        super(vhId,brand,dateRent);//调用父类构造方法
        this.seatNum=seatNum;
    }
    public int getSeatNum(){
        return seatNum;
    }
    public double calRent(int days){//计算租车费用
        ...//代码同前,此处省略
    }
    @Override
    public String showMessage(){
        //TODO Auto-generated method stub
        return super.showMessage()+"座位数为:"+seatNum;
    }
}
```

第四步:重写测试类

重写测试类,分别创建 Car 类和 Bus 类的对象,并计算租用 10 天的费用。具体代码如下:

```
public class Test{
    public static void main(String[]args){
        Car c=new Car("京 99235A","红旗",600,"H9");
        System.out.println("租用轿车的详细信息如下:");
        System.out.println(c.showMessage());
        System.out.println("租用 10 天的费用如下:");
        System.out.println(c.calRent(10));
        Bus b=new Bus("京 NY9926","金杯",500,6);
        System.out.println("租用客车的详细信息如下:");
        System.out.println(b.showMessage());
        System.out.println("租用 10 天的费用如下:");
        System.out.println(b.calRent(10));
```

```
    }
}
```

运行代码,结果如下:

租用轿车的详细信息如下:
租用的车辆品牌为:红旗 车牌号为:京 99235A 日租金为:600.0 车型为:H9
租用 10 天的费用如下:
5400.0
租用客车的详细信息如下:
租用的车辆品牌为:金杯 车牌号为:京 NY9926 日租金为:500.0 座位数为:6
租用 10 天的费用如下:
4500.0

2.6 巩固训练

利用任务 2 学到的技能,完成学生类 Student 及它的子类 Undergraduate 的设计,具体要求如下。

①Student 类中包含姓名、成绩两个属性。

②Student 类中定义一个带两个参数的构造方法,分别为姓名、成绩两个属性赋值。

③Student 类中定义一个 show 方法,输出 Student 的属性信息。

④定义 Student 的子类——本科生 Undergraduate 类,子类中增加学位属性,有一个包含三个参数的构造方法,分别为 Undergraduate 类的三个属性赋值。

⑤在 Undergraduate 类中,定义 show 方法,输出子类的属性信息。

任务3 利用接口重新定义系统中的类

3.1 任务描述

本任务需要实现的具体要求如下:
1. 定义交通工具接口。
2. 重定义父类 Vehicles。
3. 重定义轿车类 Car、客车类 Bus,继承父类。
4. 利用多态,重写测试类。

3.2 任务分析

在任务 2 的实现中,将轿车类 Car、客车类 Bus 两个类中相同的属性及显示详细信息的 showMessage()方法提取到父类 Vehicles 类中。仔细观察代码,不难发现,两个子类中计算租金的方法 dateRent()的首部相同,但两种车型计算租金时的折扣不同,方法实现不同,即方法体不同,那么这种情况能够提取到父类中吗?答案是肯定的,这时需要使用抽象方法及接口的相关知识。

3.3 任务学习目标

通过本任务学习,达成以下目标:
1. 理解抽象类、抽象方法的概念,掌握其定义方法。
2. 理解接口的概念,掌握其定义方法。
3. 掌握程序中多态的使用。
4. 理解包的概念。

3.4 知识储备

3.4.1 抽象类

Java 语言中可以定义一些不含方法体的方法,其方法体的实现交给该类的子类根据自己的实际情况去实现,像这样只有方法首部而没有方法体的方法叫作抽象方法。包含抽象方法的类叫作抽象类。例如,规定一个产品必须具有某种功能,但却不能确定该功能的具体实现方法,因为不同的厂家可能有不同的实现方法,此时就可以将该方法定义成抽象方法。同样,对于汽车租赁系统,两种车型计算租金的具体实现不同,但都需要根据租用的天数来计算租金,这时可以将方法定义为抽象方法。

抽象类

一个抽象类中可以有一个或多个抽象方法。抽象类及抽象方法都用 abstract 关键字来修饰。格式如下:

```
abstract class abstractClass{ //抽象类
    ...
    abstract returnType abstractMethod([paramlist])//抽象方法
    ...
}
```

说明:
- 抽象类必须被继承,抽象方法必须被子类实现。
- 抽象方法只需声明,无须实现。
- 抽象类不能被实例化,即不能用 new 关键字去创建对象。
- 若类中包含了抽象方法,则该类必须被定义为抽象类。
- 抽象类的子类必须覆盖所有的抽象方法后才能被实例化,否则这个类还是个抽象类。

【案例 4-8】计算底面半径为 2、高为 3 的圆柱体体积和长、宽、高分别为 2、3、4 的长方体体积。由于圆柱和长方体都属于一种平面图形,都有计算体积的方法,但两者体积的计算方法不同,因此,可以抽取父类图形 Shape,在父类中将计算体积的方法定义为抽象方法。案例具体代码如下:

```
abstract class Shape{    //定义抽象类 Shape
    double radius,length,width,height;    //定义一些计算体积所需要的变量
    abstract double vol();//定义无方法体的抽象方法 vol
    Shape(double r,double h){//定义构造方法
        radius = r;
```

```
        height=h;
    }
    Shape(double l,double w,double h){//定义构造方法
        length=l;
        width=w;
        height=h;
    }
}
class Circle extends Shape{
    Circle(double r,double h){
        super(r,h);
    }
    double vol(){//在抽象类的子类中实现抽象方法
        return(3.1416 * radius * radius * height);//计算圆柱体的体积
    }
}
class Rectangle extends Shape{
    Rectangle(double l,double w,double h){
        super(l,w,h);
    }
    double vol(){//在抽象类的子类中实现抽象方法
        return(length * width * height);    //计算长方体的体积
    }
}
public class AbstractClassDemo{
    public static void main(String args[]){
        Circle c=new Circle(2,3);   //非抽象类可创建新对象
        Rectangle r=new Rectangle(3,2,4);
        System.out.println("圆柱体体积=" + c.vol());
        System.out.println("长方体体积=" + r.vol());
    }
}
```

程序运行结果如下：

圆柱体体积=37.6992
长方体体积=24.0

注意：抽象类中可以包含抽象的方法，但并不意味着抽象类中所有的方法都是抽象的，抽象类中可以没有抽象方法。

3.4.2 接口

如果一个类中所有的方法都是抽象的，就可以将这个类用另外一种方式来定义，也就是接口。接口是一种特殊的抽象类，只包含常量和方法的定义，而没有变量和方法的实现。接口定义了一个实体可能发出的动作。但是只是定义了这些动作的原型，没有实现，也没有任何状态信

接口

息。所以接口有点像一组规范（协议）的集合；而接口的实现类则是实现了这个协议，满足了这个规范的具体实体，是一个具体的概念。通过接口可以把接口的调用者和接口的实现者隔离开，提高了程序的健壮性和复用性。

1. 接口的定义

接口的定义包括接口声明和接口体。

接口声明的格式如下：

```
[public]interface 接口名[extends 父接口]//接口声明
    {…}//接口体
```

其中，接口名是一个合法的标识符，命名规则与类名一致，首字母大写，其后每个单词首字母大写，编程时尽量做到见名知意。extends 子句与类声明的 extends 子句基本相同，不同的是，一个接口可有多个父接口，用逗号隔开，而一个类只能有一个父类。

接口体包括常量定义和方法定义。接口中定义的常量和方法都有一些默认的修饰符，常量默认的修饰符是 public static final，方法默认的修饰符是 public abstract，因此，在接口中定义常量和方法可以省略默认修饰符。

常量定义格式为：

```
type NAME = value
```

方法体定义格式为：

```
returnType methodName([paramlist]);
```

在 Eclipse 开发环境中，只需要在项目的 src 目录中右击，选择"New"→"Interface"即可新建接口，如图 4-7 所示。

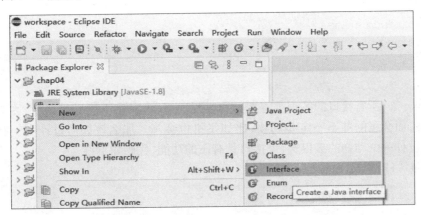

图 4-7 在 Eclipse 开发环境中新建接口

【案例 4-9】定义动物接口 Animal，规定动物有吃的行为。

```
public interface Animal{
    void eat();
}
```

2. 接口的实现

由于接口中的方法都是抽象方法，没有方法体，在调用之前必须实现方法体，此时可以用

implements 关键字声明一个接口的实现类,则该类必须实现接口中所有的方法,否则,该类需要声明为抽象类。

注意:在接口的实现类中,重写接口的方法必须声明为 public,因为接口中定义的方法默认为 public。一个类在继承另一个类的同时,还可以实现接口,此时 extends 关键字必须位于 implements 关键字之前,例如:

```
class AClass extends BClass implements CInterface{
    ...
}
```

【案例 4-10】定义食肉动物类、食草动物类,分别实现动物接口。

```
class Carnivore implements Animal{//食肉动物
    public void eat(){
        System.out.println("I like meet.");
    }
}
class Herbivore implements Animal{//食草动物
    public void eat(){
        System.out.println("I like grass.");
    }
}
```

一个类可以实现多个接口,在 implements 子句中用逗号分开。Java 语言中只有单继承,但通过接口可以间接地实现多继承。

比如动物不光有吃的行为,有些动物还会飞,那么该如何设计实现呢?可以在动物接口中增加飞的功能,代码如下:

```
public interface Animal{
    void eat();
    void fly();
}
```

但这样一来,所有接口的实现类将都具有飞的功能,这显然不能满足要求,因为只有一部分动物会飞,而会飞的却不一定是动物,比如飞机也会飞。那么该如何设计呢?有很多种方案,比如再设计一个动物的接口类,该接口具有飞的功能,代码如下:

【案例 4-11】定义飞的接口 Fly。

```
public interface Fly{//动物会飞
    void fly();
}
```

【案例 4-12】定义 Bird 类,同时实现 Animal 和 Fly 接口。

```
public class Bird implements Animal,Fly{//一个类同时实现两个接口
    public void eat(){
        System.out.println("I like worm.");
    }
    public void fly(){
```

```
        System.out.println("I can fly.");
    }
}
```

3. 接口的继承

接口可以使用关键字 extends 继承另一个接口,语法与类的继承相似,不同的是,接口可以通过 extends 继承多个接口,接口之间用逗号隔开。

上面会飞的动物也可以通过接口的继承来实现。此时 Bird 类只需实现 AnimalFly 接口即可。

【案例4-13】定义会飞的动物接口 AnimalFly,继承动物接口。

```
public interface AnimalFly extends Animal{//动物会飞
    void fly();
}
public class Bird implements AnimalFly{
    public void eat(){
        System.out.println("I like worm.");
    }
    public void fly(){
        System.out.println("I can fly.");
    }
}
```

4. 接口的引用

接口可以作为一种引用类型来使用。任何实现该接口的类的实例都可以赋值给该接口类型的引用变量,通过这些引用变量,可以访问接口中的方法。

【案例4-14】创建测试类,创建食草动物和食肉动物实例,并调用相应的 eat 方法。

```
public class TestAnimal{
    public static void main(String[]args){
        Animal a1 = new Carnivore();//在接口类型变量中存储 Carnivore 类的实例
        a1.eat();
        a1 = new Herbivore();//在接口类型变量中存储 Herbivore 类的实例
        a1.eat();
    }
}
```

程序的运行结果如下:

```
I like meet.
I like grass.
```

3.4.3 多态

多态是面向对象程序设计的另一个重要特点。多态(Polymorphism)按字面的意思就是"同一个事物表现出多种状态"。比如,要举办一场歌唱比赛,报名参加的选手可以唱流行音乐,可以唱古典音乐,也可以唱民族音乐等,这就是多

多态

态,即一种行为有着不同的表现形态。程序中也有类似的情况。

在 Java 语言中,多态性体现在两个方面:静态多态性(编译时多态性)和动态多态性(运行时多态性)。

1. 编译时多态性

编译时多态性是指在程序编译阶段即可确定下来的多态性。编译时,多态主要体现在方法的重载,重载表现为同一个类中定义多个同名的方法,但完成的功能却各不相同。在编译阶段,具体调用哪个被重载的方法,编译器会根据参数的不同来确定调用相应的方法。

2. 运行时多态性

在设计一个方法时,通常希望该方法具有一定的通用性。例如,歌唱比赛中的方法,希望不论是哪种类型的歌手参加比赛,都可以用同一个方法实现。

【案例 4-15】用代码实现歌唱比赛,要求有 PopularSinger 流行音乐歌手和 ClassicalSinger 古典音乐歌手参加歌唱比赛。

```java
interface Singer{//歌手接口
    void sing();//唱歌方法
}
class PopularSinger implements Singer{//流行音乐歌手
    public void sing(){
        System.out.println("演唱流行歌曲!");
    }
}
class ClassicalSinger implements Singer{//古典音乐歌手
    public void sing(){
        System.out.println("演唱古典歌曲!");
    }
}
public class ConcertDemo{
    public static void main(String[]args){
        Singer s1 = new PopularSinger();
        Singer s2 = new ClassicalSinger();
        singContest(s1);
        singContest(s2);
    }
    static void singContest(Singer s){//歌唱比赛方法
        s.sing();
    }
}
```

程序的运行结果如下:

```
演唱流行歌曲!
演唱古典歌曲!
```

程序解析:

代码中首先声明了一个歌手 Singer 的接口,接口里定义了一个 sing 方法。然后写了它的两个实现类,分别是 PopularSinger 流行音乐歌手和 ClassicalSinger 古典音乐歌手,两个类都实现了父接口的 sing 方法。

在 ConcertDemo 类中,设计一个歌唱比赛的方法 singContest,在方法中接收一个 Singer 歌手类型的参数,并调用相应的 sing 方法。在 main 方法中,先声明了接口 Singer 类型的两个对象 s1、s2,并分别将接口两个实现类的对象赋值给 s1、s2。在调用 singContest 方法时,当传入 s1 时,因为 s1 实际是 PopularSinger 流行音乐歌手的对象,因此演唱的就是流行音乐,传入 s2 时,因为 s2 实际是 ClassicalSinger 古典音乐歌手的对象,因此演唱的就是古典音乐。由此歌唱比赛实现了多态,但具体会演唱哪种类型的音乐,必须等到歌唱比赛时歌手登到舞台后才能确定,在代码中,需要根据歌唱比赛 singContest 方法接收的参数才能确定,这就是运行时多态。

在上面的案例中,如果不使用多态,则在 ConcertDemo 类中,需要针对不同的歌手设计不同歌唱比赛的方法 singContest( ),代码如下:

```
public static void singContest(PopularSinger ps){
...
}
public static void singContest(ClassicalSinger cs){
...
}
```

由此可见,多态提供了一种设计通用方法的功能,不仅使程序更加灵活,还可以提高程序的可扩展性和可维护性。

3.4.4 对象类型转换

在演唱比赛的案例中,有这样两行代码:

```
Singer s1 = new PopularSinger();/*将接口 Singer 的实现类 PopularSinger 的对象赋给 Singer 类型*/
Singer s2 = new ClassicalSinger();/*将接口 Singer 的实现类 Classical Singer 的对象赋给 Singer 类型*/
```

对象类型转换

这里其实使用了对象类型转换,也是实现多态的最核心的内容。像基本数据类型一样,对象也可以进行类型转换,这种转换只限于子类和父类之间。

1. 子类转换成父类

由于子类的对象肯定属于父类,这种转换是不会有问题的,类似于自动类型转换。

【案例 4-16】子类对象转换成父类。

```
class A{
    public void fun1(){
        System.out.println("A fun1 is calling");
    }
    public void fun2(){//调用 fun1 方法
        fun1();
    }
```

```
}
class B extends A{
    public void fun1(){//重写父类func1方法
        System.out.println("B fun1 is calling");
    }
    public void fun3(){//增加func3方法
        System.out.println("B fun3 is calling");
    }
}
public class Test{
    public static void method(A a){
        System.out.print("调用 fun1 方法:");
        a.fun1();
        System.out.print("调用 fun2 方法:");
        a.fun2();
        //a.fun3();
    }
    public static void main(String[]args){
        A a = new A();
        B b = new B();
        A a1 = b;//子类对象可以无条件地转换为父类对象
        System.out.println("将父类对象a作为参数");
        method(a);
        System.out.println("将子类对象b作为参数");
        method(b);
        System.out.println("将父类对象a1作为参数");
        method(a1);
    }
}
```

程序的运行结果如下:

```
将父类对象a作为参数
调用 fun1 方法:A fun1 is calling
调用 fun2 方法:A fun1 is calling
将子类对象b作为参数
调用 fun1 方法:B fun1 is calling
调用 fun2 方法:B fun1 is calling
将父类对象a1作为参数
调用 fun1 方法:B fun1 is calling
调用 fun2 方法:B fun1 is calling
```

说明:

● 程序在编译时,能够自动把类B的对象转换成类A的类型,运行时,JVM根据实际的对象类型调用子类的方法。

● 但是如果在程序中添加被注释的代码a.fun3(),编译时就会报错,这是为什么呢?因为对于编译器来说,它只分析程序的语法,它只知道变量 a 的类型是类 A,而类 A 又没有 fun3 这个方法,所以编译无法通过,即不能通过父类引用调用子类的方法。

2. 父类对象转换成子类

要调用 fun3 方法,只能使用子类 B 的对象,那么在 method 方法中,要如何正确调用 fun3 方法呢?此时可以使用对象类型转换中的将父类对象强转成子类对象。

由于子类可能会拥有父类所没有的特征和行为,所以父类的对象不一定属于子类,如果强制转换,可能会出现错误。就像我们可以说猫是一种动物,但不能说动物是一只猫。例如,将上例中的 method 方法做如下修改,思考一下会出现什么问题。

```
public static void method(A a)
{
    System.out.print("调用 fun1 方法:");
    a.fun1();
    System.out.print("调用 fun2 方法:");
    a.fun2();
    //a.fun3();//出现编译错误
    B b = (B)a;//将 A 类对象强制转换成 B 类对象
    b.fun3();
}
```

重新运行案例,结果如图 4-8 所示。

```
将父类对象 a 作为参数。
调用 fun1 方法:A fun1 is calling.
调用 fun2 方法:A fun1 is calling.
Exception in thread "main" java.lang.ClassCastException: class chap0403.A
cannot be cast to class chap0403.B (chap0403.A and chap0403.B are in unnamed
module of loader 'app').
    at chap0403.Test.method(Test.java:29).
    at chap0403.Test.main(Test.java:39).
```

图 4-8 案例运行结果

可以看到,当执行到使用父类对象 a 作为参数时,调用 fun2 方法后,程序报了类型转换异常,具体原因是类 A 的对象不能强转成类 B 的对象。那么如何来解决这个问题呢?解决的方法就是在进行强制类型转换之前首先判断参数的类型,只有在确保实参是子类的对象时,才进行类型转换。可以用 instanceof 操作符判断对象的类型,语法格式为:

对象 instanceof 类(接口)

对上面的 method 方法做如下修改:

```
public static void method(A a)
{
    System.out.print("调用 fun1 方法:");
```

```
        a.fun1();
        System.out.print("调用 fun2 方法:");
        a.fun2();
        if(a instanceof B){//判断 a 是否是 B 类的实例
            B b=(B)a;//将父类对象 a 强转成子类对象
            b.fun3();//通过子类对象 b 调用 fun3 方法
        }
}
```

程序的运行结果如下:

```
将父类对象 a 作为参数
调用 fun1 方法:A fun1 is calling
调用 fun2 方法:A fun1 is calling
将子类对象 b 作为参数
调用 fun1 方法:B fun1 is calling
调用 fun2 方法:B fun1 is calling
B fun3 is calling
将父类对象 a1 作为参数
调用 fun1 方法:B fun1 is calling
调用 fun2 方法:B fun1 is calling
B fun3 is calling
```

从结果可以看到,当使用 b 和 a1 作为参数时,均正确调用了 fun3 方法。

3.4.5 包

在前面的案例中,将程序中定义的所有类都放在一个默认包中,在项目实际开发中,通常会定义很多不同的类和接口,试想,如果将所有的类或接口都放在一个包中,肯定不方便对类的管理。那么 Java 中是如何来管理类的呢?

包

在文件系统中,为了方便管理文件,可以创建文件夹,将不同的文件分门别类地存储。同样地,为了方便对类的管理,Java 提供了包机制,而且也采用了树形目录结构来组织类文件。一个包就对应着磁盘上的一个文件夹,一个包通常存放了一组相关的类或接口。

1. 包的创建

包由 package 语句定义。package 语句用来指明该源文件定义的类所在的包,可以把包粗略理解为存放类的文件夹。按照一般的习惯,包名的命名通常遵循几个原则,首先包名全部由小写字母组成,通常由一个或多个有意义的单词用点号连接而成。在命名时,通常采用域名的逆序,即以 com.公司名.项目名.模块名的方式来命名。为了和系统提供的包区分,自定义的包名一般不要以 Java 开头。

package 必须是程序的第一条语句,前面只能有空白和注释。其格式如下:

```
package packageName;
```

其运行的结果就是在当前目录下生成一个以 packageName 命名的文件夹,编译生成的 .class 文件就保存在该文件夹下。若源文件无 package 语句,则编译后生成的类被置于一个缺省的无名包中。

在 Eclipse 开发环境中，只需要在项目的 src 目录中右击，选择"New"→"package"即可新建包，如图 4-9 所示。

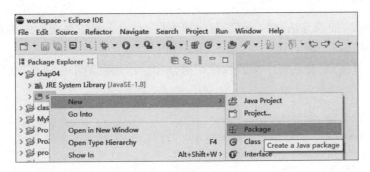

图 4-9 在开发环境中新建包

注意：很多初学者常常误以为把一个类放在某个目录下，这个目录名就成了这个类的包名。再次强调，不是有了目录结构，就等于有了包名，包名必须在程序中通过 package 语句指定，先有了包名后，才生成相应的目录结构。

2. 包的使用

为了引用不同包中的类，需要使用 import 语句，import 语句必须放在 package 语句（如果有的话）和类的定义之间。import 语句的格式：

```
import 包名.类名
```

比如，在使用 Scanner 类时，需要使用语句 import java.util.Scanner 导入该类。

如果要引用一个包里所有的类，可以使用通配符 * 号，比如在导入 Scanner 类时，可以使用 import java.util.*，将 java.util 包下所有的类导入，自然 Scanner 类也导入当前文件中。

利用包可以把功能相关的类或接口组织在一起，不仅方便对类的管理，同时也解决了命名冲突的问题，不同的包中可以定义同名的类。

说明：

- 同在一个 package 里的类，可以直接相互引用，不用 import 语句。
- JDK 中有很多同名的类，它们分别处在不同的包中，在使用 import 语句导入类时，一定注意类所在的包。

3. Java API 的主要包

在 JDK 中，不同功能的类放在不同的包中，其中 Java 的核心类主要放在 java 这个包及其子包下，Java 扩展的大部分类都放在 javax 包及其子包下。为了便于后面学习，下面简单介绍 Java 语言中的常用包。

java.lang：包含 Java 语言的核心类，使用这个包中的类无须导入，因为系统会自动导入这个包中所有的类。

java.util：包含 Java 中大量工具类、集合类等。

java.io：包含了 Java 输入、输出有关的类和接口。

java.awt：包含了用于构建图形用户界面的相关类和接口。

java.net：包含了 Java 网络编程相关的类和接口。

java.sql：包含了 Java 数据库编程有关的类和接口。

javax.swing:提供了一系列轻量级的用户界面组件,是目前 Java 用户界面常用的包。

3.5 任务实现

学习了抽象类、抽象方法、接口和多态的知识后,对汽车租赁系统中的类重新定义。

第一步:创建接口交通工具

定义交通工具接口,将系统中车辆的计算租金和显示信息两个方法提取到接口中。代码如下:

```java
public interface Traffic{
    double calRent(int days);//计算租金
    String showMessage();//显示详细信息
}
```

第二步:重定义车辆类

重定义车辆类 Vehicles,实现接口。由于两种车型计算租金的方法实现不同,因此 Vehicles 类不能实现接口中的 calRent( )方法,需要将 Vehicles 类定义为 abstract 类型。具体代码如下:

```java
public abstract class Vehicles implements Traffic{
    private String vhId;//车牌号
    private String brand;//品牌
    private double dateRent;//日租金
    public Vehicles(String brand){
        super();
        this.brand=brand;
    }
    public Vehicles(String vhId,String brand,double dateRent){//构造方法
        this(brand);
        this.vhId=vhId;
        this.dateRent=dateRent;
    }
    public String getVhId(){//车牌号的访问器
        return vhId;
    }
    public String getBrand(){//品牌的访问器
        return brand;
    }
    public double getDateRent(){//日租金的访问器
        return dateRent;
    }
    public void setDateRent(double dateRent) throws DateRentException{/* 日租金的设置器,利用 throws 关键字消极处理异常*/
        if(dateRent<300 ||dateRent >1500){
```

```
            throw new DateRentException(dateRent);/* 日租金不合理则用 throw 抛出
自定义异常*/
        }
        this.dateRent = dateRent;
    }
    public String showMessage(){//实现父接口中的 showMessage()方法
        return "租用的车辆品牌为:" + brand + " 车牌号为:" + vhId + " 日租金为:" + dateRent;
    }
}
```

第三步:重定义 Car 类

重新定义 Car 类,继承自 Vehicles 类,实现 calRent()方法,并重写 showMessage()方法。具体代码如下:

```
public class Car extends Vehicles{
    private String carType;//汽车型号
    public String getCarType(){
        return carType;
    }
    public Car(String brand,String carType){
        super(brand);//调用父类构造方法
        this.carType = carType;
    }
    public Car(String vhId,String brand,double dateRent,String carType){
        super(vhId,brand,dateRent);//调用父类构造方法
        this.carType = carType;
    }
    public double calRent(int days){//实现了父类中未实现的抽象方法
        ...//代码同前,此处省略
    }
    @Override
    public String showMessage(){//对父类方法的重写
        ...//代码同前,此处省略
    }
}
```

第四步:重定义 Bus 类

重新定义 Bus 类,继承自 Vehicles 类,实现 calRent()方法,并重写 showMessage()方法。具体代码如下:

```
public class Bus extends Vehicles{
    private int seatNum;//座位数
    public Bus(String vhId,String brand,double dateRent,int seatNum){
        super(vhId,brand,dateRent);//调用父类构造方法
        this.seatNum = seatNum;
```

```
    }
    public Bus(String brand,int seatNum){
        super(brand);
        this.seatNum=seatNum;
    }
    public int getSeatNum(){
        return seatNum;
    }
    @Override
    public double calRent(int days){//实现了父类中未实现的抽象方法
        ...//代码同前,此处省略
    }
    @Override
    public String showMessage(){////对父类方法的重写
        ...//代码同前,此处省略
    }
}
```

第五步：重写测试类

利用多态,重写测试类,设计通用的 print( )方法,运行时,将根据传递到方法中的参数类型来调用不同类中的 calRent( )方法和 showMessage( )方法,具体代码如下：

```
public class Test{
    public static void main(String[]args){
        Vehicles car=new Car("京 99235A","红旗",600,"H9");//将子类对象赋给父接口
        Vehicles bus=new Bus("京 NY9926","金杯",500,6);//将子类对象赋给父接口
        print(car);//运行时多态
        print(bus);//运行时多态
    }
    public static void print(Vehicles t){//方法的参数为父接口类型
        System.out.println("租用车辆的详细信息如下:");
        System.out.println(t.showMessage());/* 根据传递来的t的实际类型,调用相应的方法*/
        System.out.println("租用10天的费用如下:");
        System.out.println(t.calRent(10));/* 根据传递来的t的实际类型,调用相应的方法*/
    }
}
```

程序的运行结果如下：

租用车辆的详细信息如下：
租用的车辆品牌为:红旗 车牌号为:京 99235A 日租金为:600.0 车型为:H9
租用10天的费用如下：
5400.0

```
租用车辆的详细信息如下：
租用的车辆品牌为:金杯 车牌号为:京 NY9926 日租金为:500.0 座位数为:6
租用 10 天的费用如下：
4500.0
```

从运行结果看，本任务实现的功能和任务 2 的完全一致，但本任务利用接口、多态重构了项目代码，使得项目代码更加简洁，可维护性、可扩展性得以提高，更加贴近实际项目开发过程。

3.6 巩固训练

利用任务 3 学会的技能，设计一个接口 Shape 和它的两个实现类，具体要求如下：

①Shape 接口中有一个抽象方法 area( )，方法接收一个 double 类型的参数，返回一个 double 类型的结果。

②Square 和 Circle 中实现了 Shape 接口的 area( )方法，分别求正方形和圆形的面积。

③在测试类中创建 Square 类和 Circle 类的对象，计算边长为 2 的正方形和半径为 3 的圆形面积。

任务 4 程序中的异常处理

4.1 任务描述

在调试程序时，会遇到各种问题，出现问题时，大家有没有感觉到手足无措呢？有没有思考一下，程序中为什么出现问题？出现了问题又该如何解决呢？比如，在前面的汽车租赁系统的实现中，我们在日租金的设置器中，对日租金小于零的情况进行了简单处理，即如果日租金小于零，则不更新日租金的值。使用这种处理方法，在实际系统运行时，用户并不知道发生了什么问题，那么又该如何处理实际项目中这种类似的问题呢？

本任务要完成的功能如下：
1. 能够正确处理程序中的异常。
2. 能够根据实际项目需要，自定义异常。

4.2 任务分析

要处理程序中出现的异常，首先要了解异常，然后根据异常的类型和编程的需要，采用合适的方法来处理异常。

4.3 任务学习目标

通过本任务的学习，达成以下目标：
1. 了解异常的定义及异常类的层次关系。
2. 掌握异常的两种处理方法。
3. 理解并掌握自定义异常的方法。

4.4 知识储备

4.4.1 异常概述

【案例 4-17】 简单的算术运算。

```java
public class ExceptionDemo1{
    public int calculate(int operand1,int operand2){
        int result = 0;
        result = operand1/operand2;
        return result;
    }
    public static void main(String[]args){
        ExceptionDemo1 obj = new ExceptionDemo1();
        int result = 0;
        result = obj.calculate(9,0);
        System.out.println(result);
    }
}
```

异常

程序的运行结果如下：

```
Exception in thread "main"java.lang.ArithmeticException:/by zero
    at com.book.ExceptionDemo1.calculate(ExceptionDemo1.java:6)
    at com.book.ExceptionDemo1.main(ExceptionDemo1.java:12)
```

上面的案例中，在调用 calculate 方法时，传递了一个 0 作为除数，出现了算术异常 ArithmeticException，此时程序立即结束，在控制台输出了异常的相关信息。这种在程序运行过程中发生的、会打断程序正常执行的事件称为异常（Exception），也称为例外。对于一个实用的程序来说，处理异常的能力是一个不可缺少的部分，它的目的是保证程序在出现异常的情况下仍能按照计划执行。

在 Java 语言中，异常对象都是派生于 Throwable 类的一个实例。图 4-10 显示了异常类的层次结构，从图中可以看出，类 Throwable 有两个直接子类：错误类 Error 和异常类 Exception。其中，错误类 Error 描述了 Java 运行时系统的内部错误和资源耗尽错误，是比较严重的，而且大多数错误与编写的代码无关，通常 Java 程序不对这类错误进行处理。异常类 Exception 表示程序本身可以处理的异常，又分为两大类：一类是运行时异常 RuntimeException；其余的是第二类，统称为编译时异常。

运行时异常一般由程序中的逻辑错误引起，在程序运行时无法恢复。Java 编译器不会对运行时异常进行检查，也就是说，当出现这类异常时，即使不处理，程序也能编译通过（例如案例 4-17）。运行时异常会交给系统默认的异常处理程序，处理的方法就是如果产生异常，则立刻结束程序。Java 编译器会对所有的编译时异常进行检查，如果出现异常，就必须处理，否则程序将无法通过编译。

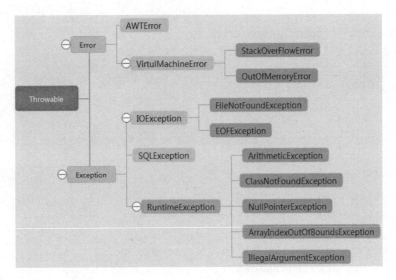

图 4-10　Java 异常类的层次结构

4.4.2　异常处理的两种方式

异常处理主要有两种方式：积极的处理方式和消极的处理方式。

1. 积极的处理方式

采用 try – catch – finally 语句对程序中的异常进行处理。

语句的一般语法如下：

```
try{
       程序代码       //可能发生异常的语句
    }catch(异常类型1 异常的变量名1){
       程序代码       //异常的处理语句
    }catch(异常类型2 异常的变量名2){
       程序代码       //异常的处理语句
    }finally{
       程序代码       //无论是否异常,都要被执行的代码
}
```

异常处理时，用 try 语句块包住可能发生异常的语句，如果在 try 语句块内出现异常，则运行时系统会生成一个异常对象并抛出，在 catch 语句块中可以捕获到这个异常对象并做处理，使程序不受异常的影响而继续执行下去。

catch 语句的参数类似于方法的声明，包括一个异常类型和一个异常对象。异常类型必须为 Throwable 类的子类，它指明了 catch 语句所处理的异常类型，异常对象则由运行时系统在 try 所指定的代码块中生成并被捕获，大括号中包含对象的处理，其中可以调用对象的方法。

【案例 4 – 18】用积极的方式处理案例 4 – 17 中的异常。

```
public class ExceptionDemo1{
    public int calculate(int operand1,int operand2){
        int result =0;
```

```
        try{
            result=operand1/operand2;
System.out.println("出现异常时,这条语句不会执行!");
        }
        catch(ArithmeticException e){
          System.out.println(e.getMessage());
        }
        System.out.println("除数为零后程序没有终止啊,呵呵!!!");
        return result;
    }
    public static void main(String[]args){
        ExceptionDemo1 obj=new ExceptionDemo1();
        int result=0;
        result=obj.calculate(9,0);
        System.out.println(result);
    }
}
```

程序的运行结果如下:

```
/by zero
除数为零后程序没有终止啊,呵呵!!!
0
```

由此可以看到,程序发生异常时,由 catch 语句进行捕获处理,处理完后程序会继续向下执行。需要注意,try 语句块发生异常后,其后面的语句是不会执行的。

Java 异常处理的目的是提高程序的健壮性,可以在 catch 和 finally 代码块中给程序一个修正机会,使得程序不因异常而终止或者流程发生意外的改变。同时,通过获取 Java 异常信息,也为程序的开发维护提供了方便,一般通过异常信息很快就能找到出现异常的问题(代码)所在。

进行异常处理时,经常会借助 Throwable 类的一些常用方法来输出异常的信息。常用方法见表 4-4。

表 4-4　Throwable 类常用的方法

成员方法	作用
getMessage()	返回此异常的详细消息字符串
printStackTrace()	在命令行打印异常信息在程序中出错的位置及原因

catch 语句可以有多个,分别处理不同类的异常。Java 运行时,系统从上到下分别对每个 catch 语句处理的异常类型进行检测,直到找到类型相匹配的 catch 语句为止。这里,类型匹配指 catch 所处理的异常类型与生成的异常对象的类型完全一致或者是它的父类,因此,catch 语句的排列顺序应该是从特殊到一般。也可以用一个 catch 语句处理多个异常类型,这时它的异常类型参数应该是这多个异常类型的父类,程序设计中,要根据具体的情况来选择 catch 语句的异常处理类型。

【案例 4-19】带多个 catch 子句的 try 语句。

```java
public class ExceptionDemo{
    public int calculate(int operand1,int operand2){
        int result =0;
        int c[] ={1};
        try{
            result =operand1/operand2;
            c[4]=99;
        }
        catch(ArithmeticException e ){//捕获算术异常
            System.out.println(e.getMessage());
        }
        catch(ArrayIndexOutOfBoundsException e){//捕获数组下标越界异常
            System.out.println("Array index oob: " + e);
        }
        return result;
    }
    public static void main(String[]args){
        ExceptionDemo obj =new ExceptionDemo();
        int result =0;
        result =obj.calculate(9,0);
        System.out.println(result);
    }
}
```

思考：在上例中，如果将第一个 catch 语句的异常类型改为父类 Exception，将 calculate( )方法的第二个实参改为3，会出现什么情况？原因是什么？

通过 finally 语句可以指定一块代码，无论 try 所指定的程序块中抛出或不抛出异常，也无论 catch 语句的异常类型是否与所抛出的异常类型一致，finally 所指定的代码都要被执行，它提供了统一的出口。通常在 finally 语句中可以进行资源的清除工作，如关闭打开的文件、数据库等。finally 语句块会在方法执行 return 之前执行，不论其位置在 return 之前或之后。

【案例 4-20】finally 语句的作用。

```java
public class ExceptionDemo{
    public int calculate(int operand1,int operand2){
        int result =0;
        try{
            result =operand1/operand2;
        }
        catch(ArithmeticException e ){
            System.out.println(e.getMessage());
            return result;
            System.out.println("return 语句后的语句,不会执行");}
```

```
        finally{
            System.out.println("finally 语句一定会执行");
        }
        return result;
    }
    public static void main(String[]args){
        ExceptionDemo obj=new ExceptionDemo();
        int result=0;
        result=obj.calculate(9,0);
        System.out.println(result);
    }
}
```

案例运行结果如下：

```
finally 语句一定会执行
0
```

需要注意的是，finally 中的代码块有一种情况下是不会执行的，那就是在 try…catch 中执行了 System.exit(0) 语句。该语句表示退出当前的 Java 虚拟机，Java 虚拟机结束了，当然所有的代码都不会执行。

使用 try – catch – finally 语句需注意以下几个问题：

- 每个 try 语句至少有一个 catch 语句对应，catch 语句的排列顺序应该从特殊到一般，即从子类到父类。
- 可以用一个 catch 语句处理多个异常类型，这时它的异常类型参数应该是多个异常类型的父类。
- try – cacth – finally 语句中间不能插入其他语句。

2. 消极的处理方式

消极的处理方式是指在方法中不对异常进行处理，而是将方法中产生的异常抛出，交给调用者去处理。因为有时并不知道调用者要怎样处理异常，不同的调用者在不同情况下对异常的处理是不一样的，所以一般不在方法内部处理异常，而是将异常抛出去交给调用者处理。

抛出异常使用 throws 关键字，在方法声明的后面指出抛出的异常类型，语法如下：

```
public void abc()throwsException
```

用 throws 抛出的异常，调用者同样可以选择用积极的方式或消极的方式进行处理。

【案例 4 – 21】用消极的方式处理案例 4 – 17 的异常。

```
public class ExceptionDemo{
    public int calculate(int operand1,int operand2)throws ArithmeticException{//声明方法抛出异常
        int result=0;
        result=operand1/operand2;
        return result;
    }
```

```
public static void main(String[]args){
    ExceptionDemo obj = new ExceptionDemo();
    int result = 0;
    try{//对 throws 抛出的异常进行处理
        result = obj.calculate(9,0);
    }
    catch(ArithmeticException e){
        System.out.println(e.getMessage());
    }
    System.out.println(result);
}
```

Java 进行异常处理时，一般遵循以下的原则和技巧：

- 避免过大的 try 块，不要把不会出现异常的代码放到 try 块里面，尽量保持一个 try 块对应一个或多个异常。
- 细化异常的类型，不要不管什么类型的异常都写成 Exception。
- catch 块尽量保持一个块捕获一类异常，不要忽略捕获的异常。
- 不要用 try…catch 参与程序的流程控制，异常控制的根本目的是处理程序的非正常情况。

4.4.3 自定义异常

JDK 中定义了大量的异常类，虽然这些异常类描述了编程时出现的大部分异常情况，但在程序开发时，有可能需要描述程序中特有的异常情况，此时可以自定义异常。比如汽车租赁系统中，日租金赋值不合理的异常，这个异常是需要用户自己定义的。

使用自定义异常的一般步骤如下：

- 通过继承 Exception 类声明自己的异常类。
- 在方法适当的位置生成自定义异常类的实例，并用 throw 语句抛出。
- 用积极的或消极的方式处理抛出的自定义异常。

因为 Java 运行时系统是不能自动抛出自定义的异常的，这时可以使用 throw 语句，使得用户可以根据需要抛出异常。

一般的形式是：

```
throw new 异常类();
```

【案例 4-22】模拟银行的存取款业务，定义一个账户类，当账户余额不足时，抛出自定义异常。

```
class Account{
    private String no;
    private String name;
    private float balance;//余额
    public Account(){
    }
    public void setNo(String no){
```

```java
        this.no = no;
    }
    public String getNo(){
        return no;
    }
    public void setName(String name){
        this.name = name;
    }
    public String getName(){
        return name;
    }
    public void save(float sum){
        balance = balance + sum;
    }
    public void draw(float sum) throws AccountException{
        if(balance < sum){
        AccountException e = new AccountException("账户余额不足");
        throw e;
        }
        else{
        balance = balance - sum;
        }
    }
    public float  getBalance(){
        return balance;
    }
}
class AccountException extends Exception{
    AccountException(String msg){
        super(msg);
    }
}
public class ExceptionDemo{
    public static void main(String[] args){
        Account account = new Account();
        account.setNo("3204041204");
        account.setName("John");
        account.save(10000f);
        try{
            account.draw(20000f);
        }
        catch(AccountException e){
            System.out.println(e.getMessage());
        }
        System.out.println("您的账户余额是:" + account.getBalance());
    }
}
```

学习成果4 汽车租赁系统的设计实现

程序的运行结果如下:

账户余额不足
您的账户余额是:10000.0

4.5 任务实现

要正确处理汽车租赁系统中的异常,需要用户自定义异常,然后在日租金的设置器中判断日租金是否合理,如果不合理,则抛出自定义异常,然后在程序中进行正确处理。

第一步:自定义日租金异常类

自定义日租金异常类 DateRentException 继承自 Exception,具体代码如下:

```
public class DateRentException extends Exception{
    private String message;
    public DateRentException(double dataRent){
        message = "日租金设置为" + dataRent + "不合理!";
    }
    public String toString(){
        return message;
    }
}
```

第二步:抛出日租金异常

修改 Vehicles 类中日租金的设置器,增加判断,如果日租金不合理,则抛出自定义异常,同时,在设置器中采用消极的方法处理了抛出的自定义异常。在后面的汽车系统业务类中,设置日租金方法会调用 setDateRent( )方法,然后再处理该方法中抛出的异常。相关的 Vehicles 类中的 setDateRent( )方法的代码修改如下:

```
public void setDateRent(double dateRent)throws DateRentException{/* 日租金的设置器,利用 throws 关键字消极处理异常*/
    if(dateRent<300 ||dateRent>1500){
        throw new DateRentException(dateRent);/* 日租金不合理,则用 throw 抛出自定义异常*/
    }
    this.dateRent=dateRent;
}
```

4.6 巩固训练

设计自己的异常类。从键盘输入一个 double 类型的数,若不小于0.0,则输出它的平方根;若小于0.0,则输出提示信息"输入错误!"。

任务5　汽车租赁业务的实现

5.1　任务描述

汽车租赁系统的业务主要包括两个模块：一是对车辆的管理，包括车辆信息初始化及更改车辆日租金；二是对租赁业务的管理，根据用户对车辆的相关需求，确定租用的具体车辆。

本任务完成的具体功能是：
1. 设计系统业务类。
2. 完成车辆管理和租赁业务管理两个模块功能。

5.2　任务分析

要完成对汽车的管理，首先要存储汽车租赁公司中可供出租的车辆信息，当用户租车时，需要遍历所有车辆，查找用户要租用的具体车辆。由此，两个模块功能完成的前提是存储车辆信息。根据前面的学习，可以使用对象数组来存放车辆信息，但数组具有一定的局限性，例如数组只能存放同类型的数据，并且数组长度一旦定义，则无法改变，为了应对汽车租赁公司日后可供出租的车辆数量增加的问题，系统中采用集合来存储车辆信息。

5.3　任务学习目标

通过本任务学习，达成以下目标：
1. 掌握 Object、Math 类的使用。
2. 理解集合的概念，了解集合框架结构。
3. 掌握 List、Set、Map 三种集合的使用。

5.4　知识储备

5.4.1　Object 类

在 Java 的 JDK 中提供了一个 Object 类，它是所有类的父类，程序中的每一个类都是直接或间接继承自 Object 类。

Object 类位于 java.lang 包中，编译时由系统自动导入。创建一个类时，如果没有用 extends 明确继承一个父类，那么它就会自动继承 Object 类，成为 Object 的子类。

Object 类中除了提供一个不带参数的构造方法外，还提供了 11 个成员方法，下面对其中的 4 个方法进行详细介绍，其余方法可参见 JDK 的帮助文档。

1. public boolean equals(Object obj)

这个方法用来判断当前对象和参数 obj 对象是否相等。equals()方法的底层代码如下：

```
public Boolean equals(Object obj){
    return(this==obj);
}
```

在方法体中，用两个等号来判断 this 和 obj 两个对象是否相等，因为是引用类型的变量，因此判断的是两个对象的引用值是否相等,只有在两个对象指向同一个内存区域时,引用值才相等,此时该方法返回 true。

【案例 4-23】 调用 Object 类中的 equals( )方法。

```
public class Student{
    private String name;//姓名
    private int age;//年龄
    private int num;//学号
    public Student(String name,int age,int num){
        this.name = name;
        this.age = age;
        this.num = num;
    }
    public Student(String name,int age){
        this.name = name;
        this.age = age;
    }
}
class Test{
    public static void main(String[]args){
        Student stu1 = new Student("张三",18);
        Student stu2 = new Student("张三",18);
        Student stu3 = stu1;
        System.out.println(stu1.equals(stu2));
        System.out.println(stu1.equals(stu3));
    }
}
```

程序的运行结果如下:

```
false
true
```

程序解析:

程序运行时,三个对象的内存示意图如图 4-11 所示。虽然 stu1、stu2 两个对象的姓名和年龄均相等,但这两个对象是 new 出来的,因此分别指向了堆内存的一段区域,而 stu3 是用 stu1 赋值的,因此这两个对象的引用相同,也就是 stu3 也指向了 stu1 指向的内存区。理解了内存分配,结合 equals( )方法的底层代码,不难分析出案例的运行结果。

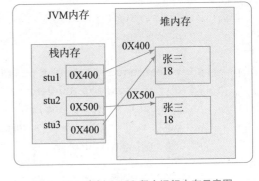

图 4-11 案例 4-23 程序运行内存示意图

在软件开发过程中,对象的引用对于我们来说是没有意义的,因此,如果需要比较对象是否相等,通常会在子类中根据比较的规则重写 equals( )方法。

例如，对于学生而言，通常认为学号相等的两位学生即是同一名学生，修改案例4-23，在Student类中重写equals()方法。

【案例4-24】 重写equals()方法。

```java
public class Student{
    private String name;//姓名
    private int age;//年龄
    private int num;//学号
    public Student(String name,int age,int num){
        this.name=name;
        this.age=age;
        this.num=num;
    }
    public Student(String name,int age){
        this.name=name;
        this.age=age;
    }
    public String getName(){
        return name;
    }
    public void setName(String name){
        this.name=name;
    }
    public int getAge(){
        return age;
    }
    public void setAge(int age){
        this.age=age;
    }
    public int getNum(){
        return num;
    }
    public void setNum(int num){
        this.num=num;
    }
    public Boolean equals(Object obj){
        if(obj instanceof Student){
            Student s=(Student)obj;
            if(this.getNum()==s.getNum()){
                return true;
            }
        }
    }
}
```

```
class Test{
    public static void main(String[]args){
        Student stu1 = new Student("张三",18,202101);
        Student stu2 = new Student("张三",18,202101);
        Student stu3 = stu1;
      System.out.println(stu1.equals(stu2));
      System.out.println(stu1.equals(stu3));
    }
}
```

程序的运行结果如下：

```
true
true
```

2. **public final Class getClass( )**

这个方法返回当前对象的运行时类,方法用 final 修饰,不能被子类重写。

【案例 4 – 25】重写 Student 类的测试类,调用 getClass( )方法。

```
public class Student{
... //代码同前,此处省略
}
class Test{
    public static void main(String[]args){
        Student stu1 = new Student("张三",18);
        Student stu2 = new Student("张三",18);
        Student stu3 = stu1;
        System.out.println(stu1.getClass());
        System.out.println(stu2.getClass());
        System.out.println(stu3.getClass());
    }
}
```

程序的运行结果如下：

```
class chap04.Student
class chap04.Student
class chap04.Student
```

从运行结果可以看出,三个对象的运行时类相同,其中 chap04 为类 Student 所在的包名。

3. **public int hashCode( )**

这个方法返回对象的哈希码值。默认情况下,该方法会根据对象的内存地址进行哈希运算,返回一个 int 类型的哈希值。需要注意的是,不同对象的 hashCode( )的值一般是不相同的,但是,同一个对象的 hashCode( )值肯定相同。

【案例 4 – 26】重写 Student 类的测试类,调用 hashCode( )方法。

```
public class Student{
... //代码同前,此处省略
}
class Test{
    public static void main(String[]args){
        Student stu1 = new Student("张三",18);
        Student stu2 = new Student("张三",18);
        Student stu3 = stu1;
        System.out.println(stu1.hashCode());
        System.out.println(stu2.hashCode());
        System.out.println(stu3.hashCode());
    }
}
```

程序的运行结果如下:

```
1252585652
2036368507
1252585652
```

4. public String toString()

这个方法返回该对象的字符串表示。该方法的底层代码如下:

```
public String toString(){
    return getClass().getName + "@" + Integer.toHexString(hashCode());
}
```

从底层代码可以看到,方法体中返回的是一个字符串,字符串由三部分组成,第一部分是调用 getClass().getName()得到当前对象所属的类名,第二部分是@,第三部分调用了 Integer 类中的 toHexString()方法,将对象的 hashCode()值由十进制转换成十六进制。

可见 toString()方法输出的信息对我们来说用处不大,因此,在实际编程中,通常会在子类中重写 toString()方法。另外,在程序中用 System.out.print()方法输出某个对象时,隐含调用了对象的 toString()方法。

【案例 4-27】重写 toString()方法。

```
public class Student{
    private String name;//姓名
    private int age;//年龄
    private int num;//学号
    public Student(String name,int age,int num){
        this.name = name;
        this.age = age;
        this.num = num;
    }
    @override
    public String toString(){
        return"姓名为:" + name + "年龄为:" + age + "学号为:" + num;
    }
}
```

```
class Test{
public static void main(String[]args){
    Student stu1 = new Student("张三",18,202101);
  System.out.println(stu1.toString());
  }
}
```

程序的运行结果如下：

姓名为:张三年龄为:18 学号为202101

5.4.2 Math 类

数学类 Math 是属于 java.lang 包的一个 final 类,因此不能被继承,其类头定义格式为：

```
public final class Math extends Object
```

Math 类提供了许多用于数学运算的静态常量及静态方法,在使用时,可以通过类名直接调用。另外,Math 类的构造方法被定义为 private 的,因而根本不允许在类的外部创建 Math 类的实例。Math 类提供的静态常量有 E(自然对数)和 PI(圆周率),主要静态方法见表 4-5。

表 4-5 Math 类中常用的静态方法

成员方法	作用
abs( )	(Math 类中有多个重载的 abs 方法)求绝对值
doubleceil(double a)	返回大于等于参数 a 的 double 类型,这个数在数值上等于某个整数
double floor(double a)	返回最大的(最接近正无穷大)double 值,该值小于等于参数,并等于某个整数
max( )	(Math 类中有多个重载的 max 方法)求两个参数的最大者
min( )	(Math 类中有多个重载的 min 方法)求两个参数的最小者
double random( )	随机返回介于 0.0 和 1.0 之间的 double 值
long round(double a)	返回最接近参数 a 的 long 值,即对 a 进行四舍五入
double sin(double a)	求角的三角正弦
double sqrt(double a)	求正平方根

【案例 4-28】调用 Math 类中的静态常量和静态方法。

```
public class MathDemo{
    public static void main(String[]args){
        System.out.println("自然对数 E 为" +Math.E);
        System.out.println("圆周率 PI 为" +Math.PI);
        System.out.println("产生0.0至1.0之间的随机数" +Math.random());
        System.out.println("16.7 的平方根为" +Math.sqrt(16.7));
        System.out.println("3 和 4 的最大值为" +Math.max(3,4));
        System.out.println("最接近 -3.8 的整数,即对 -3.8 进行四舍五入" +
Math.round(-3.8));
```

```
            System.out.println("大于-3.8的最小整数"+Math.ceil(-3.8));
            System.out.println("小于-3.8的最小整数"+Math.floor(-3.8));
        }
    }
```

程序的运行结果如下：

```
自然对数 E 为 2.718281828459045
圆周率 PI 为 3.141592653589793
产生 0.0 至 1.0 之间的随机数 0.768002015844209
16.7 的平方根为 4.08656334834051
3 和 4 的最大值为 4
最接近 -3.8 的整数,即对 -3.8 进行四舍五入 -4
大于 -3.8 的最小整数 -3.0
小于 -3.8 的最小整数 -4.0
```

说明：
- 要注意 round()、ceil()、floor()三个方法的使用,大家可以通过上机运行案例来理解三个方法在使用上的区别。
- Math 类的 random()方法可以产生随机数,由于产生的随机数在 0.0 至 1.0 之间,因此可以用(int)(Math.random()* x)+1 的方法来控制产生的随机数在 1~x 之间。

5.4.3 集合概述

数组是相同数据类型元素的聚集,而集合是一系列对象的聚集,这一系列的对象可以是任何的数据类型,称为集合中的元素。集合是 Java 程序设计中一种非常重要的数据结构形式。Java 中的集合就像一种容器,可以通过相应的方法将多个对象的引用放入该容器中。数组一旦定义,其长度无法改变,而集合除了可以保存任意类型的对象外,其长度不受限制。Java 基本类库中提供了非常优秀的集合 API,按照集合的存储结构,可以分为单列集合 Collection 和双列集合 Map。JDK 中提供的集合体系架构如图 4-12 所示。

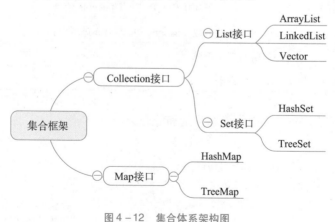

图 4-12 集合体系架构图

5.4.4 Collection 接口

Collection 是所有单列集合的父接口,它有两个重要的子接口:List 接口和 Set 接口,List 接口中的元素有序可重复,而 Set 接口中的元素无序不可重复。Collection 是最基本的集合接口,位于 java.util 包,该接口定义了基本的对集合元素操作的方法,见表 4-6。

表 4-6 Collection 接口中的常用方法

成员方法	作用
boolean add(Object o)	加入一个元素
boolean addAll(Collection c)	将另外一个集合中的元素全部加入
void clear()	删除集合中所有元素
boolean contains(Object o)	判断集合中是否包含元素 o
boolean containsAll(Collection c)	判断当前集合是否包含参数集合 c 中所有元素
boolean isEmpty()	判断集合是否为空
Iterator iterator()	返回在此集合元素上进行迭代的迭代器
boolean remove(Object o)	如果集合中存在元素 o,则删除元素 o
boolean removeAll(Collection c)	从当前集合中删除包含在指定集合 c 中的所有元素
boolean retainAll(Collection c)	从当前集合中删除指定集合 c 中不包含的元素
int size()	返回集合中的元素数
Object[] toArray()	返回包含此集合中所有元素的数组

5.4.5 List 接口

List 是有序的 Collection,使用此接口能够精确地控制每个元素插入的位置,元素的存入顺序和取出顺序一致。可以使用索引(元素在 List 中的位置,类似于数组下标)来访问 List 中的元素,这类似于 Java 的数组,索引从 0 开始。和 Set 不同,List 中允许有相同的元素,List 又称为列表。

List 接口

除了继承 Collection 中的方法外,List 还增加了一些方法,见表 4-7。

表 4-7 List 接口中增加的方法

成员方法	作用
void add(int index, Object e)	在指定位置插入一个元素
boolean addAll(int index, Collection c)	在指定位置插入另一个集合中的所有元素
Object get(int index)	返回列表指定位置的元素
int indexOf(Object o)	返回列表中首次出现指定元素的索引,如果列表不包含此元素,则返回 -1
int lastIndexOf(Object o)	返回列表中最后出现指定元素的索引,如果列表不包含此元素,则返回 -1
Object set(int index, Object o)	用指定元素替换列表中指定位置的元素
List subList(int fromIndex, int toIndex)	返回列表中指定的 fromIndex(包括)和 toIndex(不包括)之间的子集合
ListIterator listIterator()	返回列表元素的列表迭代器
ListIterator listIterator(int index)	从列表指定的 index 位置开始,返回列表迭代器

1. ArrayList 类

实现 List 接口的常用类有 ArrayList、LinkedList、Stack 和 Vector。其中，ArrayList 类支持可随需要而增长的动态数组。在 Java 中，标准数组是定长的。在数组创建之后，它们不能被加长或缩短，这也就意味着必须事先知道数组可以容纳多少元素，但实际上往往直到运行时才能知道需要多大的数组。要解决这个矛盾，可以使用 ArrayList 类，ArrayList 内部封装了一个长度可变的数组对象，当存入的元素超过数组长度时，ArrayList 会在内存中分配一个更大的数组来存储这些元素。随着向 ArrayList 中不断添加元素，其容量也自动增长，当对象被删除时，其容量也自动缩小。大家可以通过查看 ArrayList 类的源码来了解这一特点。

由于 ArrayList 类可以使用索引来快速定位对象，因此，对于使用索引获取元素有较高的效率，但插入或删除元素的效率较低，因为底层使用了数组，插入或删除时，需要移动大量的元素。利用 get(int index) 方法来获取 List 中的元素时，索引从 0 开始。

【案例 4 – 29】ArrayList 的使用。

```java
import java.util.List;
import java.util.ArrayList;
public class ListDemo{
    public static void main(String[]args){
        List list1 = new ArrayList();
        list1.add("1");
        list1.add("2");
        list1.add("3");
        list1.add("4");
        list1.add(2,"hello");
        list1.add(3,"list!");
        list1.add("1");
        List list2 = list1.subList(2,4);
        System.out.print("字符串 1 在 list1 首次出现的索引为:");
        System.out.println(list1.indexOf("1"));
        System.out.print("字符串 1 在 list1 最后出现的索引为:");
        System.out.println(list1.lastIndexOf("1"));
        System.out.println("列表 list1 中的元素为:");
        System.out.println(list1);
        System.out.println("列表 list2 中的元素为:");
        int size = list2.size();
        for(int i = 0;i < size;i ++)
            System.out.println(list2.get(i));
    }
}
```

程序的运行结果如下：

```
字符串 1 在 list1 首次出现的索引为:0
字符串 1 在 list1 最后出现的索引为:6
列表 list1 中的元素为:
[1,2,hello,list!,3,4,1]
```

列表 list2 中的元素为:
hello
list!

2. LinkedList 类

LinkedList 类是 List 接口的另一个实现类,其底层使用一个双向循环链表来存储元素。和 ArrayList 类相对,LinkedList 类对于元素的增、删操作具有很高的效率。表 4-8 为 LinkedList 类中专门针对元素增、删操作定义的方法。

表 4-8 LinkedList 类中针对元素增、删操作的方法

成员方法	作用
void add(int index, E element)	在指定位置插入一个元素
void addFirst(Object o)	在列表的开头插入一个元素
void addLast(Object o)	在列表的结尾插入一个元素
Object getFirst()	返回列表中第一个元素
Object getLast()	返回列表中最后一个元素
Object removeFirst()	删除并返回列表第一个元素
Object removeLast()	删除并返回列表结尾元素

【案例 4-30】LinkedList 的使用。

```
import java.util.LinkedList;
public class ListDemo{
    public static void main(String[]args){
        LinkedList list = new LinkedList();
        list.add("1");
        list.add(1,"hello");
        list.add(2,"LinkeList!");
        list.addFirst("hi");
        System.out.println("集合中的元素为:" + list.toString());
        list.removeLast();    //删除结尾元素
        list.remove(1);       //删除指定位置的元素
        System.out.println("删除操作后,集合中的元素为:" + list.toString());
    }
}
```

程序的运行结果如下:

集合中的元素为:[hi,1,hello,LinkeList!]
删除操作后,集合中的元素为:[hi,hello]

3. Vector 类

向量类 Vector 也是 List 接口的实现类,提供了实现可增长数组的功能。随着更多元素加入其中,数组变得更大;在删除一些元素之后,数组变小。Vector 类的大多操作与 ArrayList 类

相同,区别之处在于 Vector 类是线程同步的。正是这个原因,Vector 类在执行效率上会比 ArrayList 类低,因此,如果不用考虑多线程问题,则优先使用 ArrayList 类;否则,使用 Vector 类。关于 Vector 类的使用,不再赘述,请读者参见 API。

5.4.6 Set 接口

Set 是一种不包含重复元素的 Collection,即集合中的任意两个元素 c1 和 c2 都有 c1.equals(c2) = false,Set 最多允许有一个 null 元素。

实现 Set 接口的类主要有 TreeSet、HashSet、LinkedHashSet 等。其中,HashSet 是根据对象的哈希值来确定元素在集合中的存储位置的,具有良好的存取和查找性能,TreeSet 则是以二叉树的方式来存储元素,可以对集合中的元素进行排序。

Set 接口的实现类之一,使用较为广泛,它不保存元素的加入顺序。当向 HashSet 中添加对象时,首先会调用该对象的 hashCode() 方法来确定元素的存储位置,然后再调用对象的 equals() 方法来确保该位置没有重复元素。

【案例 4-31】HashSet 的使用。

```java
import java.util.Set;
import java.util.HashSet;
public class SetDemo{
    public static void main(String[]args){
        Set set = new HashSet();
        set.add(new Integer(1));
        set.add(new Character('a'));
        set.add(new Double(1.0));
        set.add("hello set!");
        HashSet hs = new HashSet(set);
        if(set.contains(new Character('a')))
        System.out.println("集合 set 中已包含字符 a");
        else
        System.out.println("集合 set 中不包含字符 a");
        if(set.add(new Character('a')))
        System.out.println("Set 中允许重复元素存在");
        else
        System.out.println("Set 中不允许重复元素存在");
        System.out.println("集合 set 中共有" + set.size() + "个元素,元素为:");
        System.out.println(set);
        hs.remove("hello set!");
        System.out.println("集合 hs 中共有" + hs.size() + "个元素,元素为:");
        System.out.println(hs.toString());
        if(set.containsAll(hs))
        System.out.println("集合 set 中包含集合 hs 中的所有元素");
        else
        System.out.println("集合 set 中不包含集合 hs 中的所有元素");
    }
}
```

程序的运行结果如下:

集合 set 中已包含字符 a
Set 中不允许重复元素存在
集合 set 中共有 4 个元素,元素为:
[1,hello set!,a,1.0]
集合 hs 中共有 3 个元素,元素为:
[1,a,1.0]
集合 set 中包含集合 hs 中的所有元素

从运行结果可以看出,HashSet 添加的顺序与迭代显示的结果顺序并不一致,这也验证了 HashSet 不保存元素加入顺序的特征。

【案例 4-32】要求编写一个模拟彩票选号程序,从 1~33 中随机生成 6 个数,生成的随机数不能重复。

```
import java.util.Set;
import java.util.HashSet;
public class LotteryDemo{
    public static void main(String[]args){
        Set set = new HashSet();
        lotteryRandom(set);
        System.out.println("您选的号码为:");
        System.out.print(set.toString());
    }
    static void lotteryRandom(Set set){
        int random;
        do{
            random = (int)(Math.random()* 32) +1;
            set.add(random);
        }while(set.size() <=6);
    }
}
```

程序的一次运行结果如下:

您选的号码为:
[1,18,19,22,12,14,31]

注意:Java 的集合与数组的区别是:在创建 Java 数组时,必须指定数组的大小,数组一旦创建,则其大小不能改变。为了使程序能方便地存储、检索和操作数目不固定的一组数据,Java 的类库提供了集合类。数组里存放的是相同类型的数据元素,而集合可以存放不同类型的数据元素,数组可以存放基本类型的数据,而集合只能存放对象的引用。可以通过 Collection 集合中的 toArray()方法将集合转换成任何其他的对象数组。

5.4.7 Collection 集合的遍历

1. Iterator

List 接口提供了按索引访问元素的 get 方法,但 Set 接口中并没有提供 get 方法,那么该如何遍历 Set 中的元素呢? 其实不论 Collection 的实际类型如何,它都支持 iterator()方法,该方法返回一个迭代器,使用该迭代器即可逐一访问 Collection 中每一个元素。

java.util 包中的 Iterator 迭代器提供了一种通用的访问集合元素的方法,该接口提供的三个方法见表 4-9。

表 4-9 Iterator 类中的方法

成员方法	作用
boolean hasNext( )	如果仍有元素可以迭代,则返回 true
Object next( )	返回迭代的下一个元素
void remove( )	移除迭代器返回的最后一个元素

【案例 4-33】 Iterator 的使用。

```java
import java.util.Set;
import java.util.HashSet;
import java.util.Iterator;
public class IteratorDemo{
    public static void main(String[]args){
        Set set = new HashSet();
        set.add("a");
        set.add("b");
        set.add("c");
        set.add("d");
        System.out.println("集合 set 中的元素为:" + set);
        Iterator iterator = set.iterator();//得到集合的迭代器
        while(iterator.hasNext()){   //利用循环,迭代集合元素
            Object object = iterator.next();
            if(object.equals("c"))//删除集合中的字符串"c"
                iterator.remove();
        }
        System.out.println("集合 set 中的元素为:" + set);
    }
}
```

程序的运行结果如下:

集合 set 中的元素为:[d,b,c,a]
集合 set 中的元素为:[d,b,a]

说明:Iterator 在遍历集合时,内部采用指针的方式来跟踪集合中的元素,在调用 Iterator 的 next( )方法之前,迭代器的索引位于第一个元素之前,不指向任何元素。当第一次调用 next( )方法后,迭代器的索引会向后移动一位,指向第一个元素并将该元素返回,当再次调用 next( )方法时,迭代器的索引会指向第二个元素并将该元素返回,以此类推,直到 hasNext( )方法返回 false,表示到达了集合的末尾,此时遍历结束。另外,当对象加入集合中后,便失去了其特定的类型,都变成 Object 类型,因此 next( )方法返回的是 Object 类型。

2. ListIterator

除了具有 Collection 接口必备的 iterator( )方法外,List 还提供了 listIterator( )方法,返回 ListIterator 接口。Iterator 接口只能从集合的第一个对象向后迭代,即正向迭代,而 ListIterator 允许以向前或向后两种方式遍历元素,并允许在迭代期间添加、删除、设定元素。ListIterator 提供的方法见表 4 – 10。

表 4 – 10　ListIterator 接口中的方法

成员方法	作用
void add(Object o)	将指定的元素插入列表
boolean hasNext( )	以正向遍历列表,判断是否有后一个元素
boolean hasPrevious( )	以反向遍历列表,判断是否有前一个元素
Object next( )	返回列表中的后一个元素
Object previous( )	返回列表中的前一个元素
void remove( )	移除列表中当前位置元素
void set(Object o)	以指定元素 o 替换当前位置元素

【案例 4 – 34】ListIterator 的使用。

```java
import java.util.List;
import java.util.ArrayList;
import java.util.ListIterator;
public class ListIteratorDemo{
    public static void main(String[]args){
        List list = new ArrayList();
        list.add("1");
        list.add("2");
        list.add("4");
        list.add("a");
        System.out.println("集合 list 中的元素为:" + list);
        ListIterator listIterator = list.listIterator();
        while(listIterator.hasNext()){    //正向遍历,插入元素"3"
            if((listIterator.next()).equals("2"))
                listIterator.add("3");
        }
        System.out.println("正向遍历后,集合 list 中的元素为:" + list);
        while(listIterator.hasPrevious()){    //反向遍历,用"5"替换元素"3"
            if((listIterator.previous()).equals("a"))
                listIterator.set("5");
        }
        System.out.print("反向遍历后,集合 list 中的元素为:");
        for(int i = 0;i < list.size();i ++)
            System.out.print(list.get(i) + " ");
        System.out.println();
    }
}
```

程序的运行结果如下：

集合 list 中的元素为:[1,2,4,a]
正向遍历后,集合 list 中的元素为:[1,2,3,4,a]
反向遍历后,集合 list 中的元素为:1 2 3 4 5

3. foreach 循环

从 JDK 5.0 开始,Java 还提供了另外一种遍历数组和集合的方法——foreach 循环。foreach 循环是一种更加简洁的 for 循环,也称增强 for 循环,其语法如下：

```
for(容器中元素类型 临时变量:容器变量){
    执行语句
}
```

【案例 4-35】foreach 的使用。

```java
import java.util.ArrayList;
public class ForeachrDemo{
    public static void main(String[]args){
        List list = new ArrayList();
        list.add("spring");
        list.add("summer");
        list.add("autumn");
        list.add("winter");
        for(Object obj:list){
            System.out.print(obj);
        }
    }
}
```

程序的运行结果如下：

```
spring
summer
autumn
winter
```

从案例 4-35 可以看出,foreach 在遍历集合时,非常简单,既不需要循环条件,也不需要迭代语句,所有这些工作都交给虚拟机去执行了。foreach 循环执行的次数是由容器中元素的个数决定的,每次循环时,foreach 中都通过变量将当前循环中的元素记住,从而能够遍历集合中所有的元素。

注意：foreach 只能遍历数组或集合,不能对其中的元素进行修改。

5.4.8 泛型

在遍历集合时,不论采用什么方式遍历,取出元素的类型都是 Object 类型,即将一个对象放入集合后,会失去它自身的类型。如果要对取出的元素进行操作,由于不能确定取出的对象之前是什么类型,因此,即使采用强制类型转换,也很容易出错。

泛型

【案例 4-36】泛型。

```java
import java.util.ArrayList;
import java.util.List;
public class Demo{
    public static void main(String[]args){
        List list = new ArrayList();
        list.add("spring");
        list.add("summer");
        list.add("autumn");
        list.add(1);
        for(Object obj:list){
            String str = (String)obj;
            System.out.println(str);
        }
    }
}
```

运行上述案例,结果如图 4-13 所示。

```
spring
summer
autumn
Exception in thread "main" java.lang.ClassCastException: class
java.lang.Integer cannot be cast to class java.lang.String
(java.lang.Integer and java.lang.String are in module java.base of loader
'bootstrap')
    at chap0405.Demo.main(Demo.java:13)
```

图 4-13　案例运行结果

程序出现 ClassCastException 类转换异常,原因是,在集合中添加了一个 Integer 类型对象 "1",在遍历到"1"时,则无法将一个 Integer 类型的对象转换为 String 类型对象,因而程序产生异常。就好比把所有的铅笔、签字笔都放在一个笔袋里,当想写铅笔字时,无法明确拿出来的笔是否是铅笔。

为了解决这个问题,从 JDK 5.0 开始,Java 引入了"参数化类型(parameterized type)"的概念,简称泛型。

在定义集合时,在集合类型的后面通过添加"<参数化类型>"的方法,指定集合中可以添加的元素类型,只有符合参数化类型要求的元素才可以添加到集合中,不符合参数化类型要求的元素不能添加到集合中。由于集合中的元素保持了一致性,因此,在取元素时,其类型就是"<参数化类型>"中指定的类型。就好比把所有的铅笔放在一个笔袋里,所有的签字笔放在另一个笔袋里,这样,如果想写铅笔字,就直接从放铅笔的笔袋中取出一支笔就可以了。下面利用泛型对案例 4-36 进行改写。

```java
import java.util.ArrayList;
public class Demo{
    public static void main(String[]args){
        ArrayList<String>list=new ArrayList<String>();
        list.add("spring");
        list.add("summer");
        list.add("autumn");
        //list.add(1);//因为指定了集合的泛型,此语句会报编译错误
        for(String obj:list){//因为指定了泛型,因此取出元素的类型是String
            System.out.print(obj);
        }
    }
}
```

使用了泛型后,不是泛型规定的类型便无法加入集合中,同时,取出元素后,元素的类型也不再是 Object 类型,而是元素原来的类型,也就是泛型规定的类型。

5.4.9 Map 接口

在现实生活中,每个人都有唯一的身份证号,通过身份证号可以查询到某个人的信息,这两者是一对一的关系,对于学生而言,学号和学生也是一对一的关系。在应用程序中,可以使用 Map 接口来存储这种具有一对一关系的数据。

Map 接口

映射表 Map 接口并没有实现 Collection 接口,Map 用来存储"键(key) – 值(value)"的元素对,Map 中不能有重复的"键",一个键最多只能映射一个值,键和值都必须是对象类型。Map 接口提供的主要方法见表4 – 11。

表4 –11　Map 接口中常用的方法

成员方法	作用
void clear( )	从此映射中移除所有映射关系
boolean containsKey(Object key)	判断映射中是否存在关键字 key
Object get(Object key)	返回此映射中映射到指定键的值
boolean isEmpty( )	如果此映射未包含键 – 值映射关系,则返回 true
Set keySet( )	返回此映射中包含的键的 set 视图
Object put(Object key,Object value)	将指定的值与此映射中的指定键相关联,如果此映射以前包含一个该键的映射关系,则用指定值替换旧值
Object remove(Object key)	如果存在此键的映射关系,则将其从映射中移除
Collection values( )	返回此映射中包含的值的 collection 视图

表中的 keySet( )方法返回一个 Set,因为 Map 中的 key 是不可重复的,所以得到所有 key 的 keySet( )方法返回一个 Set 对象,values( )方法返回一个值的集合。

Map 接口的实现类有 HashMap、LinkedHashMap、TreeMap 等。其中,HashMap 类是基于哈希表的 Map 接口实现,是使用频率最高的一个容器,提供所有可选的映射操作,所以,根据

学习成果 4　汽车租赁系统的设计实现

"键"去取"值"的效率很高。HashMap 允许使用 null 值和 null 键,但它不保证映射的顺序,特别是它不保证该顺序是恒久不变的。

【案例 4-37】利用 HashMap 存放学生的信息,按学号查询学生信息,并迭代所有学生的信息。

```java
import java.util.HashMap;
import java.util.Iterator;
import java.util.Map;
import java.util.Set;

class Student{
    int num;//学号
    String name;//姓名
    String sex;//性别
    double score;//成绩
    public Student(int num,String name,String sex,double score){
        super();
        this.num=num;
        this.name=name;
        this.sex=sex;
        this.score=score;
    }
    public int getNum(){
        return num;
    }
    public String toString(){
        return "学号为:"+num+" 姓名为:"+name+" 性别为:"+sex+" 成绩为:"+score;
    }
}
public class HashMapDemo{
    public static void main(String[]args){
        Student s1=new Student(202101,"张三","男",78);
        Student s2=new Student(202102,"李四","男",85);
        Student s3=new Student(202103,"王慧","女",91);
        Student s4=new Student(202104,"刘洋","男",64);
        Map<Integer,Student> map=new HashMap();
        map.put(s1.getNum(),s1);
        map.put(s2.getNum(),s2);
        map.put(s3.getNum(),s3);
        map.put(s4.getNum(),s4);
        System.out.println("学号为201103的学生,其信息为:");
        System.out.println(map.get(202103).toString());
        System.out.println("所有学生的信息为:");
        Set<Integer> set=map.keySet();//获取映射中所有的键
        Iterator<Integer> iterator=set.iterator();//得到set的迭代器
        while(iterator.hasNext()){
```

```
            System.out.println(map.get(iterator.next()).toString());
        }
    }
}
```

程序的运行结果如下:

学号为 201103 的学生,其信息为:
学号为:202103 姓名为:王慧 性别为:女 成绩为:91.0
所有学生的信息为:
学号为:202103 姓名为:王慧 性别为:女 成绩为:91.0
学号为:202102 姓名为:李四 性别为:男 成绩为:85.0
学号为:202101 姓名为:张三 性别为:男 成绩为:78.0
学号为:202104 姓名为:刘洋 性别为:男 成绩为:64.0

从程序运行结果可以看到,Map 集合的输出结果与添加的顺序不一致,这是因为 HashMap 内部是用哈希算法来排列键值对的。

5.5 任务实现

汽车租赁系统主要有两种业务:一是车辆的设置,包括初始化、存储车辆信息及根据实际情况对车辆日租金的重新设定。由于车牌号是车辆的唯一标识,并且在设定日租金时,需要根据车牌号来查询具体的车辆,因此,在业务类中选择用 Map 集合存放车辆。由于车辆初始化信息只执行一次,因此,可以将初始化的代码放在静态代码块中。

系统的第二项业务是车辆租赁。系统运行时,用户选择租用的车辆信息,系统能够根据用户选择,在现有的车辆中查询符合条件的车辆,并将查询到的车辆返回。

在根据用户的选择查询符合条件的车辆时,需要判断两辆车是否为同一辆车,对车辆信息进一步梳理,发现对于轿车,只要品牌和车型两种属性就可以唯一确定一辆车,对于客车,需要品牌和座位数就可以唯一确定一辆车,因此,需要在 Car 类和 Bus 类中分别重写 equals() 方法。

第一步:在 Car 类中重写 equals() 方法

在 Car 类中重写 equals() 方法,用于判断两辆车是否为同一辆车,其中,Car 类中的 equals() 方法代码如下:

```
@Override
    public boolean equals(Object obj){//用于判断两辆轿车是否为同一辆车
        if(obj instanceof Car){
            Car car = (Car)obj;
            //当两辆轿车的品牌和车型一致时,即认为是同一辆车
    if(car.getBrand().equals(this.getBrand())&&car.getCarType().equals(this.getCarType())){
            return true;
            }
        }
        return false;
    }
```

第二步:在 Bus 类中重写 equals( )方法

在 Bus 类中重写 equals( )方法,用于判断两辆车是否为同一辆车,其中,Bus 类中的 equals( )方法代码如下:

```java
@Override
    public boolean equals(Object obj){//用于判断两辆客车是否为同一辆车
        if(obj instanceof Bus){
            Bus bus = (Bus)obj;
            //当两辆客车的品牌和座位数一致时,即认为是同一辆车
    if(bus.getBrand().equals(this.getBrand())&&bus.getSeatNum()==this.getSeatNum()){
            return true;
        }
    }
    return false;
}
```

第三步:定义并实现业务类 VehiclesBusiness

具体代码如下:

```java
import java.util.Collection;
import java.util.HashMap;
import java.util.Iterator;
import java.util.Map;

public class VehiclesBusiness{
    static Map<String,Vehicles>map=new HashMap();
    static{//静态代码块
        //初始化轿车信息
        Vehicles c1=new Car("京99235A","红旗",600,"H9");
        Vehicles c2=new Car("京99103C","红旗",500,"HSS");
        Vehicles c3=new Car("京P99078","哈弗",400,"H9");
        Vehicles c4=new Car("京C99289","哈弗",350,"F7x");
        //将轿车添加到集合中
        map.put(c1.getVhId(),c1);
        map.put(c2.getVhId(),c2);
        map.put(c3.getVhId(),c3);
        map.put(c4.getVhId(),c4);
        //初始化客车信息
        Vehicles b1=new Bus("京NY9926","金杯",500,6);
        Vehicles b2=new Bus("京NY9281","金杯",1000,13);
        Vehicles b3=new Bus("京NT7546","金龙",600,7);
        Vehicles b4=new Bus("京NT9328","金龙",1500,23);
        //将客车添加到集合中
        map.put(b1.getVhId(),b1);
        map.put(b2.getVhId(),b2);
```

```java
        map.put(b3.getVhId(),b3);
        map.put(b4.getVhId(),b4);
    }
    public static Vehicles selectVehicles(String vhID){//根据车牌号查询车辆
        return map.get(vhID);
    }
    public static void setVehiclesRent(Vehicles v,double dateRent){/* 设置车辆的日租金*/
        try{//捕获日租金不合理的异常
            v.setDateRent(dateRent);
        }catch(DateRentException e){
            System.out.println(e.getMessage());
        }
    }
    public static Vehicles selectVehicels(Vehicles v){//租车业务
        Collection<Vehicles>col=map.values();/* 获取map集合中所有的value,即所有的车辆*/
        Iterator<Vehicles>it=col.iterator();//得到集合的迭代器
        Vehicles vehicle=null;
        while(it.hasNext()){//对车辆集合迭代
            vehicle=it.next();
            if(v.equals(vehicle)){/* 如果用户想要租用的车辆和集合中某个车辆一致,则返回该车辆*/
                return vehicle;
            }
        }
        return null;
    }
}
```

5.6 巩固训练

1. 使用 ArrayList 集合对其添加 10 个元素,并使用多种方法进行遍历。
2. 使用 Map 集合保存班级学生信息,然后按照学号顺序打印出学生信息。

任务6 系统主程序的实现

6.1 任务描述

实现汽车租赁系统的主程序,根据用户的租赁需求,完成相应的租赁业务。要求系统的交互性良好。

6.2 任务分析

在前面的任务实现中，车辆属性中的品牌、车牌号及车型都属于字符串类型，在系统运行时，显示给用户的车辆信息也均以字符串形式出现，那么 Java 系统如何处理字符串呢？

6.3 任务学习目标

通过本任务学习，达成以下目标：
1. 了解字符串的概念。
2. 掌握 String 类的使用。
3. 掌握 StringBuffer 类的使用。

6.4 知识储备

字符串是字符的序列，它是组织字符的基本的数据结构，字符串的处理不论是在生活中还是在计算机中，应用都很广泛。Java 语言把字符串当作对象来处理，在 java.lang 包中提供了两个字符串类，分别是 String 类和 StringBuffer 类。String 类是字符串常量类，用于处理内容不会改变的字符串；StringBuffer 类是可变字符串类，用于处理内容要改变的字符串。例如，有一个字符串，如果其值是"hello"，而且不会改变，则可以定义为 String 类的实例；而如果有一个字符串，其初始值为"hello"，之后经过一系列的操作变为"hello java"，则可以将这个字符串定义为 StringBuffer 类的实例。

6.4.1 String 类

String 类包含了一个不可改变的字符串。一旦一个 String 实例被创建，包含在这个实例中的内容（即字符串）就不可以被更改，直至这个对象被销毁。在程序中使用的字符串常量（"用双引号括起来的一串字符"），经过编译后都是 String 对象。因此，在实际应用中，经常用字符串常量直接初始化一个 String 对象。例如：

String 类

```
String s = "hello java";
```

除了可以用字符串常量初始化一个 String 对象外，String 类也提供了一系列的构造方法，用来初始化对象。主要构造方法见表 4-12。

表 4-12　String 类的主要构造方法

构造方法	作用
String( )	初始化创建一个内容为空的字符串对象
String(char[ ] value)	用给定字符数组 value 创建字符串对象
String(char[ ] value, int offset, int count)	用给定字符数组 value 的 offset 位置开始的 count 个字符创建字符串对象
String(String original)	用已知字符串对象 original 创建字符串对象

下面是使用各种构造方法创建 String 类对象的例子。

```
String s,s1,s2,s3,s4,s5,s6,s7,s8;
byte byteArray[] = {(byte)'J',(byte)'a',(byte)'v',(byte)'a'};
Char charArray[] = {'程','序','设','计'};
s = new String("Hello!");
s1 = new String();
s2 = new String(s);
s3 = new String(sb);
s4 = new String(charArray,2,2);
s5 = new String(byteArray,0);
s6 = new String(charArray);
s7 = new String(byteArray,0,0,1);
s8 == "hello java";
```

String类中提供了很多非常方便的字符串操作方法,下面按方法功能分别予以介绍。

1. 字符串长度

length()方法用于测量字符串的长度,即返回字符串中的字符数。例如下面的代码可以输出字符串"John Smith"的长度10。

```
String name = "John Smith";
System.out.println(name.length());
```

2. 字符串比较

字符串比较是使用较频繁的一组操作。String类提供的字符串比较方法见表4-13。

表4-13　字符串比较方法

成员方法	作用
int compareTo(String anotherString)	按字典顺序比较两个字符串
boolean endsWith(String suffix)	测试此字符串是否以指定的后缀结束
boolean equals(Object anObject)	比较此字符串与指定的对象
boolean equalsIgnoreCase(String anotherString)	忽略大小写,判断字符串是否相同
boolean startsWith(String prefix)	测试此字符串是否以指定的前缀开始

String类对从Object类继承的equals()方法进行了重写,判断两个字符串的内容是否相同。

【案例4-38】字符串比较。

```
public class StringDemo1{
    public static void main(String[]args){
        String s1 = "hello java!";
        String s2 = "Hello Java!";
        String s3 = "hello java!";
        String s4 = new String("hello java!");
        String s5 = new String("hello java!");
```

```
        System.out.println(s1.equals(s2));
        System.out.println(s1.equals(s3));
        System.out.println(s1 == s3);
        System.out.println(s1.equalsIgnoreCase(s2));
        System.out.println(s4.equals(s5));
        System.out.println(s4 == s5);
    }
}
```

程序的运行结果如下：

```
false
true
true
true
true
false
```

程序中使用了运算符"=="对两个字符串实例进行比较，因为字符串是对象，因此"=="运算符比较的是两个字符串对象是否指向同一个对象引用。Java 在编译时，对字符串常量的存储有一个优化处理策略，相同字符串常量只存储一份，因此 s1 == s3 的结果为 true，而 s4 == s5 的结果为 false。

【案例 4-39】给定几个网址，分别输出使用 http 协议的网址，以及以 com 结尾的网址。

```
public class StringDemo2{
    public static void main(String[]args){
        String sites[] = {"http://wwww.sohu.com","ftp://ftp.cernet.edu.cn",
"http://www.sdu.edu.cn"};
        for(int i = 0;i < sites.length;i ++){
            if(sites[i].startsWith("http:"))
            System.out.println("网站" + sites[i] + "使用 http 协议");
            if(sites[i].endsWith("com"))
            System.out.println("网站" + sites[i] + "使用 com 结尾");
        }
    }
}
```

程序的运行结果如下：

网站 http://wwww.sohu.com 使用 http 协议
网站 http://wwww.sohu.com 使用 com 结尾
网站 http://www.sdu.edu.cn 使用 http 协议

3. 字符串检索

字符串检索也是常用的操作，String 类提供的字符串检索方法见表 4-14。

表4-14 字符串检索方法

成员方法	作用
char charAt(int index)	返回指定索引处的 char 值
intindexOf(int ch)	返回指定字符在此字符串中第一次出现处的索引
intindexOf(int ch, int fromIndex)	从指定的索引开始搜索,返回在此字符串中第一次出现指定字符处的索引
intlastIndexOf(int ch)	返回最后一次出现的指定字符在此字符串中的索引
intlastIndexOf(int ch, int fromIndex)	从指定的索引处开始进行后向搜索,返回最后一次出现的指定字符在此字符串中的索引
intindexOf(String str)	返回第一次出现的指定子字符串在此字符串中的索引

【案例4-40】判断邮箱地址是否有效。

```
public class StringDemo3{
    public static void main(String[]args){
        String name = "JohnSmith@ 123.com";
        System.out.println("Email ID 是: " + name);
        System.out.println("@ 的索引是:" + name.indexOf('@'));
        System.out.println(". 的索引是:" + name.indexOf('.'));
        if(name.indexOf('.')>name.indexOf('@')){
            System.out.println("该电子邮件地址有效");
        }else{
            System.out.println("该电子邮件地址无效");
        }
    }
}
```

程序的运行结果如下:

```
Email ID 是: JohnSmith@ 123.com
@ 的索引是:9
. 的索引是:13
该电子邮件地址有效
```

【案例4-41】给定一个字符序列,从键盘输入一个字符,判断是否在指定的字符串中,如果在,就输出它出现的次数,如果不在,输出"not find!"。

```
import java.util.Scanner;
public class StringDemo4{
    public static void main(String[]args){
        String s = "ddeignsdidodftlg";
        Scanner sc =new Scanner(System.in);
        System.out.println("请输入要查找字符");
        char ch = sc.next().charAt(0);
        int num =0;
```

```
    for(int i=0;i<s.length();i++){
        if(s.charAt(i)==ch)
        num++;
    }
    if(num!=0)
    System.out.println("字符"+ch+"在字符串"+s+"中出现了"+num+"次");
    else
    System.out.println("not find!");
    }
}
```

程序的一次运行结果如下：

请输入要查找字符
i
字符 i 在字符串 ddeignsdidodftlg 中出现了 2 次

【案例 4-42】判断一个字符序列"Madam, I'm Adam"是否是回文。回文是指一个字符序列以中间字符为基准，两边字符忽略大小写后完全相同。

```
public class StringDemo5{
    public static void main(String[]args){
        String s1="Madam,I'm Adam";
        String s2="hello";
        ifHuiWen(s1);
        ifHuiWen(s2);
    }
    public static void ifHuiWen(String s){
        int length=s.length();
        int i,j,k;
        char[]ch1=new char[length];
        char[]ch2=new char[length];
        for(k=0,i=0;k<length;k++)
        {
            char c=s.charAt(k);
            if(c>='A'&&c<='Z'||c>='a'&&c<='z')
            {
                ch1[i]=c;
                i++;
            }
        }
        for(j=0,k=i-1;k>=0;j++,k--)
            ch2[j]=ch1[k];
        String s1=new String(ch1);
        String s2=new String(ch2);
        if(s1.equalsIgnoreCase(s2))
```

```
            System.out.println("字符串"+s+"是回文");
        else
            System.out.println("字符串"+s+"不是回文");
    }
}
```

程序的运行结果如下:

字符串 Madam,I'm Adam 是回文
字符串 hello 不是回文

4. 其他字符串常用操作

除了上面介绍的字符串常用操作外,String 类还提供了其他的操作,如提取子串、字符串替换、字符串截取、字符串与其他类型转换等,见表 4-15。

表 4-15 String 类提供的其他方法

成员方法	作用
String concat(String str)	将指定字符串连到此字符串的结尾
static String copyValueOf(char[] data)	返回指定数组中表示该字符序列的字符串
String[] split(String regex)	以参数 regex 将字符串分割成多个子字符串
String substring(int beginIndex)	返回自索引 beginIndex 开始至字符串结束的所有字符序列
String substring(int beginIndex, int endIndex)	返回自索引 beginIndex 开始至 endIndex-1 位置的子字符串
char[] toCharArray()	将字符串转换为字符数组
String toLowerCase()	将字符串中的所有大写字母转换为小写字母
String toUpperCase()	将字符串中的所有小写字母转换为大写字母
String trim()	返回字符串的副本,忽略前导空白和尾部空白
static String valueOf(char[] data)	返回 char 数组参数的字符串表示形式

【案例 4-43】从一个带有路径的文件名中分离出文件名、扩展名和路径。

```
public class StringDemo6{
    private String fullPath;
    private final char pathSeparator = '\\';
    public   StringDemo6(String fullPath){
        this.fullPath = fullPath;
    }
    public String getName(){
        int pos = fullPath.lastIndexOf(pathSeparator);
        if(pos == -1){
            return fullPath;
        }
        else{
            return   fullPath.substring(pos+1);
        }
```

```java
}
public String getPath(){
int pos=fullPath.lastIndexOf(pathSeparator);
    if(pos==-1){
    return fullPath;
    }
    else{
    return fullPath.substring(0,pos);
    }
}
public static void main(String[]args){
    StringDemo6 fn=new StringDemo6("F:\\java\\myexample\\a.java");
    String str1=fn.getName();
    String[]names=str1.split("\\.");//转义字符,代表.
    System.out.println("文件名为:"+names[0]);
    System.out.println("文件扩展名为:"+names[1]);
    String str2=fn.getPath();
    String[]paths=str2.split("\\\\");//转义字符,代表\\
    System.out.print("文件路径为:");
    for(int i=0;i<paths.length;i++){
    if(i==0)
        System.out.print(paths[i]+"盘 ");
    else
        System.out.print(paths[i]+"文件夹 ");
    }
}
}
```

程序的运行结果如下:

```
文件名为:a
文件扩展名为:java
文件路径为:F:盘 java 文件夹 myexample 文件夹
```

6.4.2 StringBuffer 类

通过 String 类创建的字符串,无论需要完成何种操作,都首先会形成一个字符串副本。对于字符串的任何操作,如替换、大小写转换,其结果都只会影响字符串副本,对原字符串的存储值不会有任何影响。如果要改变字符串的存储值,则需使用 StringBuffer 类。

StringBuffer 类

StringBuffer 类用来表示和处理可变的字符串对象,允许用户创建可以以各种方式修改的字符串对象。与 String 类对象不同,当用户使用由 StringBuffer 类创建的字符串时,系统并没有创建副本,而是直接操作 StringBuffer 类的实例。

从 StringBuffer 的源码可以看出,StringBuffer 实际上是封装了一个字符串缓冲区数组,每个字符串缓冲区都有一定的容量,只要字符串缓冲区所包含的字符序列的长度没有超出此容量,就无须分配新的内部缓冲区数组。如果内部缓冲区溢出,则此容量自动增大。

要创建 StringBuffer 类的对象,需要调用构造方法。StringBuffer 类提供的构造方法见表 4-16。

表 4-16　StringBuffer 类的主要构造方法

构造方法	作用
StringBuffer( )	构造一个其中不带字符的字符串缓冲区,其初始容量为 16 个字符
StringBuffer(int capacity)	构造一个不带字符,但具有指定初始容量的字符串缓冲区
String Buffer(String value)	构造一个字符串缓冲区,并将其内容初始化为指定的字符串内容

下面分别使用三种方法来创建 StringBuffer 类的对象。

```
StringBuffer s1 = new StringBuffer();
StringBuffer s2 = new StringBuffer(20);
String s = "hello java";
StringBuffer s3 = new StringBuffer(s);
StringBuffer s4 = new StringBuffer("welcome");
```

StringBuffer 类中提供了大量的方法可以完成字符串的替换、追加、插入等操作。String-Buffer 类提供的常用方法见表 4-17。

表 4-17　StringBuffer 类常用的方法

成员方法	作用
StringBuffer append(String str)	将指定的字符串追加到此字符序列
int capacity( )	返回当前容量
char charAt(int index)	返回此序列中指定索引处的 char 值
StringBuffer delete(int start, int end)	移除此序列的子字符串中的字符
int indexOf(String str)	返回第一次出现的指定子字符串在该字符串中的索引
StringBuffer insert(String s)	在指定位置插入指定的字符串
void setCharAt(int index, char ch)	将给定索引处的字符设置为 ch
String substring(int start)	返回一个新的 String,它包含此字符序列当前所包含的字符子序列

【案例 4-44】StringBuffer 类的使用。

```java
public class StringBufferDemo{
    public static void main(String[]args){
        StringBuffer s = new StringBuffer("hello");
        //将可变字符串变为不可变字符串,因 System.out.println()方法不支持可变字符串
        System.out.println(s.toString());
        s.append(" welcome!");
        System.out.println(s.toString());
        int a = s.indexOf("welcome!");
        s.insert(a," you are ");
        System.out.println(s.toString());
    }
}
```

程序的运行结果如下：

```
hello
hello welcome!
hello you are welcome!
```

【小技巧】String 对象是不可改变的，任何对 String 类对象的操作都是返回一个新创建的 String 对象，因此，在一个 String 对象的使用中，往往会创建大量并不需要的 String 对象，消耗了不必要的系统资源。而 StringBuffer 类本质上是对一个字符数组的操作封装，和 String 相比，任何修改的操作都是在同一个字符数组上进行，因此，如果需要不断修改字符串的内容，推荐使用 StringBuffer 类，以提高性能。

【案例 4-45】用 StringBuffer 判断一个字符序列"Madam, I'm Adam"是否是回文，回文是指一个字符序列以中间字符为基准，两边字符忽略大小写后完全相同。

```java
import java.util.Scanner;
public class StringBufferDemo{
    public static boolean isHuiWen(String s){
        int len = s.length();
        StringBuffer strb1 = new StringBuffer(len);
        for(int i = 0;i < len;i ++){
            char c = s.charAt(i);
            if(Character.isLetter(c)){//判断 c 是否是字母
                strb1.append(c);
            }
        }
        StringBuffer strb2 = strb1.reverse();//将 strb1 反序存放
        String s1 = strb1.toString().trim();
        String s2 = strb2.toString().trim();
        return s1.equalsIgnoreCase(s2);
    }
    public static void main(String[]args){
        Scanner scanner = new Scanner(System.in);
        System.out.println("请输入要判断的字符序列:");
        String str = scanner.nextLine();
        boolean b = isHuiWen(str);
        if(b){
            System.out.println("字符串" + str +"是回文");
        }else{
            System.out.println("字符串" + str +"不是回文");
        }
    }
}
```

【案例 4-46】有一行电文，已按规律译成密码，译码规则为：如果是字母，不论大小写，均转换成字母序列的下一个字母，如 A 译成 B，若是 Z，则译成 A，非字母字符不变。要求编程将密码解密成原文。

```
public class StringTest{
    public static void main(String[]args){
        String s1 = "3DegAz45";
        System.out.println("密文是" + s1);
        revert(s1);

    }
    static void revert(String s){
        StringBuffer str = new StringBuffer(s);
        for(int i = 0; i < str.length(); i++){
            char ch = str.charAt(i);
            if(Character.isLetter(ch))
            if(ch == 'A' || ch == 'a')
            str.setCharAt(i,(char)(ch + 25));
            else
            str.setCharAt(i,(char)(ch - 1));
        }
        System.out.println("原文是" + str.toString());

    }
}
```

程序的运行结果如下：

密文是 3DegAz45
原文是 3CdfZy45

> 思考：
>
> 以下程序输出结果是什么？
> ```
> publicclass A{
>     public static void main(String[]args){
>         if("string".replace('g','G') == "string".replace('g','G'))
>         System.out.println("Equal");
>         else
>         System.out.println("Not equal");
>     }
> }
> ```

知识拓展

除了 StringBuffer 类，Java JDK 1.5 之后还提供了一个 StringBuilder 类。StringBuilder 和 StringBuffer 的功能相似，存储的都是可变字符串，两个类提供的方法也基本相似，所不同的是，StringBuffer 的方法是线程安全的，而 StringBuilder 的方法是非线程安全的，性能略高。通常情况下，如果创建一个内容可变的字符串对象，优先考虑使用 StringBuilder 对象。

6.5 任务实现

在系统主程序中,以菜单的形式给出可选项,每一步操作均有相应的提示信息,保证交互性良好。主程序 Test 类代码如下:

```java
import java.util.Scanner;

public class Test{
    public static void main(String[]args){
        Scanner sc = new Scanner(System.in);
        System.out.println("************************ 欢迎光临蓝天汽车租赁公司*********************** ");
        System.out.println("1. 车辆日租金设置   2. 租车业务");
        System.out.print("请选择你要处理的业务类型:");
        int i = sc.nextInt();
        switch(i){
        //设置车辆日租金
            case 1:
            {
                System.out.print("您要进行的业务是车辆日租金设置,请输入您要设置日租金的车辆车牌号:");
sc.nextLine();
                String vhID = sc.nextLine();
                Vehicles v = VehiclesBusiness.selectVehicles(vhID);
                if(v == null){
                System.out.println("您输入的车牌号不存在!谢谢使用");
                return;
                }
                System.out.println("车牌号为" + vhID + "的车辆,当前日租金为" + v.getDateRent());
                System.out.print("请输入您设置后的日租金");
                double dateRent = sc.nextDouble();
                VehiclesBusiness.setVehiclesRent(v,dateRent);
                System.out.println("设置成功!谢谢使用");
                break;
            }
            //租车业务
            case 2:
            {
                String brand = null;
                String carType = null;
                int seatNum = 0;
                System.out.print("您要进行的业务是租车,请输入您要租用的车型1. 轿车 2. 客车:");
                int j = sc.nextInt();
```

```java
            switch(j){
            case 1://租用轿车
                {
                    System.out.print("您要租用的车型为轿车,请选择您要租赁的轿车品牌：1. 红旗  2. 哈弗");
                    int carBrand = sc.nextInt();
                    if(carBrand ==1){//租用红旗轿车
                        brand = "红旗";
                        System.out.print("请选择您要租赁的轿车类型:1. H9  2. HSS");
                        int choose = sc.nextInt();
                        if(choose ==1){
                            carType = "H9";
                        }else{
                            carType = "HSS";
                        }
                    }else{//租用哈弗轿车
                        brand = "哈弗";
                        System.out.print("请选择您要租赁的轿车类型:1. H9   2. F7x");
                        int choose = sc.nextInt();
                        if(choose ==1){
                            carType = "H9";
                        }else{
                            carType = "F7x";
                        }
                    }
                    Car car = new Car(brand,carType);
                    System.out.println("您要租用的车辆详细信息为:");
                    Vehicles v = VehiclesBusiness.selectVehicels(car);
                    System.out.println(v.showMessage());
                    System.out.print("请输入您要租赁车辆的天数:");
                    double price = v.calRent(sc.nextInt());//计算租车费用
                    System.out.println("您需要支付的租赁费用为:" + price + "元。");
                    break;
                }
            case 2://租用客车
                {
                    System.out.print("您要租用的车型为客车,请选择您要租赁的客车品牌:1. 金杯 2. 金龙");
                    int busBrand = sc.nextInt();
                    if(busBrand ==1){
                        brand = "金杯";
                        System.out.print("请选择您要租赁的汽车座位数:1. 6座  2. 13座");
                        int choose = sc.nextInt();
                        if(choose ==1){
                            seatNum = 6;
```

```java
            }else{
                seatNum=13;
            }
        }else{
            brand="金龙";
            System.out.print("请选择您要租赁的汽车座位数:1.7座   2.23座");
            int choose=sc.nextInt();
            if(choose==1){
                seatNum=7;
            }else{
                seatNum=23;
            }
        }
        Bus bus=new Bus(brand,seatNum);
        System.out.println("您要租用的车辆详细信息为:");
        Vehicles v=VehiclesBusiness.selectVehicels(bus);
        System.out.println(v.showMessage());
        System.out.print("请输入您要租赁车辆的天数:");
        double price=v.calRent(sc.nextInt());//计算租车费用
        System.out.println("您需要支付的租赁费用为:"+price+"元。");
        break;
        }
    }
  }
 }
}
```

6.6 巩固训练

1. 从键盘输入一行字符串,统计其中小写字母的个数,并将小写字母转换为大写字母,输出小写字母的个数及转换后的字符串。

2. 从输入的字符串中删除输入的子字符串。如输入字符串为"this is a java programme",输入的子字符串为"is",则最后的字符串为"th a java programme"。

3. 从输入的字符串中删除所有重复的字符,即每种字符只保留一个。如输入字符为"system",则删除后的字符串为"sytem"。

任务7 显示租车的时间信息

7.1 任务描述

显示用户租用车辆的当前时间信息,以及根据租用天数计算需要还车的时间。

7.2 任务分析

用户租用车辆、归还车辆的时间是租车业务中重要的数据,租车时间通常取系统的当前时间,而归还车辆的时间需要根据租用天数来换算。要想完成本任务,最重要的是要获取当前时间。

7.3 任务学习目标

通过本任务学习,达成以下目标:
1. 了解 JDK 中的日期类。
2. 掌握 Calendar 类的使用。

7.4 知识储备

7.4.1 日期类 Date

日期类 Date 属于 java.util 包,提供了操作时间的基本功能。

类 Date 表示特定的瞬间,精确到毫秒。在 JDK 1.1 之前,类 Date 有两个函数。它允许把日期解释为年、月、日、小时、分钟和秒值,也允许格式化和分析日期字符串。不过,这些函数的 API 不易于实现国际化。从 JDK 1.1 开始,应该使用 Calendar 类实现日期和时间字段之间的转换,使用 DateFormat 类来格式化和分析日期字符串。Date 中的相应方法已废弃。

Date 中没被废弃的构造方法有两个,见表 4 - 18。

表 4 - 18 Date 类的构造方法

构造方法	作用
Date()	创建一个 Date 类对象,并用当前时间初始化该对象
Date(long date)	创建一个 Date 类对象,并用自标准基准时间(称为"历元(epoch)",即 1970 年 1 月 1 日 00:00:00 GMT)以来的指定毫秒数 date 初始化该对象

Date 类还提供了操作时间的常用方法,见表 4 - 19。

表 4 - 19 Date 类中常用的方法

成员方法	作用
boolean after(Date when)	测试此日期是否在指定日期之后
boolean before(Date when)	测试此日期是否在指定日期之前
int compareTo(Date anotherDate)	比较两个日期的顺序
long getTime()	返回自 1970 年 1 月 1 日 00:00:00 GMT 以来此 Date 对象表示的毫秒数
void setTime(long time)	设置此 Date 对象,以表示 1970 年 1 月 1 日 00:00:00 GMT 以后 time 毫秒的时间点

【案例 4 - 47】Date 类的使用。

```
import java.util.Date;
    public class DateDemo{
    public static void main(String[]args){
        Date currentDate = new Date();
        Date anotherDate = new Date(100000000);
        System.out.println("the current date is " + currentDate);
        System.out.println("the another date is " + anotherDate);
        String s = "before";
        if(currentDate.after(anotherDate))
        s = "after";
        System.out.println("the current date is " + s + " the another date");
    }
}
```

程序的运行结果如下：

```
the current date is Tue Jul 27 13：15：55 CST 2021
the another date is Fri Jan 02 11：46：40 CST 1970
the current date is after the another date
```

7.4.2 Calendar 类

Calendar 类属于 java.util 包,从 JDK 1.1 开始,Date 类的替代品就是 Calendar 类,主要用于完成日期字段之间相互操作的功能。Calendar 类是一个抽象类,因此,要得到 Calendar 类的实例,不能使用构造方法,Calendar 提供了一个类方法 getInstance,以获得此类型的一个通用的对象。

```
Calendar c = Calendar.getInstance();
```

Calendar.getInstance()方法返回一个 Calendar 对象,更确切地说,是它的某个子类对象。GregorianCalendar 类是 JDK 目前提供的 Calendar 类唯一的子类,因此,Calendar.getInstance()方法返回的是其日历字段已由当前日期和时间初始化的 GregorianCalendar 类对象。

Calendar 类提供了非常多的方法用于操作时间,常用的方法见表 4 – 20。

表 4 – 20 Calendar 类常用的方法

成员方法	作用
void add(int field,int amount)	根据日历的规则,为给定的日历字段添加或减去指定的时间量
boolean after(Object when)	判断此 Calendar 表示的时间是否在指定 Object 表示的时间之后
boolean before(Object when)	判断此 Calendar 表示的时间是否在指定 Object 表示的时间之前
int get(int field)	返回给定日历字段的值
void set(int field,int val)	将给定的日历字段设置为给定值
Date getTime()	返回一个表示此 Calendar 时间值的 Date 对象

Calendar 类提供了多个重载的 set()方法,可以将日历设置到任何一个时间,如 Calendar.getInstance().set(2008,7,8),将日历设置到 2008 年 8 月 8 日。表 4 – 20 中的 get(int field)方法可以获取有关年、月、日等时间信息,参数 field 由 Calendar 静态常量指定,如 Calendar.MONTH、Calendar.DATE。

需要注意的是,Calendar.MONTH 字段的值需要加 1 后才表示当前的月份,而 Calendar.DAY_OF_WEEK 字段的值需要减 1 后才表示当前的星期。

【案例 4-48】Calendar 类的使用。

```java
import java.util.Calendar;
import java.util.Date;
public class CalendarDemo{
    public static void main(String[]args){
        System.out.println("当前时间是:");
        Date current = Calendar.getInstance().getTime();
        System.out.println(current);
        Calendar c = Calendar.getInstance();
        System.out.println("一年前的今天是");
        c.add(Calendar.DAY_OF_YEAR, -365);
        System.out.println(c.get(Calendar.YEAR) + "年" + (c.get(Calendar.MONTH) + 1) + "月" + c.get(Calendar.DATE) + "日,星期" + (c.get(Calendar.DAY_OF_WEEK) -1));
        System.out.println("一年后的今天是");
        c.add(Calendar.DAY_OF_YEAR,365* 2);
        System.out.println(c.get(Calendar.YEAR) + "年" + (c.get(Calendar.MONTH) + 1) + "月" + c.get(Calendar.DATE) + "日,星期" + (c.get(Calendar.DAY_OF_WEEK) -1));
    }
}
```

程序的运行结果如下:

```
当前时间是:
Tue Jul 27 13:55:55 CST 2021
一年前的今天是
2020 年 7 月 27 日,星期 1
一年后的今天是
2022 年 7 月 27 日,星期 3
```

【案例 4-49】从键盘输入年份和月份,然后显示相应月份的日历信息。

```java
import java.util.Calendar;
import java.util.Scanner;
public class ShowCalendar{
    public static void main(String[]args){
        Calendar calendar = Calendar.getInstance();
        Scanner sc = new Scanner(System.in);
        System.out.print("请输入要显示的年份:");
        int year = sc.nextInt();
        System.out.print("月份:");
        int month = sc.nextInt();
        calendar.set(Calendar.YEAR,year);
        calendar.set(Calendar.MONTH,month -1);
        calendar.set(Calendar.DATE,1);
        int days = getDays(month);
```

```java
        System.out.println(year + "年" + month + "月的日历如下:");
        System.out.println("星期日\t星期一\t星期二\t星期三\t星期四\t星期五\t星期六");
        int day = calendar.get(Calendar.DAY_OF_WEEK); //求某月第一天是星期几
        for(int j = 1;j < day;j ++) //根据第一天的星期几来确定输出几个制表位
                System.out.print("\t");
        for(int i = 1;i <= days;i ++){
            System.out.print(i);
            System.out.print("\t");
            if((i + day - 1) % 7 == 0)    //如果输出到星期六,则要换行
                System.out.println();
        }
        System.out.println();
    }
    public static int getDays(int month){    //根据月份确定天数
        int days = 0;
        switch(month){
            case 2: days = 28;break;
            case 1:
            case 3:
            case 5:
            case 7:
            case 8:
            case 10:
            case 12: days = 31;break;
            case 4:
            case 6:
            case 9:
            case 11: days = 30;break;
        }
        return days;
    }
}
```

程序的一次运行结果如图4-14所示。

```
请输入要显示的年份：2021
月份：7
2021年7月的日历如下:
星期日    星期一    星期二    星期三    星期四    星期五    星期六
                                    1         2         3
4        5         6         7        8         9         10
11       12        13        14       15        16        17
18       19        20        21       22        23        24
25       26        27        28       29        30        31
```

图4-14   程序运行结果

7.5 任务实现

显示租车的当前时间信息,只需要在汽车租赁系统中的 Test 类中获取当前时间即可,同时,根据用户输入的租用天数来计算还车的时间。获取时间的具体代码如下:

```java
import java.util.Calendar;
import java.util.Scanner;
public class Test{
    public static void main(String[]args){
    ...//代码同前,此处省略
        }
        //租车业务
        case 2:
        {
          ...//代码同前,此处省略
            Car car = new Car(brand,carType);
            System.out.println("您要租用的车辆详细信息为:");
            Vehicles v = VehiclesBusiness.selectVehicels(car);
            System.out.println(v.showMessage());
            System.out.print("请输入您要租赁车辆的天数:");
            int days = sc.nextInt();
            double price = v.calRent(days);//计算租车费用
            System.out.println("您需要支付的租赁费用为:" + price + "元。");
            Calendar c = Calendar.getInstance();
            System.out.println("您租车时间为:" + getTime(c));
            c.add(Calendar.DATE,days);
            System.out.println("您还车时间为:" + getTime(c));
            break;
            }
        case 2://租用客车
            {
             ...//代码同前,此处省略
            Bus bus = new Bus(brand,seatNum);
            System.out.println("您要租用的车辆详细信息为:");
            Vehicles v = VehiclesBusiness.selectVehicels(bus);
            System.out.println(v.showMessage());
            System.out.print("请输入您要租赁车辆的天数:");
            int days = sc.nextInt();
            double price = v.calRent(days);//计算租车费用
            System.out.println("您需要支付的租赁费用为:" + price + "元。");
            Calendar c = Calendar.getInstance();
            System.out.println("您租车时间为:" + getTime(c));
            c.add(Calendar.DATE,days);
            System.out.println("您还车时间为:" + getTime(c));
            break;
            }
```

```
        }
      }
    }
  }
public static String getTime(Calendar c){
    return c.get(Calendar.YEAR) +"年" + (c.get(Calendar.MONTH) +1) +"月" + c.get(Calendar.DATE) +"日";
  }
}
```

至此,汽车租赁系统已经完整地实现了,大家可以根据学过的知识对项目再次梳理,关键是掌握项目中涉及的知识点,并能够加以灵活运用。

7.6 巩固训练

计算并显示从当前时间往后 50 天的日期信息。

学习目标达成度评价

序号	学习目标	学生自评
1	能够提取系统中的类、接口,并正确定义	□能够正确定义类 □需要参考教材内容才能实现 □遇到问题不知道如何解决
2	能够理解面向对象的三大特性,并在项目中正确使用	□能够编写代码,实现封装、继承、多态 □需要参考相应的代码,才能实现 □无法独立完成程序的设计
3	能够根据系统实际需求,完成相应的代码编写	□能够根据需求完成项目功能 □需要参考相应的代码才能实现 □无法独立完成程序的设计
4	能够完成项目的调试	□能够在编程中独立完成项目调试 □需要参考相应的代码或问其他同学 □无法独立完成项目的调试

评价得分			
学生自评得分 (20%)	学习成果得分 (60%)	学习过程得分 (20%)	项目综合得分

- 学生自评得分

学生自评表格中,第一个选项得 25 分,第二个选项得 15 分,第三个选项得 10 分。

- 学习成果得分

教师根据学生学习成果完成情况酌情赋分,满分 100 分。

- 学习过程得分

教师根据学生其他学习过程表现,如到课情况、作业完成情况、课堂参与讨论情况等酌情赋分,满分 100 分。

学习笔记

学习成果 5

超市收银管理系统

项目导读

超市收银管理系统模拟超市收银的功能需求,对商品、进货、会员、供货商、收银结算、营业统计等进行管理,从而能够及时、有效地对商品的经营情况进行统计、分析,为企业的经营决策提供依据。系统分为两个角色:系统管理员与收银员,收银员只具有前台收银的权限,系统管理员拥有所有权限。具体的功能模块及每个模块的难度系数和具体实现要求见表5-1。在后面的学习过程中,边学边做实现表中每个模块的功能。教材中详细讲解登录、主界面和用户管理模块,其他模块作为巩固训练由学生自主完成。

表5-1 超市收银系统功能描述

功能		难度系数	规则描述
登录		5	输入正确的用户名和密码、角色时登录系统
			用户名、密码为空时给出提示;用户名密码、角色不正确时给出提示
主界面		5	如果是系统管理员登录,则可以操作所有功能;如果是收银员登录,只能操作收银、修改密码、会员管理的功能
用户管理		8	如果是管理员身份,单击"用户管理"时,表格中显示所有用户信息;如果是收银员身份,单击"用户管理"时,表格中只显示该收银员的信息
			管理员登录后,可以添加、删除、修改、查询所有用户除了账号以外的任何信息;收银员只可以修改自己的密码
			重置密码,可以把密码改为初始值123
			使用管理员身份登录,单击"用户管理"时,表格中显示所有用户信息;使用收银员身份登录,单击"用户管理"时,表格中只显示当前用户信息
商品管理	进货	8	添加进货记录:生成进货流水号,要求格式为日期+序号(如2010062001),输入条码查询商品信息,商品类别、单位及供货商从下拉列表中选取
			如果商品已存在,则修改库存;否则,向商品表中添加新记录
	管理	5	可根据条码、商品名称、类别进行模糊查询
			可修改指定商品的信息,库存和条码不能修改
			可删除指定商品,有销售记录的除外

续表

功能		难度系数	规则描述
收银		30	输入条码后,按Enter键即可在表格中显示该商品的条码、名称、单位、规格、售价、购买数量等信息
			如果某件商品要退回,则从表格中删除该行
			对于任何商品,都可修改购买数量
			自动计算所购商品的总件数、总金额;输完实收金额后,计算找零
			会员购买按照会员价销售,非会员购买商品按照销售价销售
			输入会员卡号,显示姓名、积分及余额
			如果会员卡余额足够,可以使用余额结账;否则,使用现金结账
			会员结账后,修改积分、消费次数及消费总金额
			生成销售流水号,要求格式为日期+序号(如2010062601)
			添加销售记录和销售明细记录
			修改库存
供货商管理		5	添加、删除、修改供货商信息
			根据名称或电话模糊查询供货商
会员管理		10	添加会员、设置会员积分率
			修改会员基本信息,其中,消费次数、消费总金额及积分不允许修改
			删除指定会员,有消费记录的除外
			可根据会员卡号、姓名或电话进行模糊查询
			输入会员卡号及本次兑奖所用积分即可兑奖,修改积分余额值
			输入会员卡号及充值金额即可充值,修改余额
商品类别管理		5	使用表格显示所有商品类别
			添加、删除、修改商品类别
商品单位管理		5	使用表格显示所有商品单位
			添加、删除、修改商品单位
系统统计	进货统计	10	显示指定时间段内的进货明细,包括进货时间、流水号、商品条码、名称、规格、单位、商品分类、进货数量、进货单价、进货金额、供货商等信息
			显示指定时间段内的进货汇总,包括商品条码、名称、规格、单位、商品分类、进货数量、进货金额;计算进货总数量及总金额
	销售统计	10	显示指定时间段内的销售明细,包括销售时间、销售流水号、商品条码、名称、规格、单位、商品分类、销售数量、销售单价、销售金额、会员卡号、收银员等信息
			显示指定时间段内的销售汇总,包括商品条码、名称、规格、单位、商品分类、销售数量、销售金额;计算销售总数量及总金额
	收银员统计	5	显示指定时间段内各收银员的销售总金额
	会员充值明细	5	显示指定时间段内会员的充值情况,包括充值时间、会员卡号、会员姓名、充值金额及充值员

学习成果 5 超市收银管理系统

学习目标

知识目标	能力目标	职业素质目标
1. 掌握常用容器的使用 2. 掌握常用布局管理器的使用 3. 掌握标签、单选按钮、表格、按钮、下拉菜单、文本框、密码框、对话框、定时器等组件的使用 4. 掌握事件处理机制 5. 掌握 JDBC 编程技术	1. 能够熟练进行图形用户界面开发 2. 能够熟练使用 JDBC 技术进行数据库的增删改查操作 3. 能够使用 MVC 框架技术进行项目开发 4. 能够熟练进行程序调试	1. 具有良好的职业道德和职业规范 2. 具有良好的团队协作能力 3. 具有一丝不苟、精益求精的工匠精神 4. 具有较强的自主学习能力 5. 具有一定的创新能力 6. 具有较强的分析问题和解决问题的能力 7. 具有健康的身体和良好的心理素质

学习寄语

作为一个程序员,需要时刻从用户的需求出发去考虑问题,开发的程序是否方便用户使用,以及界面的友好性、访问的快捷性、数据的安全性、功能的完整性都是需要认真考虑的问题,这就要求我们时刻保持高度的责任心和精益求精的工匠精神,在编程的道路上孜孜以求,不断创新。

任务 1 登录窗口界面设计

1.1 任务描述

进行超市收银管理系统登录界面的设计。该界面让用户输入用户名、密码及选择角色,并设置"登录"按钮和"清空"按钮。登录界面如图 5-1 所示。

1.2 任务分析

要实现图 5-1 所示的登录界面,首先要创建一个顶层的窗体容器。从图 5-1 可以看出,整个窗体分为上、中、下三部分。上部分为一张图片、中间为输入用户名、密码和选择角色的区域;下部分为两个按钮。综上所述,实现登录界面需要用到容器和组件、布局管理器、常用组件等知识。

图 5-1 登录界面

1.3 任务学习目标

通过本任务学习,达成以下目标:
1. 掌握容器和组件的概念。
2. 掌握常用容器 JFrame 和 JPanel 的使用。
3. 掌握流式布局、边界布局和网格布局等常用布局的使用。
4. 掌握标签、单选按钮、按钮、文本框、密码框等组件的使用。

1.4 知识储备

1.4.1 GUI 概述

1. GUI 概述

图形用户界面(Graphical User Interface,GUI)是指采用图形方式显示的计算机操作用户界面,是计算机与其使用者之间的对话接口,是计算机系统的重要组成部分。图形用户界面操作简单、画面生动,深受用户喜爱,已经成为目前几乎所有应用软件的标准。

GUI 概述

2. GUI 库

Oracle 公司提供了两个主要的构建窗口程序包:AWT 和 Swing,它们提供了各种用于 GUI 设计的标准组件,为 GUI 设计提供了丰富的功能。

(1) AWT(Abstract Window Toolkit,抽象窗口工具包)

包含于所有的 Java SDK 中。AWT 出现于 Java 1.x 中,是 Java 初期所内置的一种面向窗口应用的库。这个工具包提供了一套与本地图形界面进行交互的接口。AWT 中的图形函数与操作系统提供的图形函数之间有一一对应的关系,称为对等体(peers),即利用 AWT 来构建图形用户界面的时候,实际上是在利用操作系统提供的图形库。由于不同操作系统的图形库提供的功能不同,在一个平台上存在的功能在另外一个平台上则可能不存在。为了实现 Java 语言"一次编译,到处运行"的概念,AWT 不得不通过牺牲功能来实现其平台无关性,即 AWT 所提供的图形功能是各种通用型操作系统所提供的图形功能的交集。由于 AWT 是依靠本地方法来实现其功能的,通常将 AWT 控件称为重量级控件。AWT 包提供了各种用于 GUI 设计的标准组件。大致上可以将这些类归纳为图形界面组件、事件处理对象、图形和图像工具和布局管理器。

AWT 类库的组织结构如图 5-2 所示。

(2) Swing 高级图形库

包含于 Java 2 SDK 中。Swing 是为解决 AWT 存在的问题而新开发的图形界面包,是对 AWT 的改良和扩展。Swing 组件是用 Java 实现的轻量级(light-weight)组件,没有本地代码,不依赖操作系统的支持,这是它与 AWT 组件的最大

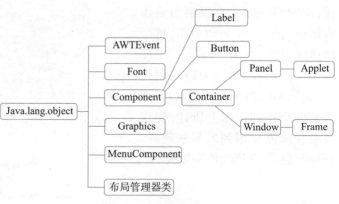

图 5-2 AWT 类库组织结构图

区别。由于 AWT 组件通过与具体平台相关的对等类(peers)实现,而 Swing 在不同的平台上表现一致,并且有能力提供本地窗口系统不支持的其他特性。因此,Swing 比 AWT 组件具有更强的实用性。

Swing 以 AWT 为基础,并有一套独立于操作系统的图形界面类库。Swing 围绕着 JComponent 的新组件构建,而 JComponent 则由 AWT 的容器类 Container 扩展而来。其组织结构如图 5-3 所示。

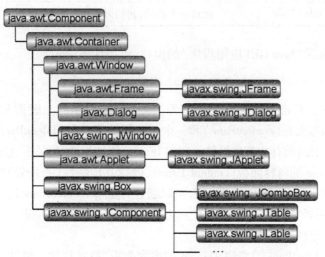

图 5-3 Swing 类库组织结构图

本成果主要介绍利用 Swing 包构建图形用户界面的方法。

1.4.2 图形用户界面的设计

图形用户界面设计的一般步骤为:创建顶层容器;选择布局管理器;创建并向容器中添加内部容器或组件。

1. 组件与容器的概念

Java 语言中构成图形用户界面的元素大致分为两类:组件和容器。

(1)组件

组件是图形用户界面的最基本元素,其作用是实现界面与用户的交互,如接收用户的文本或选择输入,向用户显示一段文本或图形等。目前常用的组件有标签、文本框、单选按钮、复选按钮、组合框、列表框、菜单等。组件不能单独使用,通常将组件放在容器内使用。

(2)容器

容器是用来组织其他界面元素的单元,是一种可以容纳其他组件和容器的组件。一般来说,一个应用程序的图形用户界面首先对应于一个容器,如窗口。这个容器内部将包含许多界面元素,这些界面元素本身也可能是一个容器,这个容器再进一步包含它的界面元素,依此类推,构成一个复杂的图形界面。当界面的功能较多、较为复杂时,使用层层嵌套的容器是非常必要的。

2. 常用的容器

(1)JFrame 框架

JFrame 框架是放置其他 Swing 组件的顶级容器,相当于 Windows 窗口中的主窗体。该组件用于在 Swing 程序中创建窗体。窗体包括边界、标题、关闭按钮等。

JFrame 继承了 AWT 的 Frame 类,支持 Swing 体系结构的高级 GUI 属性。

JFrame 类的常用构造方法见表 5-2。

表 5-2 JFrame 常用的构造方法

构造方法	作用
JFrame()	构造一个初始时不可见的新窗体
JFrame(String title)	创建一个新的、初始时不可见的、具有指定标题的 JFrame

例如,创建带标题"Java GUI 应用程序"的窗口,可用如下语句:

```
JFrame frame = new JFrame("Java GUI 应用程序");
```

JFrame 包含一个根面板 JRootPane 作为其唯一的子容器。根面板由一个玻璃面板(glassPane)、一个内容面板(contentPane)和一个可选择的菜单条(JMenuBar)组成。其中内容面板包含 JFrame 所显示的所有非菜单组件。在向 JFrame 添加组件时,并不直接添加组件到 JFrame 中,而是添加到 JFrame 的内容面板(content Pane),改变其他特性(布局管理器、背景色等)也是对内容面板进行的操作。要存取内容面板,可以通过方法 getContentPane() 实现,若希望用自己的容器(如 JPanel)替换掉内容面板,可以使用方法 setContentPane() 实现。

对 JFrame 添加组件有两种方式:

①用方法 getContentPane() 获得 JFrame 的内容面板,再对其加入组件:

```
frame.getContentPane().add(childComponent)
```

例如:

```
JButton b = new JButton("按钮");//创建一个命令按钮
frame.getContentPane().add(b);//将按钮添加到窗口的内容面板
```

②建立一个 JPanel 或 JDesktopPane 之类的中间容器,把组件添加到容器中,用方法 setContentPane() 把该容器置为 JFrame 的内容面板,如下所示:

```
JPanel contentPane = new JPanel();
…//把其他组件添加到 JPanel 中
frame.setContentPane(contentPane);/* 把 contentPane 对象设置为 JFrame 的内容面板*/
```

JFrame 类常用的方法见表 5-3。

表 5-3 JFrame 类常用的方法

成员方法	作用
Container getContentPane()	返回此窗体的 contentPane
void setContentPane()	设置此窗体的 contentPane
void setSize(int width, int height)	调整组件的大小,使其宽度为 width,高度为 height

续表

成员方法	作用
void setResizable(boolean resizable)	设置此 frame 是否可由用户调整大小。如果此 frame 是可调整大小的,resizable 为 true;否则,为 false
void setTitle(String title)	将此 frame 的标题设置为指定的字符串
void setVisible(boolean b)	根据参数 b 的值显示或隐藏此组件。参数 b 如果为 true,则显示此组件;否则,隐藏此组件
void setDefaultCloseOperation(int operation)	设置用户在此窗体上发出"close"时默认执行的操作。默认情况下,该值被设置为 HIDE_ON_CLOSE
void setForeground(Color c)	设置组件的前景色
void setBackground(Color c)	设置组件的背景色
void setIconImage(Image image)	设置此窗体要显示在最小化图标中的图像

【案例 5-1】创建一个窗口,窗口标题为"登录",大小为(300,200),并且不能改变大小。

```
import javax.swing.*;
import java.awt.*;
public class Login extends JFrame{
//初始化方法,对窗体进行一些初始设置
    public void init(){
        setTitle("登录");//设置窗体标题
setDefaultCloseOperation(JFrame.EXIT_ON_CLOSE);
        setSize(300,200);//设置窗体大小
        setResizable(false);//设置窗体大小不能改变
        setVisible(true);//设置窗体显示
    }
    public static void main(String[]args){
        Login login = new Login();
        login.init();
    }
}
```

案例的运行结果如图 5-4 所示。

注意:JFame 窗体默认是不显示的,需要调用 setVisible(true)设置窗体显示。需要注意的是,setVisible(true)需要放在窗体的所有资源设置都完成之后,否则会造成 setVisible(true)之后添加的组件不显示。

(2)面板 JPanel

JPanel 属于常用的中间容器,可以向其中添加其他的 GUI 组件(如 JButton、JLabel 等)。通过 JPanel 可以实现容器的嵌套。在项目中,顶层容器使用 JFrame,中间容器一般使用 JPanel。但是需要强调的是,JPanel 不是顶级窗口,不能直接输出,它必须放在 JFrame 这样的顶级窗口内才能输出。

JPanel 常用的构造方法见表 5-4。

图 5-4 登录窗口

表 5-4　JPanel 常用的构造方法

构造方法	作用
JPanel( )	创建具有默认 FlowLayout 布局的 JPanel 对象
JPanel(LayoutManager layout)	创建具有指定布局的 JPanel 对象

JPanel 其他常用方法为 void setBorder(Border border),作用是设置组件的边框。
说明:可用 javax. swing. BorderFactory 类中的方法获得边框对象。
如果需要在 JPanel 中添加组件,可以使用方法 add(Component comp) 来实现。

3. 布局管理器

(1) 布局管理器的概念

组件在容器中的位置和大小是由布局管理器来决定的。容器一般都会使用一个布局管理器,通过它来自动进行组件的布局管理。每一个容器组件都有一个默认的布局管理器,也可以通过 setLayout 方法来设置其他布局管理器。一旦确定了布局管理方式,容器组件就可以使用相应的 add 方法加入组件。

BorderLayout

(2) 边界布局管理器(BorderLayout)

BorderLayout 是 Window、JFrame 和 JDialog 的默认布局管理器。BorderLayout 将窗口分为 5 个区域:NORTH、SOUTH、EAST、WEST 和 CENTER。中间区域 CENTER 是在东、南、西、北都填满后剩下的区域,如图 5-5 所示。

BorderLayout 布局管理器的构造方法见表 5-5。

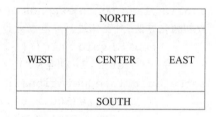

图 5-5　边框布局划分

表 5-5　BorderLayout 常用的构造方法

构造方法	作用
BorderLayout( )	构造一个组件之间没有间距的新边界布局
BorderLayout(int hgap, int vgap)	用指定的组件之间的水平和垂直间距构造一个边界布局,间距单位是像素

使用 BordreLayout 布局管理器,在将组件添加到容器中时,必须要指明添加在容器的哪个区域。

BorderLayout 并不要求所有区域都必须有组件,如果四周的区域(NORTH、SOUTH、EAST 和 WEST 区域)没有组件,则由 CENTER 区域去补充。如果单个区域中添加的不是只有一个组件,那么后来添加的组件将覆盖原来的组件,所以,区域中只显示最后添加的一个组件。

【案例 5-2】创建一个窗体,设置布局为 BorderLayout,分别在东、南、西、北、中间区域各放置一个按钮。

```java
import javax.swing.JButton;
import javax.swing.JFrame;
import javax.swing.JLabel;
import javax.swing.JPanel;
import java.awt.*;
public class BorderLayoutDemo{
    public static void main(String[]agrs){
        JFrame frame=new JFrame("Java第三个GUI程序");//创建JFrame窗口
        frame.setSize(400,200);
        frame.setLayout(new BorderLayout());//设置布局为BorderLayout
        JButton button1=new JButton("上");
        JButton button2=new JButton("左");
        JButton button3=new JButton("中");
        JButton button4=new JButton("右");
        JButton button5=new JButton("下");
        frame.add(button1,BorderLayout.NORTH);//在窗口相应区域添加按钮
        frame.add(button2,BorderLayout.WEST);
        frame.add(button3,BorderLayout.CENTER);
        frame.add(button4,BorderLayout.EAST);
        frame.add(button5,BorderLayout.SOUTH);
        frame.setBounds(300,200,600,300);
        frame.setVisible(true); frame.setDefaultCloseOperation(JFrame.EXIT_ON_CLOSE);
    }
}
```

案例的运行结果如图 5-6 所示。如果未指定布局管理器的 NORTH 区域,即将"frame.add(button1,BorderLayout.NORTH);"注释掉,则 WEST、CENTER 和 EAST 3 个区域将会填充 NORTH 区域,如图 5-7 所示。

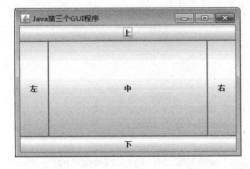

图 5-6　填充 5 个区域效果图　　　　　图 5-7　缺少 NORTH 区域

(3)流式布局管理器(FlowLayout)

FlowLayout 是 JPanel 和 JApplet 的默认布局管理器。FlowLayout 会将组件按照从上到下、从左到右的规律逐行进行定位。与其他布局管理器不同的是,FlowLayout 布局管理器不限制它所管理组件的大小,而是允

FlowLayout

许它们有自己的最佳大小。

FlowLayout 布局管理器常用的构造方法见表 5-6。

表 5-6 FlowLayout 常用的构造方法

构造方法	作用
FlowLayout()	构造一个新的 FlowLayout，居中对齐，默认的水平和垂直间隙是 5 个单位
FlowLayout(int align)	构造一个新的 FlowLayout，对齐方式是指定的，默认的水平和垂直间隙是 5 个单位
FlowLayout(int align, int hgap, int vgap)	创建一个新的流布局管理器，具有指定的对齐方式及指定的水平和垂直间隙

说明：align 表示组件的对齐方式，其值是 FlowLayout.LEFT、FlowLayout.RIGHT 和 FlowLayout.CENTER 之一，分别为居左对齐、居右对齐或居中对齐。

【案例 5-3】创建一个窗口，使用 FlowLayout 类对窗口进行布局，向容器内添加 5 个按钮。

```
import java.awt.*;
import javax.swing.*;
class FlowLayoutDemo extends JFrame{
    JButton jb1,jb2,jb3,jb4,jb5;
    public FlowLayoutDemo(String title){
super(title);
    }
void init(){
        Container c = getContentPane();
        jb1 = new JButton("第一个按钮");
        jb2 = new JButton("第二个按钮");
    jb3 = new JButton("第三个按钮");
    jb4 = new JButton("第四个按钮");
    jb5 = new JButton("第五个按钮");
    c.setLayout(new FlowLayout());      //设置布局管理器
    c.add(jb1);
    c.add(jb2);
    c.add(jb3);
    c.add(jb4);
    c.add(jb5);
    setDefaultCloseOperation(JFrame.EXIT_ON_CLOSE);
 }
    public static void main(String[]args){
        FlowLayoutDemoframe = new FlowLayoutDemo("FlowLayoutDemo");
frame.init();
frame.pack();//设置窗口大小正好能包裹起里面的组件
    frame.setVisible(true);
    }
}
```

运行结果如图 5-8 所示。将窗体的布局设置为 FlowLayout，按钮将在容器中按照从上到下、从左到右的顺序排列，如果一行的剩余空间不足以容纳组件，将会换行显示。

(4) 网格布局管理器(GridLayout)

网格布局管理器将容器分成 n 行 m 列大小相等的网格。每个网格中放置一个组件，组件按照由左至右、由上而下的次序排列填充到各个单元格中。GridLayout 常用的构造方法见表 5-7。

图 5-8 FlowLayout 布局运行结果

表 5-7 GridLayout 常用的构造方法

构造方法	作用
GridLayout()	创建具有默认值的网格布局，即每个组件占据一行一列
GridLayout(int rows, int cols)	创建具有指定行数和列数的网格布局，布局中所有组件的大小一样，组件之间没有间隔
GridLayout(int rows, int cols, int hgap, int vgap)	创建具有指定行数和列数的网格布局，将水平和垂直间距设置为指定值

GridLayout

【案例 5-4】使用网格布局设计一个简单计算器。

```java
import javax.swing.JButton;
import javax.swing.JFrame;
import javax.swing.JLabel;
import javax.swing.JPanel;
import javax.swing.JTextField;
import java.awt.*;
public class GridLayoutDemo{
    public static void main(String[]args)    {
        JFrame frame = new JFrame("GridLayou布局计算器");
        JPanel panel = new JPanel();//创建面板
    panel.setLayout(new GridLayout(4,4,5,5));/* 指定面板的布局为GridLayout,4 行 4 列,间隙为5*/
        panel.add(new JButton("7"));     //添加按钮
        panel.add(new JButton("8"));
        panel.add(new JButton("9"));
        panel.add(new JButton("/"));
        panel.add(new JButton("4"));
        panel.add(new JButton("5"));
        panel.add(new JButton("6"));
        panel.add(new JButton("* "));
        panel.add(new JButton("1"));
        panel.add(new JButton("2"));
        panel.add(new JButton("3"));
        panel.add(new JButton(" -"));
        panel.add(new JButton("0"));
```

```
        panel.add(new JButton("."));
        panel.add(new JButton("="));
        panel.add(new JButton("+"));
        frame.add(panel);        //添加面板到容器
        frame.setBounds(300,200,200,150);
        frame.setVisible(true);
        frame.setDefaultCloseOperation(JFrame.EXIT_ON_CLOSE);
    }
}
```

案例的运行结果如图5-9所示。

（5）绝对布局

Swing中容器都具有默认的布局管理器,虽然布局管理器能够简化程序的开发,但是为了获取最大的灵活性,某些情况下可以使用绝对布局,即不使用任何布局管理器,自己定义组件在容器中的位置和大小。使用绝对布局的步骤如下：

①使用Container.setLayout(null)方式取消容器的默认布局管理器。

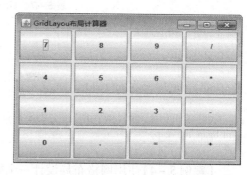

图5-9　GridLayout布局运行结果

②使用Component.setBounds(int x, int y, int width, int height)方法来设置组件的坐标位置与大小,其中(x,y)为组件左上角的坐标,width和height分别是组件的宽和高。

③容器的左上角坐标为(0,0),向右x坐标增加,向下y坐标增加。坐标单位为像素。

【案例5-5】绝对布局的使用。

```
import javax.swing.JButton;
import javax.swing.JFrame;
import javax.swing.JPanel;
public class AbsoluteLayoutDemo extends JFrame{
    private JPanel contentPane;//创建面板
    private JButton button1;//创建按钮1
    private JButton button2;//创建按钮2
    public AbsoluteLayoutDemo(){
        this.setTitle("绝对布局");//设置标题名字
        this.setDefaultCloseOperation(JFrame.EXIT_ON_CLOSE);//默认退出
        this.setBounds(100,100,250,100);//设置窗体的大小
        this.contentPane = new JPanel();//初始化面板
        this.contentPane.setLayout(null);//取消默认布局管理器
        button1 = new JButton("按钮1");//创建按钮1
        button1.setBounds(6,6,90,30);//设置按钮1的坐标和大小
        this.contentPane.add(button1);//将按钮1添加到面板中
        this.button2 = new JButton("按钮2");//创建按钮2
        button2.setBounds(100,6,90,30);/* 设置按钮2的坐标和大小,纵坐标与按钮1
相同*/
```

```
        this.contentPane.add(button2);
        this.add(this.contentPane);
        this.setVisible(true);//设置窗体可见
    }
    public static void main(String[]args){
        AbsoluteLayoutDemo example = new AbsoluteLayoutDemo();
    }
}
```

案例中设置内容面板的布局为 null,通过按钮的 setBounds 方法设置其位置和大小,两个按钮的 y 坐标相同,因此水平对齐。运行结果如图 5-10 所示。

在实际开发过程中,一个复杂的图形用户界面往往是通过容器的嵌套形成的。不同的容器可以采用不同的布局管理器,一个包含了多个组件的容器本身可以作为一个组件加到另一个容器中,这样就形成了容器的嵌套。

图 5-10 绝对布局运行结果

4. 标签组件(JLabel)

JLabel(标签)是用户不能修改只能查看的文本或图像显示区域,常用来显示说明性的文字。其文本可以是单行文本,也可以是 HTML 文本。

JLabel 常用的构造方法见表 5-8。

表 5-8 JLabel 常用的构造方法

构造方法	作用
JLabel()	创建无图像并且其标题为空字符串的 JLabel
JLabel(String text)	创建具有指定文本的 JLabel 实例
JLabel(Icon image)	创建具有指定图像的 JLabel 实例
JLabel(String text, Icon icon, int horizontalAlignment)	创建具有指定文本、图像和水平对齐方式的 JLabel 实例
JLabel(String text, int horizontalAlignment)	创建具有指定文本和水平对齐方式的 JLabel 实例
JLabel(Icon image, int horizontalAlignment)	创建具有指定图像和水平对齐方式的 JLabel 实例

说明:水平对齐方式的 horizontalAlignment 的取值有 3 个,即 JLabel.LEFT、JLabel.RIGHT 和 JLabel.CENTER。

例如:

```
JLabel userLabel = new JLabel("用户名",JLabel.CENTER);
```

JLabel 的常用方法见表 5-9。

表 5-9 JLabel 的常用方法

构造方法	作用
void setText(Stxing text)	定义 JLabel 将要显示的单行文本
void setIcon(Icon image)	定义 JLabel 将要显示的图标

续表

构造方法	作用
int getText( )	返回 JLabel 所显示的文本字符串
Icon getIcon( )	返回 JLabel 显示的图形图像

5. 文本域(JTextfield)

JTextField 是一个单行条形文本区,它允许编辑单行文本,能够接收用户键盘输入的内容,并显示输出。

JTextField 常用的构造方法见表 5 – 10。

表 5 – 10　JTextField 常用的构造方法

构造方法	作用
JTextField( )	构造一个新的 JTextField
JTextField(String text)	构造一个用指定文本初始化的新的 JTextField
JTextField(int columns)	构造一个具有指定列数的新的空白 JTextField
JTextField(String text, int columns)	构造一个用指定文本和列初始化的新的 JTextField

JTextField 常用的成员方法见表 5 – 11。

表 5 – 11　JTextField 常用的成员方法

成员方法	作用
void setText(String t)	将此 JTextField 的文本设置为指定文本
StringgetText( )	返回此 JTextField 中包含的文本

6. 密码域(JPasswordField)

JPasswordField 主要用来获取安全级别较高的信息。该组件允许编辑单行文本,其视图指示键入内容,但不显示原始字符,而是显示设定的回显字符,默认为 * 号。其构造方法与 JTextField 相同。

JPasswordField 的常用方法见表 5 – 12。

表 5 – 12　JPasswordField 的常用方法

方法	作用
voidsetEchoChar(char c)	设置此 JPasswordField 的回显字符
chargetEchoChar( )	返回要用于回显的字符
char[ ]getPassword( )	返回此 JPasswordField 中所包含的文本,保存在字符数组中

7. 按钮(JButton)

JButton 是非常重要的一种基本组件。按钮一般对应一个事先定义好的事件,当使用者单击按钮时,系统自动执行与该按钮相联系的程序,从而完成预定的功能。按钮可以设置文本或图像。

JButton

JButton 常用的构造方法见表 5-13。

表 5-13　JButton 常用的构造方法

构造方法	作用
JButton()	创建一个不带有设置文本或图标的按钮
JButton(Icon icon)	创建一个带图标的按钮
JButton(String text)	创建一个带文本的按钮
JButton(String text, Icon icon)	创建一个带初始文本和图标的按钮

JButton 常用的成员方法见表 5-14。

表 5-14　JButton 常用的成员方法

成员方法	作用
void setMnemonic(int mnemonic)	设置快捷字母键
void setActionCommand(String actionCommand)	设置此按钮的动作命令
String getActionCommand()	返回此按钮的动作命令

例如,创建一个带文字和图标的按钮,其快捷键为 Ctrl + D。

```
ImageIcon saveButtonIcon = new ImageIcon("images/save.gif");
JButton b1 = new JButton("保存",saveButtonIcon);
b1.setMnemonic(KeyEvent.VK_D);
b1.setActionCommand("save");
```

8. 单选按钮(JRadioButton)

JRadioButton

单选按钮与复选框类似,都有两种状态,不同的是,一组单选按钮中只能有一个处于选中状态。Swing 中 JRadioButton 类实现单选按钮,它与 JCheckBox 一样,都是从 JToggleButton 类派生出来的。JRadioButton 通常位于一个 ButtonGroup 按钮组中,不在按钮组中的 JRadioButton 也就失去了单选按钮的意义。

在同一个 ButtonGroup 按钮组中的单选按钮,只能有一个单选按钮被选中。因此,如果创建的多个单选按钮的初始状态都是选中状态,则最先加入 ButtonGroup 按钮组的单选按钮的选中状态被保留,后加入 ButtonGroup 按钮组中的其他单选按钮的选中状态被取消。

JRadioButton 的常用构造方法见表 5-15。

表 5-15　JRadioButton 常用构造方法

构造方法	作用
JRadioButton()	创建一个初始化为未选择的单选按钮,其文本未设定
JRadioButton(Icon icon)	创建一个初始化为未选择的单选按钮,其具有指定的图像,但无文本
JRadioButton(Icon icon, boolean selected)	创建一个具有指定图像和选择状态的单选按钮,但无文本

构造方法	作用
JRadioButton(String text)	创建一个具有指定文本但未选择的单选按钮
JRadioButton(String text, boolean selected)	创建一个具有指定文本和选择状态的单选按钮
JRadioButton(String text, Icon icon)	创建一个具有指定的文本和图像并初始化为未选择的单选按钮
JRadioButton(String text, Icon icon, boolean selected)	创建一个具有指定的文本、图像和选择状态的单选按钮

【案例5-6】创建春、夏、秋、冬四个单选按钮,设置秋天默认被选中。

```java
import java.awt.Font;
import javax.swing.ButtonGroup;
import javax.swing.JFrame;
import javax.swing.JLabel;
import javax.swing.JPanel;
import javax.swing.JRadioButton;
public class JRadioButtonDemo{
    public static void main(String[]agrs){
        JFrame frame = new JFrame("Java 单选组件示例");    //创建 Frame 窗口
        JPanel panel = new JPanel();      //创建面板
        JLabel label1 = new JLabel("现在是哪个季节:");
        JRadioButton rb1 = new JRadioButton("春天");   //创建 JRadioButton 对象
        JRadioButton rb2 = new JRadioButton("夏天");   //创建 JRadioButton 对象
        JRadioButton rb3 = new JRadioButton("秋天",true);/* 创建 JRadioButton 对象*/
        JRadioButton rb4 = new JRadioButton("冬天");   //创建 JRadioButton 对象
        ButtonGroup group = new ButtonGroup();//创建按钮组
        //添加 JRadioButton 到 ButtonGroup 中
        group.add(rb1);
        group.add(rb2);
        group.add(rb3);
        group.add(rb4);
        panel.add(label1);
        panel.add(rb1);
        panel.add(rb2);
        panel.add(rb3);
        panel.add(rb4);
        frame.add(panel);
        frame.setBounds(300,200,400,100);
        frame.setVisible(true);
        frame.setDefaultCloseOperation(JFrame.EXIT_ON_CLOSE);
    }
}
```

程序的运行结果如图 5-11 所示。

图 5-11　单选按钮组件案例运行结果

注意：ButtonGroup 不是容器，只是一种约束，因此不能直接把它添加到容器中，而是需要把单选按钮添加到容器中。

1.5　任务实施

第一步：创建项目

在 Eclipse 中新建项目 superMarketProject，然后在 src 文件夹下新建包（package）loginjframe，把有关登录的源文件都放在项目的 loginjframe 包中。在 src 文件夹下新建文件夹（folder）images，项目用到的图片都放在 images 文件夹中。

具体项目结构如图 5-12 所示。

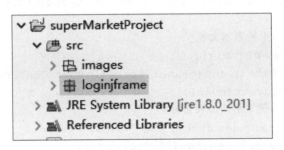

图 5-12　创建项目 superMarketProject

第二步：实现登录界面设计

利用容器、布局和组件完成登录界面的设计。在包 loginjframe 下，新建类 LoginJFrame 继承 JFrame。登录界面的代码如下：

```java
package loginjframe;
import java.awt.BorderLayout;
import java.awt.Dimension;
import javax.swing.*;
public class LoginJFrame extends JFrame{
//成员变量
    private JLabel jLabel;
    private JLabel jLabelUser;//用户名标签
    private JLabel jLabelPwd;//密码标签
    private JPanel jPanel;
    private JTextField jTFUser;//用户名文本框
    private JPasswordField jPwd;//密码框
```

```java
    private JLabel jLableRole;//角色标签
    private JRadioButton jRBAdmin;//单选按钮
    private JRadioButton jRBSoler;//单选按钮
    private ButtonGroup buttonGroup = new ButtonGroup();//创建按钮组
    private JPanel jPanel2;
    private JButton jBtLogin;
    private JButton jBtClear;
    public static void main(String[]args){
        //TODO Auto-generated method stub
        LoginJFrame loginJFrame = new LoginJFrame();
    }
    //构造方法,用来完成界面的初始化
    public LoginJFrame(){
        //北面区域,添加图片标签放到窗体的最上端North
        {   jLabel = new JLabel();
            jLabel.setIcon(new ImageIcon(getClass().getClassLoader()
            .getResource("images/top.jpg")));
            getContentPane().add(jLabel,BorderLayout.NORTH);
        }
        //中间区域,采用中间容器面板
        {   jPanel = new JPanel();
            getContentPane().add(jPanel,BorderLayout.CENTER);
            jPanel.setLayout(null);
            {//将标签文本框等组件加入面板中
                jLabelUser = new JLabel("用户名:");
                jLabelUser.setBounds(20,20,60,30);
                jPanel.add(jLabelUser);
            }
            {//将密码标签加入面板
                jLabelPwd = new JLabel("密  码:");
                jLabelPwd.setBounds(20,60,60,30);
                jPanel.add(jLabelPwd);
            }
            {//添加文本框用户账户
                jTFUser = new JTextField();
                jTFUser.setBounds(100,20,150,30);
                jPanel.add(jTFUser);
            }
            {//添加密码框对象
                jPwd = new JPasswordField();
                jPwd.setBounds(100,60,150,30);
                jPanel.add(jPwd);
            }
            {//角色标签
                jLableRole = new JLabel("角  色:");
```

```
            jLableRole.setBounds(20,100,60,30);
            jPanel.add(jLableRole);
        }
        {//单选按钮管理员
            jRBAdmin=new JRadioButton("管理员");
            jRBAdmin.setBounds(100,100,70,30);
            jPanel.add(jRBAdmin);
            buttonGroup.add(jRBAdmin);
        }
        {//单选按钮收银员
            jRBSoler=new JRadioButton("收银员");
            jRBSoler.setBounds(200,100,70,30);
            jPanel.add(jRBSoler);
            buttonGroup.add(jRBSoler);
        }
    }
    //南边区域
    {
        jPanel2=new JPanel();
        jPanel2.setPreferredSize(new Dimension(380,55));
        getContentPane().add(jPanel2,BorderLayout.SOUTH);//将面板加入南边
        jPanel2.setLayout(null);
        {//"登录"按钮
            jBtLogin=new JButton("登录");
            jBtLogin.setBounds(100,10,80,30);
            jPanel2.add(jBtLogin);
        }
        {//"清空"按钮
            jBtClear=new JButton("清空");
            jBtClear.setBounds(200,10,80,30);
            jPanel2.add(jBtClear);
        }
    }
    this.setSize(400,420);
    this.setVisible(true);
}
```

1.6 巩固训练

试着分析图 5-13 和图 5-14 所示图形用户界面的结构,并完成其设计。

图 5-13 QQ 用户登录界面

图 5-14 计算器的界面

任务 2　用户登录身份验证

2.1　任务描述

在任务 1 的基础上,实现表 5-16 描述的用户登录的业务规则,获取用户输入的登录信息并进行用户身份验证。如果输入正确,则进入主界面;如果输入不正确,则给出提示信息。运行效果如图 5-15 所示。

表 5-16　登录模块功能描述

功能	难度分	规则描述
登录	5	输入正确的用户名和密码、角色后可以登录进入系统
		用户名、密码为时空给出提示;用户名密码、角色不正确时给出提示

图 5-15　验证用户身份

2.2 任务分析

实现"登录"和"清空"两个按钮的事件处理。当单击"登录"按钮时，获取用户输入的信息并访问数据库，与数据库中存储的用户名、密码和角色信息相比较，如果正确，显示对话框提示信息正确，并进入主界面，否则，显示对话框提示用户名、密码错误。单击"清空"按钮，清空用户输入的信息。这需要用到事件处理机制和 JDBC 数据库访问技术。

2.3 任务学习目标

通过本任务学习，达成以下目标：
1. 掌握对话框的使用。
2. 掌握事件处理机制。
3. 掌握 JDBC 数据库编程技术。

2.4 知识储备

2.4.1 对话框

Swing 中提供了 JOptionPane 类来实现对话框功能，利用 JOptionPane 类中的各个 static 方法来生成各种标准的对话框，实现显示信息、提出问题、警告、用户输入参数等功能。这些对话框都是模式对话框。

> **知识拓展**
>
> 对话框有两种模式：模式对话框和无模式对话框。两者的区别是模式对话框显示时，用户不能操作其他窗口，直到这个对话框被关闭。无模式对话框显示时，用户还可以操作其他窗口。

ConfirmDialog(确认对话框)：提出问题，由用户自己来确认(单击"Yes"或"No"按钮)。
InputDialog(输入对话框)：提示输入文本。
MessageDialog(消息对话框)：显示信息。
OptionDialog(选择对话框)：组合其他三个对话框类型。

这四个对话框可以采用 showXXXDialog(Component parentComponent, Object message, String title, int optionType, int messageType, Icon icon) 来显示，如 showConfirmDialog( ) 可显示确认对话框、showInputDialog( ) 可显示输入对话框、showMessageDialog( ) 可显示消息对话框、showOptionDialog( ) 可显示选择对话框。方法的参数说明如下：

①ParentComponent：指示对话框的父窗口对象，一般为当前窗口。也可以为 null，即采用默认的 JFrame 作为父窗口，此时对话框将设置在屏幕的正中。

②message：指示要在对话框内显示的描述性文字。

③title：标题条文字串。

④optionType：它决定在对话框的底部所要显示的按钮选项。一般可以为 DEFAULT_OPTION、YES_NO_OPTION、YES_NO_CANCEL_OPTION、OK_CANCEL_OPTION。

⑤messageType：一般可以为 ERROR_MESSAGE、INFORMATION_MESSAGE、WARNING_

MESSAGE、QUESTION_MESSAGE、PLAIN_MESSAGE 等值。

⑥icon：在对话框内要显示的图标。

使用示例如下：

- 显示 MessageDialog

```
JOptionPane.showMessageDialog(null,"在对话框内显示的描述性的文字","标题条文字串",JOptionPane.ERROR_MESSAGE);
```

- 显示 ConfirmDialog

```
JOptionPane.showConfirmDialog(null,"choose one","choose one",JOptionPane.YES_NO_OPTION);
```

- 显示 OptionDialog

这种对话框可以由用户自己来设置各个按钮的个数，并返回用户单击各个按钮的序号（从 0 开始计数）。

```
Object[]options = {"确定","取消","帮助"};
int response = JOptionPane.showOptionDialog(this,"这是个选项对话框,用户可以选择自己的按钮的个数","选项对话框标题", JOptionPane.YES_OPTION, JOptionPane.QUESTION_MESSAGE,null,options,options[0]);
if(response ==0){
  this.setTitle("您按下了第 OK 按钮");
}
else if(response ==1){
  this.setTitle("您按下了第 Cancel 按钮");
}
else if(response ==2){
  this.setTitle("您按下了第 Help 按钮");
}
```

- 显示 InputDialog

```
String inputValue = JOptionPane.showInputDialog("Please input a value");
```

2.4.2 事件处理

任务 1 中设计的界面都是静态的，不能与用户进行交互。要想让界面能够响应用户的操作，需要通过事件处理来实现。

1. Java 语言的事件处理机制

Java 语言对事件的处理采用授权事件模型（Delegation Event Model）。在这种模型下，事件被传送至对应的组件，组件将事件传播至每一个事件监听器（EventListener）。事件监听器中定义了不同事件对应的事件处理者（EventHandler）。

事件处理

在事件处理的过程中，主要涉及三类对象。

①Event（事件）：用户对组件的一个操作，称为一个事件，如移动鼠标、单击按钮、选取菜单项等，系统会自动产生一个相应的事件对象。

②Event Source（事件源）：事件发生的场所，通常就是各个组件，例如单击按钮 JButton，那么按钮就是事件源。

③Event handler(事件处理者,又称事件监听器):接收事件对象并对其进行处理的对象。Java 程序对事件进行处理的方法是放在一个监听器类中的,这个类要求实现相应的事件监听器接口。监听器类的对象就是事件监听器。

三者之间的关系如图 5-16 所示。必须将一个事件监听器对象同某个事件源的某种事件进行关联,这个关联的过程称为向事件源注册事件监听器对象,这样当组件(事件源)接收外部作用(事件)时,就会生成一个相应的事件对象(该事件对象用于描述事件源、事件类型及其他相关的信息),并把此对象传给与之关联的事件监听器,事件监听器就会启动并执行相关的代码来处理该事件。

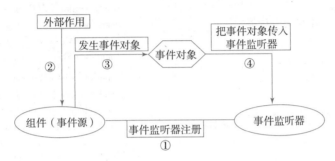

图 5-16 事件处理机制

该模型的显著特点是:当组件上触发事件后,组件本身并不进行处理,而是交由第三方来完成。例如,在 GUI 用户界面上单击一个按钮,此时按钮就是一个事件源。按钮本身并没有权利对这次单击事件进行处理,需要将事件信息发送给注册的事件监听器(事件处理者)来处理。

2. 实现事件处理的步骤

①编写一个事件监听器类,实现与事件类 XxxEvent 相对应的 XxxListener 接口。

通常定义一个类,负责处理一类事件。一个类如果能够处理某种类型的事件,就必须实现与该事件类型相对应的接口。每个事件类对应于一个事件监听器接口。

AWT 中常用事件类及事件监听器接口见表 5-17。表 5-17 列出了所有 AWT 事件及其相应的监听器接口,一共 10 类事件,11 个接口。

表 5-17 AWT 中常用事件类及事件监听器接口

事件类别	描述信息	接口名	方法
ActionEvent	激活组件,如按钮单击	ActionListener	actionPerformed(ActionEvent)
ItemEvent	选择了某些项目	ItemListener	itemStateChanged(ItemEvent)
MouseEvent	鼠标移动	MouseMotionListener	mouseDragged(MouseEvent) mouseMoved(MouseEvent)
	鼠标单击等	MouseListener	mousePressed(MouseEvent) mouseReleased(MouseEvent) mouseEntered(MouseEvent) mouseExited(MouseEvent) mouseClicked(MouseEvent)

续表

事件类别	描述信息	接口名	方法
KeyEvent	键盘输入	KeyListener	keyPressed(KeyEvent) keyReleased(KeyEvent) keyTyped(KeyEvent)
FocusEvent	组件收到或失去焦点	FocusListener	focusGained(FocusEvent) focusLost(FocusEvent)
AdjustmentEvent	移动了滚动条等组件	AdjustmentListener	adjustmentValueChanged(AdjustmentEvent)
ComponentEvent	对象移动缩放显示隐藏等	ComponentListener	componentMoved(ComponentEvent) componentHidden(ComponentEvent) componentResized(ComponentEvent) componentShown(ComponentEvent)
WindowEvent	窗口收到窗口级事件	WindowListener	windowClosing(WindowEvent) windowOpened(WindowEvent) windowIconified(WindowEvent) windowDeiconified(WindowEvent) windowClosed(WindowEvent) windowActivated(WindowEvent) windowDeactivated(WindowEvent)
ContainerEvent	容器中增加或删除组件	ContainerListener	componentAdded(ContainerEvent) componentRemoved(ContainerEvent)
TextEvent	文本字段或文本区发生改变	TextListener	textValueChanged(TextEvent)

例如,单击按钮时发生的是 ActionEvent 类型的事件,因此要处理这种类型的事件,就需要定义一个事件监听器类来实现 ActionListener 接口,重写其中的事件处理方法。如果想实现关闭窗口的操作,就应该定义一个事件监听器类实现 WindowListener 接口。

②调用组件的 addXxxListener 方法,将监听器对象注册到 GUI 组件上。

事件监听器不会主动为事件源服务,只有事件源授权给它,它才可以处理事件源上发生的相关事件。因此需要在事件源上调用 addXxxListener(EventListener listener) 方法注册监听器,方法的参数为事件监听器类的对象。

下面以一个简单的案例来说明事件处理的实现。由于涉及事件处理的类都在 java.awt.event 包中,所以在程序中要引入这个包。

【案例 5-7】创建一个窗口,并在其中放置一个命令按钮,实现单击按钮时,在控制行输出"You click me"。

```
import javax.swing.*;
import java.awt.*;
import java.awt.event.ActionEvent;
import java.awt.event.ActionListener;
public class GUIDemo1 extends JFrame{
    public void init(){
        JButton button = new JButton("按钮");
button.addActionListener(new MyActionListener());//在按钮上
```

```
        注册监听器
            Container c = getContentPane();
            c.add(button);
            setSize(200,150);
        }
        public static void main(String[]args){
            GUIDemo1 f = new GUIDemo1();
            f.init();
            f.setDefaultCloseOperation(JFrame.EXIT_ON_CLOSE);
            f.setVisible(true);
        }
}
class MyActionListener implements ActionListener{//定义监听器类
    public void actionPerformed(ActionEvent e){
        System.out.println("You click me.");//事件处理的代码
    }
}
```

【案例5-8】继续上面的案例。创建一个窗口,并在其上放置一个标签和一个命令按钮,实现单击按钮时在标签上显示:"You click me"。

案例分析:

案例5-7中事件监听器类中的代码没有访问窗口中非事件源的其他组件,而案例5-8需要访问窗口中非事件源的其他组件——标签。一种简单的方法就是将定义事件监听器的代码和产生GUI组件的代码放在同一个类中实现,即将产生GUI组件的类定义为事件监听器类,同时把标签声明为成员变量。

案例代码如下:

```
import javax.swing.*;
import java.awt.*;
import java.awt.event.ActionEvent;
import java.awt.event.ActionListener;
    public class GUIDemo2 extends JFrame implements ActionListener{/*用当前类作为监听器类*/
        JLabel label = null;//声明为成员变量
        public void init(){
            Container c = getContentPane();
            label = new JLabel();
            JButton button = new JButton("按钮");
            button.addActionListener(this);//将当前类注册为监听器
            c.add(label,BorderLayout.NORTH);
            c.add(button,BorderLayout.CENTER);
            setSize(200,150);
            setDefaultCloseOperation(JFrame.EXIT_ON_CLOSE);
        }
        public void actionPerformed(ActionEvent e){
```

```
            label.setText("You click me.");//可以直接使用label
        }
        public static void main(String[]args){
            GUIDemo2 f = new GUIDemo2();
            f.init();
            f.setVisible(true);
        }
}
```

程序的运行结果如图 5-17 所示。

图 5-17　案例 5-8 运行结果

3. 事件适配器

为了引出适配器的概念,首先通过一个案例演示 JFrame 窗口事件的使用方法。当单击窗口的"关闭"按钮时,退出整个应用程序。为了实现窗口的事件处理,需要实现 WindowListener 接口。

【案例 5-9】实现窗口的事件处理,当关闭窗口时,退出程序。

```java
import javax.swing.*;
import java.awt.*;
import java.awt.event.WindowEvent;
import java.awt.event.WindowListener;
public class GUIDemo3 implements WindowListener{//定义监听器类
    public static void main(String[]args){
        JFrame f = new JFrame();
        f.addWindowListener(new GUIDemo3());
        f.setSize(200,200);
        f.setVisible(true);
    }
    @Override
    public void windowActivated(WindowEvent e){
        //TODO Auto-generated method stub
    }
    @Override
    public void windowClosed(WindowEvent e){
        //TODO Auto-generated method stub
    }
```

```
        @Override
        public void windowClosing(WindowEvent e){
            //TODO Auto-generated method stub
            System.exit(0);
        }
        @Override
        public void windowDeactivated(WindowEvent e){
            //TODO Auto-generated method stub
        }
        @Override
        public void windowDeiconified(WindowEvent e){
            //TODO Auto-generated method stub
        }
        @Override
        public void windowIconified(WindowEvent e){
            //TODO Auto-generated method stub
        }
        @Override
        public void windowOpened(WindowEvent e){
            //TODO Auto-generated method stub
        }
}
```

通过上面的代码可以看出,在 WindowListener 接口中有 7 个抽象方法,此案例中虽然只对方法 windowClosing() 进行了编码,其他方法只是简单地实现,但是 Java 语法要求,一个类如果实现了接口,就必须重写接口的所有方法。这对编程者来说,是一件很麻烦的事,那么如何简化这项工作呢? JDK 针对大多数事件监听器接口定义了相应的实现类,称为事件适配器。对应于事件监听器 XxxListener,事件适配器一般命名为 XxxAdapter。在适配器中,预先实现了相应监听器接口的所有方法,但不做任何事情,子类只需要继承适配器类,即实现了相应的监听器接口。如果只需对某类事件的某种情况进行处理,只要覆盖相应的方法就可以,其他的方法可以不去理会。但是如果用作监听器的类已经继承了其他的类,就不能再继承适配器类了,而只能实现事件监听器接口。对于案例 5-9,可以通过使用适配器改写,程序代码如案例 5-10 所示。

【案例 5-10】通过事件适配器实现窗口的事件处理。

```
import javax.swing.*;
import java.awt.*;
import java.awt.event.WindowEvent;
import java.awt.event.WindowAdapter;
public class GUIDemo4 extends WindowAdapter{//定义监听器类
        public static void main(String[]args){
            JFrame f = new JFrame();
            f.addWindowListener(new GUIDemo4());
            f.setSize(200,200);
            f.setVisible(true);
```

```
    }
    @Override
    public void windowClosing(WindowEvent e){
        System.exit(0);
    }
}
```

4. 用内部类实现事件处理

内部类(inner class)是被定义于一个类内部的类。在事件处理中使用内部类的主要原因如下:

①一个内部类的对象可访问外部类的成员,包括私有成员。

②实现事件监听器时,采用内部类、匿名内部类编程非常容易实现其功能。

因此,内部类往往应用在事件处理机制中。

对于案例5-10,用内部类进行改写,程序代码如案例5-11所示。

【案例5-11】通过内部类实现窗口的事件处理。

```
import javax.swing.*;
import java.awt.*;
import java.awt.event.WindowEvent;
import java.awt.event.WindowAdapter;
public class GUIDemo5{
    public static void main(String[]args){
        JFrame f = new JFrame();
        class MyWindowAdapter extends WindowAdapter{//定义监听器类
            public void windowClosing(WindowEvent e){
                //TODO Auto-generated method stub
                System.exit(0);
            }
        }
        f.addWindowListener(new MyWindowAdapter());
        f.setSize(200,200);
        f.setVisible(true);
    }
}
```

5. 用匿名内部类实现事件处理

所谓匿名,就是该类没有名字。当一个内部类的类只是在创建此类对象时用了一次,而且内部类需继承一个已有的父类或实现一个接口时,才能考虑用匿名类,那么它就是匿名类。由于匿名类本身无名,因此它也就不存在构造方法,它需要显式地调用一个无参的父类的构造方法,并且重写父类的方法。

如果一个事件监听器只用于一个事件源的事件监听,为了让程序代码更加紧凑,可以用匿名内部类的语法来产生事件监听器对象,这也是实际编程中经常使用的方法。

对于案例5-11,用匿名内部类进行改写,程序代码如案例5-12所示。

【案例5-12】通过匿名内部类实现窗口的事件处理。

```
import javax.swing.*;
import java.awt.*;
import java.awt.event.WindowEvent;
import java.awt.event.WindowAdapter;
public class GUIDemo6{
      public static void main(String[]args){
         JFrame f=new JFrame();
         f.addWindowListener(new WindowAdapter(){//匿名内部类
            public void windowClosing(WindowEvent e){
                System.exit(0);
            }
         });
         f.setSize(200,200);
         f.setVisible(true);
      }
}
```

注意:

◇ 在引入包时,由于 java.awt.* 只会引入当前包中类,而不能引入其子包中的类,所以要单独引入 java.awt.event.*。

◇ 如果多个组件上发生的事件类型是相同的,那么它们可以共用一个事件监听器。在事件监听器中可以通过事件类的方法 getSource() 来获取事件源,来判断事件究竟来源于哪个组件。

2.4.3 JDBC 数据库访问技术

1. 什么是 JDBC

Java 的数据库连接技术(Java DataBase Connectivity,JDBC)是一种用于执行 SQL 语句的 Java API,可以为多种关系数据库提供统一访问,它由一组用 Java 语言编写的类和接口组成。JDBC 可以通过载入不同的数据库"驱动程序"与不同的数据库进行连接。它要求各个数据库厂商按照统一的规范提供数据库驱动,在程序中由 JDBC 和具体的数据库驱动联系,这样应用程序就不必直接与底层的数据库交互,从而使代码的通用性更强。应用程序使用 JDBC 访问数据库的方式如图 5-18 所示。

JDBC 技术

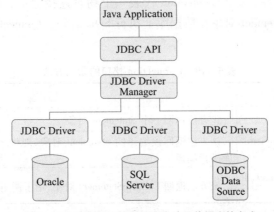

图 5-18 应用程序使用 JDBC 访问数据库的方式

从图 5-18 可以看出，JDBC 在应用程序和数据库之间起到了一个桥梁的作用，当应用程序使用 JDBC 访问特定的数据库时，只需要通过不同的数据库驱动与对应的数据库进行连接，就可以对数据库进行增、删、改、查的操作。

2. JDBC 常用 API

JDBC 的 API 定义了一系列 Java 接口和类，它使得应用程序能够进行数据库连接，执行 SQL 语句，并且得到返回结果。JDBC 的 API 主要位于 JDK 中的 java.sql 包中（之后扩展的内容位于 javax.sql 包中）。

（1）Driver 接口

用于加载 JDBC 驱动程序必须实现的接口，在编写 JDBC 程序时，必须要把所使用的数据库驱动程序或类库加载到项目的 classpath 中。

（2）DriverManager 类

负责加载各种不同驱动程序（Driver），并根据不同的请求，向调用者返回相应的数据库连接 Connection 对象。其常用方法见表 5-18。

表 5-18 DriverManager 类的常用方法

方法名称	功能描述
Connection getConnection(String URL, String user, String password)	该方法用于建立和数据库的连接，并返回表示连接的 Connection 对象

其中，参数 URL 用于标识数据库的位置，其结构如图 5-19 所示。

图 5-19 URL 的组成机构

URL 中的"?"后的参数可以有多个，如 useUnicode = true&characterEncoding = utf8，用来设置编码格式。

参数 user 和 password 为连接数据库的用户名和密码。

（3）Connection 接口

代表数据库连接对象，每个 Connection 代表一个物理连接会话，主要用于创建 Statement 对象，可以使用这些 Statement 对象在数据库上执行 SQL 语句。Connection 接口的常用方法见表 5-19。

表 5-19 Connection 接口的常用方法

方法名称	功能描述
Statement createStatement()	该方法返回一个 Statement 对象
PreparedStatement prepareStatement(String sql)	该方法返回预编译的 Statement 对象，即将 SQL 语句预先提交到数据库进行编译
CallableStatement prepareCall(String sql)	该方法返回 CallableStatement 对象，用于调用存储过程

表中3个方法都返回用于执行SQL语句的Statement对象,其中,PreparedStatement、CallableStatement是Statement接口的子类,只有获得了Statement对象之后,才能执行SQL语句。

(4) Statement 接口

Statement对象是一个语句容器,用于执行静态的SQL语句,并返回一个结果对象。常用方法见表5-20。

表5-20　Statement 接口的常用方法

方法名称	功能描述
ResultSet executeQuery(String sql)	用于执行SQL语句中的SELECT语句,该方法返回一个表示查询结果的ResultSet对象
int executeUpdate(String sql)	用于执行SQL语句中的INSERT、UPDATE和DELETE语句。该方法返回一个int类型的值,表示数据库中受该SQL语句影响的记录条数
ResultSet execute(String sql)	用于执行各种SQL语句,该方法返回一个boolean类型的值,如果为true,表示所执行的SQL语句有查询结果,可通过Statement的getResultSet()方法获得查询结果

(5) PreparedStatement 接口

PreparedStatement是Statement的子接口,用于执行预编译的SQL语句。它允许数据库预编译SQL语句(这些SQL语句通常都带有参数),以后使用时,每次只改变SQL命令的参数,避免数据库每次都编译SQL语句,因此效率更高。同时,PreparedStatement接口还可以有效避免SQL注入的漏洞。

该接口扩展了带有参数SQL语句的执行操作,引用该接口中的SQL语句时,可以使用占位符"?"来代替其参数,然后通过setXxx()方法为SQL语句的参数赋值。常用的方法见表5-21。

表5-21　PreparedStatement 接口的常用方法

方法名称	功能描述
void setXxx(int parameterIndex, xxx x)	将指定参数设置为给定的xxx类型值,xxx可以是int、double、String等类型,具体根据参数的类型确定。parameterIndex为"?"的位置,序号从1开始
ResultSet executeQuery()	用于执行SQL语句中的SELECT语句,该方法返回一个表示查询结果的ResultSet对象
int executeUpdate()	用于执行SQL语句中的INSERT、UPDATE和DELETE语句。该方法返回一个int类型的值,表示数据库中受该SQL语句影响的记录条数

(6) ResultSet 接口

用于保存JDBC执行查询时返回的结果集,该结果集封装在一个逻辑表格中。在ResultSet接口内部有一个指向表格数据行的游标(或指针),ResultSet对象初始化的时候,游标在表格的第1行之前,调用next()方法可将游标移动到下一行。如果下一行没有数据,则返回false。常用方法见表5-22。

表 5-22 ResultSet 接口的常用方法

方法名称	功能描述
getXxx(int columnIndex)	用于获取指定字段的 xxx 类型的值，xxx 可以是 int、double、String 等类型，具体根据字段的类型确定。参数 columnIndex 代表字段的索引
getXxx(String columnName)	用于获取指定字段的 xxx 类型的值，参数 columnName 代表字段的名称
next( )	将游标从当前位置向下移一行
absolute(int row)	将游标移动到此 ResultSet 对象的指定行
afterLast( )	将游标移动到此 ResultSet 对象的末尾，即最后一行之后
beforeFirst( )	将游标移动到此 ResultSet 对象的开头，即第一行之前
previous( )	将游标移动到此 ResultSet 对象的上一行
last( )	将游标移动到此 ResultSet 对象的最后一行

从表 5-22 中可以看出，ResultSet 接口中定义了的 getXxx( )方法，用户获取当前记录指定字段的值，具体使用哪个方法取决于字段的类型。方法既可以通过字段的名称来获取指定字段的值，也可以通过字段的索引来获取指定的字段的值，字段的索引是从 1 开始编号的。例如，假设数据表的第 1 列字段名为 id，字段类型为 int，那么既可以使用 getInt("id")获取该列的值，也可以使用 getInt(1)获取该列的值。

3. JDBC 访问数据库的一般步骤

在 Java 程序中通过 JDBC 操作数据库一般分为以下 6 个步骤：
①加载数据库驱动。
②获取数据库连接。
③创建数据库操作对象。
④执行数据库操作。
⑤获取并操作结果集。
⑥关闭对象，回收数据库资源。

JDBC 操作数据库

关闭对象包括结果集、数据库操作对象和数据库连接对象。关闭的顺序是：关闭结果集→关闭数据库操作对象→关闭连接。

以访问 MySQL 数据库为例，具体过程如下：

（1）加载数据库驱动

首先导入对应数据库的驱动类：在对应的数据库厂商网站获取对应的 jar 包，将对应的 jar 包添加到引用。

在 Eclipse 中将数据库驱动 jar 包复制到项目下，然后在项目名上单击鼠标右键，选择"Build Path"→"Configure Bulid Path"，选择添加外部 jar 包，将 MySQL 的驱动 jar 包添加到当前项目引用的库里面，如图 5-20 所示。

然后就可以在程序中加载 MySQL 的数据库驱动了，代码如下：

```
Class.forName("com.mysql.jdbc.Driver");
```

（2）建立数据库连接

学习成果 5　超市收银管理系统

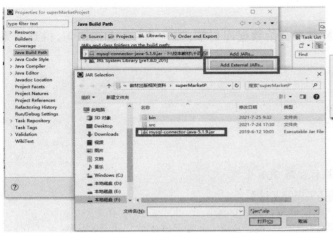
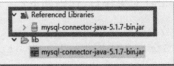

图 5-20　在项目中导入数据库驱动包

建立数据库连接,获得 Connection 对象,代码如下:

```
String url ="jdbc:mysql://localhost:3306/testDB? useUnicode
=true&characterEncoding=utf8";
Connection conn=DriverManager.getConnection(url,"root","root");
```

知识拓展

可以使用 Connection 对象的方法 getMetaData( )取得 DatabaseMetaData 对象,从而获取数据源和数据库的各种信息,例如:

```
DatabaseMetaData dbmd=con.getMetaData();   //返回 DatabaseMetaData 对象
dbmd.getURL()                               //获得数据库的 URL
dbmd.getUserName()                          //获得用户名
dbmd.getDriverName()                        //获得数据库驱动程序名
dbmd.getDriverVersion()                     //获得数据库驱动程序版本
dbmd.getDatabaseProductName()               //获得数据库产品名称
dbmd.getDatabaseProductVersion()            //获得数据库产品版本
dbmd.getTables()            //获得数据库中数据表的信息(有方法参数)
```

(3)创建语句容器

创建 Statement 对象或 PreparedStatement 对象,为执行 SQL 语句做好准备,代码如下:

```
//建立 Statement 对象,用于执行不带参数的 SQL 语句
Statement stmt=conn.createStatement();
```

或

```
//建立 Preparedment 对象,Preparedment 对象可以接收带参数的 SQL 语句
String sql ="select *  from users where userName =? and password =?";
PreparedStatement pstmt=conn.prepareStatement(sql);
pstmt.setString(1,"admin");//设置第一个参数的值
pstmt.setString(2,"123");//设置第二个参数的值
```

（4）执行 SQL 语句

Statement 对象将 SQL 语句封装起来交给数据库引擎，执行 Select 查询语句，得到结果集 ResultSet 对象接口，代码如下：

```
//执行静态 SQL 查询
String sql = "select * from users";
ResultSet rs = stmt.executeQuery(sql);
```

或

```
//利用 PreparedStatement 执行动态 SQL 查询
ResultSet rs = pstmt.executeQuery();
//执行 Insert、Update、Delete 等语句，先定义 SQL
int i = stmt.executeUpdate(sql); //执行成功，返回所修改的记录数；否则，返回 0
```

（5）访问结果记录集 ResultSet 对象

ResultSet 对象封装了执行查询语句的结果集，可以从中把记录逐条取出，做进一步的处理。

在 ResultSet 中，提供了一整套的 getXxx( )方法（如 getInt、getString、getFloat、getDouble 等）来访问结果集中当前行的不同列（用列序号或列标题作为这些方法的参数）的数据。ResultSet 对象具有指向其当前数据行的指针。最初，指针被置于第一行之前。next( )方法将指针移动到下一行，因为该方法在 ResultSet 对象中没有下一行时返回 false，所以可以在 while 循环中使用它来迭代结果集。例如：

```
while(rs.next()){
    System.out.println("第一个字段内容为: " + rs.getString(1));
    System.out.println("第二个字段内容为: " + rs.getString(2));
}
```

ResultSet 对象默认是不可更新的，仅有一个向前移动的指针，因此只能迭代一次，并且只能按从第一行到最后一行的顺序进行。如果希望生成可滚动和可更新的 ResultSet 对象，则应在 createStatement 方法中加入如下两个参数，即

```
Statement st = con.createStatement(ResultSet.TYPE_SCROLL_INSENSITIVE,
ResultSet.CONCUR_UPDATABLE);
```

其中，第一个参数表示结果集的类型，其取值有 3 种，具体含义见表 5 – 23。

表 5 – 23　createStatement( )第一个参数的取值情况

常量	含义描述
TYPE_FORWARD_ONLY	结果集不可滚动，相当于基本结果集
TYPE_SCROLL_INSENSITIVE	结果集可滚动，但是当结果集处于打开状态时，对底层数据表中所做的变化不敏感
TYPE_SCROLL_SENSITIVE	结果集可滚动，并且当结果集处于打开状态时，对底层数据表中所做的变化敏感

第二个参数代表结果集的并发类型,其取值有两种,具体含义见表5-24。

表5-24 createStatement()第二个参数的取值情况

常量	含义描述
CONCUR_READ_ONLY	结果集不可更新,所以能够提供最大可能的并发级别
CONCUR_UPDATABLE	结果集可更新,但只能提供受限的并发级别

如果只希望任意滚动结果集的指向光标,而不修改数据库的数据,则可在上述两个参数中将第二个参数设置为ResultSet.CONCUR_READ_ONLY。

通过参数的设置,就可以用ResultSet的first(定位到第一行)、last(定位到最后一行)、previous(定位到前一行)、absolute(绝对行号)和relative(相对当前行的行号)等方法来设置当前行,并且还可以根据参数的更新设置,用insertRow(插入行)、deleteRow(删除行)、updateRow(更新行)等方法来对数据库表进行增、删、改的操作。

(6)依次将对象关闭,释放所占用的资源

代码如下:

```
rs.close();
stmt.close();
conn.close();
```

注意:◇ JDBC的API中有些方法会抛出异常,在编程时需要进行异常处理。

◇ 释放资源关闭对象的顺序与建立的顺序正好是相反的,也就是说,建立时是由外到内的,而关闭时则是由内到外的,最后再关闭连接。

下面通过一个具体的案例来演示数据库的访问。

【案例5-13】查询数据库zhongxin中用户表(SuperMarketUser)中的所有记录并输出ID和密码两个字段的内容。

```java
import java.sql.*;
public class JDBCDemo{
    //JDBC驱动的名称和数据库的地址
    static final StringJDBC_DRIVER = "com.mysql.jdbc.Driver";
    static final StringDB_URL = "jdbc:mysql://localhost:3306/zhongxin?useUnicode=true&characterEncoding=utf8";
    //数据库的认证账户及密码
    static final StringUSER = "root";
    static final StringPASS = "root";
    public static void main(String[]args){
        //第一步:注册数据库驱动
        try{
            Class.forName(JDBC_DRIVER);
        } catch(ClassNotFoundException e){
            //这里会发生类没有找到的异常!
            e.printStackTrace();
        }
```

```
            try{
            //第二步：获得数据库连接
            Connection connection = DriverManager.getConnection(DB_URL,USER,
PASS);
            //第三步：创建语句容器
            Statement statement = connection.createStatement();
            //第四步：执行查询语句
            String sql = "SELECT * FROM SuperMarketUser";
            ResultSet rs = statement.executeQuery(sql);
            System.out.println("id      pwd");
            //第五步：访问结果记录集 ResultSet 对象
            while(rs.next()){
                String id = rs.getString("UId");
                String password = rs.getString("UPassword");
                System.out.println(id + "   " + password);
            }
            //第六步：关闭连接资源
            rs.close();
            statement.close();
            connection.close();
        } catch(SQLException e){
            e.printStackTrace();
        }
    }
}
```

程序的运行结果如图 5-21 所示。

图 5-21 程序运行结果

2.5 任务实施

登录模块事件分析图如图 5-22 所示。单击"登录"按钮,需要获取用户输入的用户名、密码、角色信息,封装成一个对象,在数据库中查询是否有该用户,如果找到,说明登录成功,否则,登录失败。具体实施过程如下：

第一步：创建系统数据库

首先在 MySQL 中导入数据库的脚本 zhongxin.sql,创建数据库。数据库的名字为 zhongxin。数据库中主要包含商品、商品类型、商品计量单位、供货商、采购记录、会员、会员充值记录、收银员、销售订单、销售订单明细等数据表。数据库的 E-R 图如图 5-23 所示。

学习成果 5　超市收银管理系统

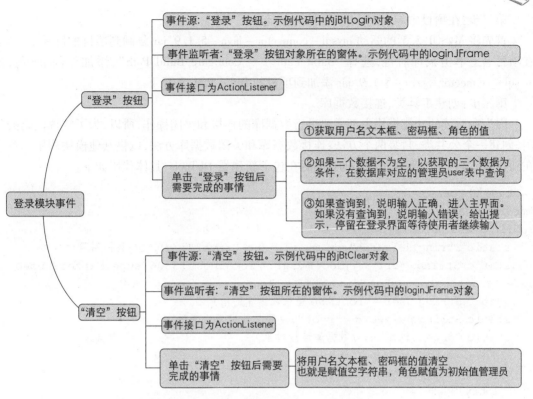

图 5-22　登录模块事件分析图

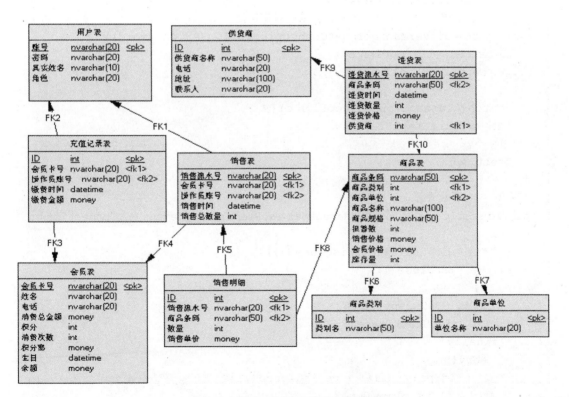

图 5-23　超市收银系统数据库 E-R 图

第二步:在项目中导入 MySQL 的驱动 jar 包

首先将 MySQL 5.5 的驱动 mysql-connector-java-5.1.9.jar 复制到项目根目录下,然后在项目名上单击鼠标右键,选择"Bulid Path"→"Configure Bulid Path",添加外部 jar 包,把 mysql-connector-java-5.1.9.jar 添加到项目的 Bulid Path 路径下。

第三步:创建工具类,连接数据库

因为在后续的功能模块中都需要进行数据库的连接和关闭操作,所以,为了实现代码的复用,创建一个公共类,封装两个方法:连接数据库和关闭数据库方法,以供其他模块调用。首先在项目 src 文件夹下新建包 dbTools,然后在包下新建类 DbTools,具体代码如下:

```java
package dbTools;
import java.sql.*;
public class DbTools{
    static String driver = "com.mysql.jdbc.Driver";//MySQL 数据库驱动名称
    static String url = "jdbc:mysql://localhost:3306/superMarket?useUnicode=true&characterEncoding=UTF-8";
    static String user = "root";//登录数据库的用户名
    static String password = "root";//登录数据库的密码
    static Connection cn;//数据库连接对象
    //返回 Connection 对象
    public static Connection connDb(){
        try{
            //1. 加载驱动
            Class.forName(driver);
            //2. 使用 DriverManager 创建数据库连接
            cn = DriverManager.getConnection(url,user,password);
        } catch(SQLException e){
            e.printStackTrace();
        }
        catch(ClassNotFoundException e){
            e.printStackTrace();
        }
        return cn;
    }
    //关闭连接,释放资源
    public static void closeDb(ResultSet rs,PreparedStatement ps,Connection cn){
        try{
            if(rs!=null&&! rs.isClosed()){
                rs.close();
            }
        } catch(SQLException e){
            e.printStackTrace();
        }finally{
            try{
                if(ps!=null&& ! ps.isClosed()){
                    ps.close();
```

```
                }
            }catch(SQLException e){
                e.printStackTrace();
            }finally{
                try{
                    if(cn!=null&&!cn.isClosed()){
                        cn.close();
                    }
                }catch(SQLException e){
                    e.printStackTrace();
                }
            }
        }
    }
}
```

> **提示:**
> 如果读者使用的是 MySQL 8.0,则需下载同样版本的驱动 jar 包,其 driver 和 url 的设置与 MySQL 5.0 的也不同,具体如下:
> 　　static String driver = "com.mysql.cj.jdbc.Driver";
> 　　static String url = "jdbc:mysql://localhost:3306/student? useUnicode = true&characterEncoding = utf8&serverTimezone = GMT% 2B8&useSSL = false";
> /*其中 student 是数据库名*/

第四步:创建 User 类,封装用户信息

在项目的 src 下新建包 bean,在 bean 包下新建实体类 User 封装用户的信息,类 User 对应数据库中的 SuperMarketUser 表,类的成员变量对应表的相应字段,对每个成员变量定义相应的 set、get 方法。后面模块中针对每个表都会有一个相应的实体类,都放在 bean 包下。具体代码如下:

```
package bean;
//对应 SuperMarketUser 表,成员变量对应表的字段
public class User{
private String uid;//账号
private String pwd;//密码
private String uname;//用户姓名
private String rid;//角色
private int sig;//是否禁用
public User(){}
public User(String uid,String pwd,String unam,String rid){
    this.pwd=pwd;
    this.uid=uid;
    this.rid=rid;
```

```java
        this.unam = unam;
    }
    public User(String uid, String pwd, String unam, String rid, int sig){
        this.pwd = pwd;
        this.uid = uid;
        this.rid = rid;
        this.unam = unam;
        this.sig = sig;
    }
    public String getUid(){
        return uid;
    }
    public void setUid(String uid){
        this.uid = uid;
    }
    public String getPwd(){
        return pwd;
    }
    public void setPwd(String pwd){
        this.pwd = pwd;
    }
    public String getUname(){
        return uname;
    }
    public void setUname(String uname){
        this.uname = uname;
    }
    public String getRid(){
        return rid;
    }
    public void setRid(String rid){
        this.rid = rid;
    }
    public int getSig(){
        return sig;
    }
    public void setSig(int sig){
        this.sig = sig;
    }
}
```

第五步：创建业务类，访问数据库

为了实现对用户表 SuperMarketUser 的访问，定义一个业务类封装对表的操作。对于用户登录，需要将界面上输入的用户名、密码和角色数据封装成一个 User 类的对象，然后在 Super-MarketUser 表中查找是否有相同的记录，如果找到，说明用户输入的账号和密码是正确的，可以进入超市收银系统。因此,需要在业务类中定义查询表的方法 selectUser(User user)进行登录验证。为了防止 SQL 注入,在此使用预处理的语句容器 PreparedStatement 执行 SQL 语句,具体的 SQL 语句为 select * from SuperMarketUser where UId = ? and UPassword = ? and URole = ?。

为了便于扩充和维护,首先在项目 src 下新建包 dao,然后在包 dao 下新建接口 UserDao,定义对表操作的方法。在后面模块中,针对每个表的操作,都会在包 dao 下定义一个相应的 XxxDao 接口。具体代码如下:

```java
package loginJFrame;
public interface UserDao{
    /**
        根据用户的账号和密码查找用户,找到则返回 true,否则返回 false
    */
    public boolean selectUser(User user);
}
```

接下来定义接口实现类 UserDaoImpl。首先在包 dao 下新建子包 impl,然后在 dao.impl 包下新建类 UserDaoImpl 实现接口 UserDao。在后面模块中,针对每个表的操作,都会有一个相应的实现接口的业务类,都放在这个包下。具体实现查询方法的代码如下:

```java
package dao.impl;
import java.sql.*;
import dbTools.*;
public class UserDaoImpl implements UserDao{
    Connection cn;
    PreparedStatement ps = null;
    ResultSet rs = null;
    /**
    登录验证
    查询登录用户是否存在,要查询的数据封装在参数 user 中
    */
    public boolean selectUser(Users user){
        boolean flag = false;
        try{
            //1.连接数据库
            cn = DbTools.connDb();
            //定义字符串 SQL 语句
            String sql = "select * from SuperMarketUser where UId = ? and UPassword = ? and URole = ?";
            ps = cn.prepareStatement(sql);
            //给?赋值
            ps.setString(1,user.getUid());
            ps.setString(2,user.getPwd());
            ps.setString(3,user.getRid());
            //执行 select 语句
```

```
            rs=ps.executeQuery();
            //判断rs是否有值 && rs!=null
            if(rs!=null &&rs.next()){
                flag=true;
            }
        }catch(Exception e){
            e.printStackTrace();
        }finally{//必须关闭数据库
            DbTools.closeDb(rs,ps,cn);
        }
        return flag;
    }
}
```

第六步:实现按钮事件,进行用户身份验证

这一步实现"登录"和"清空"按钮的事件监听。当单击"登录"按钮时,获取用户输入的信息,调用业务类 UserDaoImpl 中的 selectUser 方法实现登录验证;单击"清空"按钮,实现清空用户的输入信息。

首先修改 LoginJFrame 类的定义,实现事件监听器接口 ActionListener。

```
public class LoginJFrame extends JFrame implements ActionListener{
```

然后重写 ActionListener 的抽象方法 actionPerformed(ActionEvent e),实现事件处理。

```
//ActionListener 接口定义的方法,按钮事件的处理方法
    public void actionPerformed(ActionEvent e){
        Object o=e.getSource();//获取事件源
        if(o==jBtLogin){//如果单击"登录"按钮
            //获取用户名文本框、密码文本框、角色的值
            String uid=jTFUser.getText().trim();//获取用户输入的账号信息
            String pwd=new String(jPwd.getPassword()).trim();//获取密码信息
            String rid="";
            if(jRBAdmin.isSelected()){//获取用户输入的角色信息
            rid="管理员";
            }else{
            rid="收银员";
            }
            if(uid.equals("")||pwd.equals("")){//判断输入信息是否为空
                //显示消息对话框
                JOptionPane.showMessageDialog(null,"用户名或者密码不能为空!");
            }else{//需要根据用户名、密码、角色判断数据库中是否存在该记录
                user=new User();
                user.setPwd(pwd);
                user.setUid(uid);
                user.setRid(rid);
                UserDao userDao=new UserDaoImpl();
```

```
            boolean flag=userDao.selectUser(user);//查询数据库,进行登录验证
            if(flag){//找到
                JOptionPane.showMessageDialog(null,"信息正确可以进入系统!");
                //登录窗体隐藏,显示主界面
                this.setVisible(false);
                MainJFrame mainJFrame = new MainJFrame();
            }else{//未找到
                JOptionPane.showMessageDialog(null,"信息不正确请核查用户
名密码或者角色的值!");
            }
        }
        }else  if(o==jBtClear){//如果单击"清空"按钮
            jTFUser.setText("");//清空用户名文本框内容
            jTFUser.requestFocus();//用户名文本框获得焦点
            jPwd.setText("");//清空密码文本框内容
            jRBAdmin.setSelected(true);//默认选中管理员角色}
        }
}
```

最后在"登录"和"清空"按钮上注册事件监听器。

```
jBtLogin.addActionListener(this);//"登录"按钮注册事件监听器
jBtClear.addActionListener(this);//"清空"按钮注册事件监听器
```

说明:在任务实施过程中,把模型层、业务层和视图层分离,采用了 MVC 的设计思想,其中模型层利用 Bean 实现,业务层定义了专门的 dao 实现数据库的访问,视图层利用 Java 的图形用户界面实现。这种分层设计的思想有助于降低代码的耦合,便于程序的维护和扩展,是目前项目开发的主流架构技术。后面的模块都采用这种架构来实现。

2.6 巩固训练

1. 编写程序,创建一个窗体,包含一个文本框、三个单选按钮、一个标签和一个按钮。其中文本框用来输入自然数 n,根据所选单选按钮的不同,分别计算 1+2+…+n 或 1*2+…*n 或 1+1/2+…+1/n。计算结果在标签中显示。

2. 综合利用所学知识,完成用户注册界面的设计。单击"注册"按钮将用户注册信息写入用户表,单击"重置"按钮清空用户输入,单击"取消"按钮关闭注册窗口。程序的界面如图 5-24 所示。

图 5-24 用户注册界面

任务3 主界面的设计

3.1 任务描述

用户登录成功后进入收银管理系统,显示主界面。主界面的效果如图 5 – 25 所示,规则描述见表 5 – 25。

图 5 – 25 超市收银系统主界面

表 5 – 25 主界面规则描述

功能	难度分	规则描述
主界面	5	如果是系统管理员登录,则可以操作所有功能,收银员登录只能操作收银、修改密码、会员管理的功能

3.2 任务分析

1. 界面分析

对图 5 – 25 进行分析,可以看到整个窗体分为上、左、中、下四部分,因此将边界布局作为主界面窗体的布局。

①北部区域是一张带有图片的标签组件。

②左边区域是整个系统的导航,放置一个面板作为内层容器,面板的布局为流式布局。对

于每一个导航按钮,因为每次只能选择一个功能模块,所以使用带图片的单选按钮实现。

③中间区域为主要的显示区域,放置一个面板容器,命名为"JPanelCenter"。当选择左侧导航中不同的功能时,中间面板会显示不同的界面,也就是每个功能模块对应的界面,所以需要在JPanelCenter中存放10个功能模块对应的界面,也就是10个面板。那么如何实现多个成员共享同一个显示空间呢?可以通过卡片布局来实现,把中间面板的布局设置为卡片布局,并且默认显示卡片"关于系统"的面板。

④南部区域需要三个标签组件,也把它们放在一个面板容器中。中间的标签显示当前时间,用定时器组件实现。

2. 业务逻辑分析

完成界面的设计后,需要对导航的单选按钮进行事件监听,实现单击不同的单选按钮后,在中间区域切换不同的卡片。

3.3 任务学习目标

通过本任务学习,达成以下目标:
1. 掌握卡片布局的使用。
2. 掌握标签、单选按钮、定时器等组件的使用。
3. 掌握各种组件对应的事件处理。

3.4 知识储备

3.4.1 卡片布局管理器(CardLayout)

CardLayout 能够帮助用户实现多个成员共享同一个显示空间,并且一次只显示一个容器组件的内容。CardLayout 将容器分成许多层,每层的显示空间占据整个容器的大小,但是每层只允许放置一个组件。CardLayout 的构造方法见表5-26。

表5-26 CardLayout 的构造方法

构造方法	作用
CardLayout()	构造一个新布局,默认间隔为0
CardLayout(int hgap, int vgap)	创建布局管理器,并指定组件间的水平间隔(hgap)和垂直间隔(vgap)

【案例5-14】使用 CardLayout 显示两个面板的内容。其中第一个面板上包括三个按钮,第二个面板上包括三个文本框。最后调用 CardLayout 类的 show()方法显示指定面板的内容。

```
import javax.swing.JButton;
import javax.swing.JFrame;
import javax.swing.JLabel;
import javax.swing.JPanel;
import javax.swing.JTextField;
import java.awt.*;
public class CardLayoutDemo{
    public static void main(String[]agrs){
        JFrame frame = new JFrame("Java 第五个程序");//创建 Frame 窗口
        JPanel p1 = new JPanel();        //面板1
```

```
        JPanel p2 = new JPanel();          //面板2
        JPanel cards = new JPanel(new CardLayout());//卡片式布局的面板
        p1.add(new JButton("登录按钮"));
        p1.add(new JButton("注册按钮"));
        p1.add(new JButton("找回密码按钮"));
        p2.add(new JTextField("用户名文本框",20));
        p2.add(new JTextField("密码文本框",20));
        p2.add(new JTextField("验证码文本框",20));
        cards.add(p1,"card1");       //向卡片式布局面板中添加面板1
        cards.add(p2,"card2");       //向卡片式布局面板中添加面板2
        CardLayout cl = (CardLayout)(cards.getLayout());
        cl.show(cards,"card1");      //调用show()方法显示面板2
        frame.getContentPane().add(cards);
        frame.setBounds(300,200,400,200);
        frame.setVisible(true);
        frame.setDefaultCloseOperation(JFrame.EXIT_ON_CLOSE);
    }
}
```

上述代码创建了一个卡片式布局的面板 cards，该面板包含两个大小相同的子面板 p1 和 p2。需要注意的是，在将 p1 和 p2 添加到 cards 面板中时，使用了含有两个参数的 add( ) 方法，该方法的第二个参数用来标识子面板。当需要显示某一个面板时，只需要调用卡片式布局管理器的 show( ) 方法，并在参数中指定子面板所对应的字符串即可。这里显示的是 p1 面板，运行效果如图 5-26 所示。

如果将"cl.show(cards,"card1")"语句中的 card1 换成 card2，则显示 p2 面板的内容，此时运行结果如图 5-27 所示。

图 5-26 显示 p1 面板

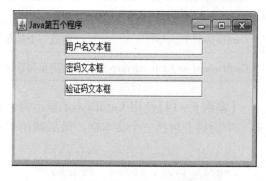

图 5-27 显示 p2 面板

3.4.2 单选按钮

1. 带图片的单选按钮

在任务 1 登录界面的设计中，介绍过单选按钮组件的用法。在登录模块中用到的是带有文本的单选按钮组件，主界面中需要使用带有图片的单选按钮。创建带图片的单选按钮有两种实现方式：

①利用构造方法 JRadioButton(Icon icon)创建一个初始化为未选择

单选按钮

的单选按钮,其具有指定的图像,但无文本。参数中提供了利用图片路径初始化的 ImageIcon 对象。具体创建 ImageIcon 对象的方法为:

```
new ImageIcon(getClass().getClassLoader().getResource("图片相对路径"))
```

②利用构造方法 JRadioButton( )创建一个初始化为未选择的单选按钮,其文本未设定。然后利用单选按钮的 public void setIcon(IcondefaultIcon)设置按钮的默认图标。

2. 单选按钮的事件监听

在单选按钮操作中,可以使用 ItemListener 接口进行事件的监听。此接口定义了表 5 – 27 所示的方法。

表 5 – 27 ItemListener 接口的方法

构造方法	描述
void itemStateChanged(ItemEvent e)	在用户已选定或取消选定某选项时调用

此方法中存在 ItemEvent 事件,此事件的常用常量及方法见表 5 – 28 和表 5 – 29。

表 5 – 28 ItemEvent 的常量

常量	描述
public static int SELECTED	选项被选中
public static int ESELECTED	选项取消选中

图 5 – 29 ItemEvent 的方法

方法	描述
public Object getItem( )	返回受事件影响的选项
public int getStateChange( )	返回状态更改的类型(已选定或已取消选定)

【案例 5 – 15】利用单选按钮实现性别的选择,当选择"男"的时候,显示男士图片;否则,显示女士图片。

```
import java.awt.Container;
import java.awt.GridLayout;
import java.awt.event.WindowAdapter;
import java.awt.event.ItemListener;
import java.awt.event.ItemEvent;
import java.awt.event.WindowEvent;
import javax.swing.JFrame;
import javax.swing.JPanel;
import javax.swing.JRadioButton;
import javax.swing.ButtonGroup;
import javax.swing.BorderFactory;
import javax.swing.ImageIcon;
```

```java
class MyRadio1 implements ItemListener{
    private String male = "D:\\images\\man.jpg";
    private String female = "D:\\images\\women.jpg";
    private JFrame frame = new JFrame("单选按钮事件");
    private Container cont = frame.getContentPane();
    private JRadioButton jradiomale = new JRadioButton("男");
    private JRadioButton jradiofemale = new JRadioButton("女");
    private JPanel pan = new JPanel();
    public MyRadio1(){
        //设置面板边框
        pan.setBorder(BorderFactory.createTitledBorder("选择性别"));
        pan.setLayout(new GridLayout(1,3));//设置表格布局
        //面板中加入两个单选按钮
        pan.add(this.jradiomale);
        pan.add(this.jradiofemale);
        //设置按钮组
        ButtonGroup group = new ButtonGroup();
        group.add(this.jradiomale);
        group.add(this.jradiofemale);
        //单选按钮注册事件监听器
        jradiomale.addItemListener(this);
        jradiofemale.addItemListener(this);
        cont.add(pan);
        this.frame.setSize(400,200);
        this.frame.setVisible(true);
        //监听窗体关闭事件
        this.frame.addWindowListener(new WindowAdapter(){
            public void windowClosing(WindowEvent obj){
                System.exit(1);
            }
        });
    }
    public void itemStateChanged(ItemEvent e){//实现单选按钮事件监听
        if(e.getSource()==jradiomale){//如果选择"男"
            jradiomale.setIcon(new ImageIcon(male));//显示男士图片
            jradiofemale.setIcon(null);//女士图片不显示
        }else{
            jradiofemale.setIcon(new ImageIcon(female));
            jradiomale.setIcon(null);
        }
    }
}
public class JRadioButtonDemo03{
    public static void main(String args[]){
        new MyRadio1();
    }
}
```

案例的运行结果如图 5-28 所示。

图 5-28 案例运行结果

3.4.3 定时器组件 Timer

在应用开发中,经常需要一些周期性的操作,比如每 5 分钟执行某一操作等。对于这样的操作,最方便、高效的实现方式就是使用 java.util.Timer 工具类。在 JDK 中,Timer 类主要负责计划任务的功能,也就是在指定的时间开始执行某一个任务,但封装任务的类却是 Timer-

定时器

Task 类。通过使用 Timer 调度 TimerTask 的实现者来执行任务,有两种方式:一种是使任务在指定时间被执行一次;另一种是从某一指定时间开始,周期性地执行任务。

① 在指定时间执行任务,只执行一次。
- schedule(task,time)

在时间等于或超过 time 时,执行且只执行一次 task。这个 time 表示的是时刻,例如 2019 年 11 月 11 日上午 11 点 11 分 11 秒。
- schedule(task,delay)

在 delay 时间之后,执行且只执行一次 task。delay 表示的是延迟时间,比如 3 s 后执行。

② 从指定时间开始,周期性地重复执行,直到任务被取消。
- schedule(task,time,period)

在时间等于或超过 time 时,首次执行 task,之后每隔 period 毫秒重复执行一次 task。
- schedule(task,delay,period)

在 delay 时间之后,开始首次执行 task,之后每隔 period 毫秒重复执行一次 task。

实现定时器很简单,可以分为以下 3 步:

第一步:创建一个 Timer。

第二步:创建一个 TimerTask。

第三步:使用 Timer 执行 TimerTask。

下面是一个简单的 Timer 例子,它每隔 10 s 执行一次特定操作 doWork。

```java
Timer timer = new Timer();
TimerTask task = new TimerTask(){
    public void run(){
    doWork();
    }
};
timer.schedule(task,10000L,10000L);
```

【案例 5-16】每天中午 12 点执行定制的任务。

```java
/** 定制任务*/
import java.util.TimerTask;
public class TimerTaskTest extends TimerTask{
    public void run(){
        System.out.println("执行任务……");
    }
}
/** 利用 Timer 调度 TimerTask,定时执行任务
import java.util.Timer;
Import java.util.Calendar;
/**
* 安排指定的任务 task 在指定的时间 firstTime 开始进行重复的固定速率 period 执行
* 每天中午 12 点都执行一次
*/
public class Test{
    public static void main(String[]args){
        Timer timer = new Timer();
        Calendar calendar = Calendar.getInstance();
        calendar.set(Calendar.HOUR_OF_DAY,12);//控制小时
        calendar.set(Calendar.MINUTE,0);//控制分钟
        calendar.set(Calendar.SECOND,0);//控制秒
        Date time = calendar.getTime();//执行任务时间为 12:00:00
        Timer timer = new Timer();
        //每天定时 12:00 执行操作,延迟一天后再执行
        timer.schedule(new TimerTaskTest(),time,1000*60*60*24);
    }
}
```

3.5 任务实现

第一步:主界面实现

按照一个模块一个包的原则,在项目 scr 文件夹下新建包 mainJFrame,在包 mainJFrame 下创建类 MainJFrame,并根据用户的角色,设置左侧导航的功能是否可用,同时,实现用户管理和关于系统单选按钮的事件监听,当单击不同单选按钮时,在窗体的中间部分显示对应的功能面板。界面的南部区域显示当前系统的时间,用计时器组件 Timer 实现,每隔 1 s 更新时间显示。在主界面中,需要调用 LoginJFrame 类的 user 对象获取当前登录用户的账号和角色信息,所以

需要把 LoginJFrame 类中的 user 成员设置为 public 和 static 类型。

主界面代码如下：

```java
package mainJFrame;
import java.awt.BorderLayout;
import java.awt.CardLayout;
import java.awt.Dimension;
import java.awt.event.ItemEvent;
import java.awt.event.ItemListener;
import java.text.SimpleDateFormat;
import java.util.Date;
import java.util.Timer;
import java.util.TimerTask;
import javax.swing.*;
import about.*;
import loginJFrame.*;
import usersManage.UsersManageJPanel;
public class MainJFrame extends JFrame{
    //成员变量
    private JLabel jLableUp,jLableWelcome,jLableTime,jLableUser;
    private JPanel jPanelLeft,jPanelCenter,jPanelDown;
    private JRadioButton jRadioGuanyu;
    private JRadioButton jRadioYingye;
    private JRadioButton jRadioShangpin;
    private JRadioButton jRadioGonghuo;
    private JRadioButton jRadioDanwei;
    private JRadioButton jRadioHuiyuan;
    private JRadioButton jRadioYonghu;
    private JRadioButton jRadioShouyin;
    private JRadioButton jRadioJinhuo;
    private JRadioButton jRadioLeibie;
    private ButtonGroup buttonGroup1 = new ButtonGroup();
    private CardLayout cardLayout = new CardLayout();
    public MainJFrame(){
        this.setSize(800,700);
        this.setVisible(true);
        this.setResizable(false);
        this.setDefaultCloseOperation(EXIT_ON_CLOSE);
        {//把标签添加在北部
            jLableUp = new JLabel(new ImageIcon(getClass().getClassLoader()
                .getResource("images/mainlogo.jpg")));
            getContentPane().add(jLableUp,BorderLayout.NORTH);
        }
```

```java
{//西部区域,导航
    jPanelLeft = new JPanel();
    jPanelLeft.setPreferredSize(new Dimension(120,600));
    getContentPane().add(jPanelLeft,BorderLayout.WEST);
    //添加单选按钮
    {//收银
        jRadioShouyin = new JRadioButton(new ImageIcon(getClass()
            .getClassLoader()
            .getResource("images/mainlogo(2).jpg")));
        jPanelLeft.add(jRadioShouyin);
        jRadioShouyin.setBorderPainted(true);
        jRadioShouyin.setPreferredSize(new Dimension(120,45));
        buttonGroup1.add(jRadioShouyin);
    }
    {//商品管理
        jRadioShangpin = new JRadioButton(new ImageIcon(getClass()
            .getClassLoader()
            .getResource("images/mainlogo(3).jpg")));
        jPanelLeft.add(jRadioShangpin);
        jRadioShangpin.setBorderPainted(true);
        jRadioShangpin.setPreferredSize(new Dimension(120,45));
        buttonGroup1.add(jRadioShangpin);
        if(LoginJFrame.user.getRid().equals("收银员")){
            jRadioShangpin.setEnabled(false);
        }
    }
    {//进货
        jRadioJinhuo = new JRadioButton(new ImageIcon(getClass()
            .getClassLoader()
            .getResource("images/mainlogo(1).jpg")));
        jPanelLeft.add(jRadioJinhuo);
        jRadioJinhuo.setBorderPainted(true);
        jRadioJinhuo.setPreferredSize(new Dimension(120,45));
        buttonGroup1.add(jRadioJinhuo);
        if(LoginJFrame.user.getRid().equals("收银员")){
            jRadioJinhuo.setEnabled(false);
        }
    }
    {//供货
        jRadioGonghuo = new JRadioButton(new ImageIcon(getClass()
            .getClassLoader()
            .getResource("images/mainlogo(5).jpg")));
        jPanelLeft.add(jRadioGonghuo);
        jRadioGonghuo.setBorderPainted(true);
        jRadioGonghuo.setPreferredSize(new Dimension(120,45));
```

```java
        buttonGroup1.add(jRadioGonghuo);
        if(LoginJFrame.user.getRid().equals("收银员")){
            jRadioGonghuo.setEnabled(false);
        }
    }
    {//会员
        jRadioHuiyuan = new JRadioButton(new ImageIcon(getClass()
            .getClassLoader()
            .getResource("images/mainlogo(6).jpg")));
        jPanelLeft.add(jRadioHuiyuan);
        jRadioHuiyuan.setBorderPainted(true);
        jRadioHuiyuan.setPreferredSize(new Dimension(120,45));
        buttonGroup1.add(jRadioHuiyuan);
        if(LoginJFrame.user.getRid().equals("收银员")){
            jRadioHuiyuan.setEnabled(false);
        }
    }
    {//用户
        jRadioYonghu = new JRadioButton(new ImageIcon(getClass()
            .getClassLoader()
            .getResource("images/mainlogo(7).jpg")));
        jPanelLeft.add(jRadioYonghu);
        jRadioYonghu.setBorderPainted(true);
        jRadioYonghu.setPreferredSize(new Dimension(120,45));
        buttonGroup1.add(jRadioYonghu);
    }
    {//单位
        jRadioDanwei = new JRadioButton(new ImageIcon(getClass()
            .getClassLoader().getResource("images/unit.jpg")));
        jPanelLeft.add(jRadioDanwei);
        jRadioDanwei.setBorderPainted(true);
        jRadioDanwei.setPreferredSize(new Dimension(120,45));
        buttonGroup1.add(jRadioDanwei);
        if(LoginJFrame.user.getRid().equals("收银员")){
            jRadioDanwei.setEnabled(false);
        }
    }
    {//类别
        jRadioLeibie = new JRadioButton(new ImageIcon(getClass()
            .getClassLoader()
            .getResource("images/mainlogo(9).jpg")));
        jPanelLeft.add(jRadioLeibie);
        jRadioLeibie.setBorderPainted(true);
        jRadioLeibie.setPreferredSize(new Dimension(120,45));
        buttonGroup1.add(jRadioLeibie);
```

```java
            if(LoginJFrame.user.getRid().equals("收银员")){
                jRadioLeibie.setEnabled(false);
            }
        }
        {//关于系统
            jRadioGuanyu = new JRadioButton(new ImageIcon(getClass()
                .getClassLoader().getResource(
                    "images/mainlogo(10).jpg")));
            jPanelLeft.add(jRadioGuanyu);
            jRadioGuanyu.setBorderPainted(true);
            buttonGroup1.add(jRadioGuanyu);
            jRadioGuanyu.setPreferredSize(new Dimension(120,45));
            jRadioGuanyu.setSelected(true);

        }
        {//营业统计
            jRadioYingye = new JRadioButton(new ImageIcon(getClass()
                .getClassLoader()
                .getResource("images/mainlogo(4).jpg")));
            jPanelLeft.add(jRadioYingye);
            jRadioYingye.setBorderPainted(true);
            jRadioYingye.setPreferredSize(new Dimension(120,45));
            buttonGroup1.add(jRadioYingye);
            if(LoginJFrame.user.getRid().equals("收银员")){
                jRadioYingye.setEnabled(false);
            }
        }
    }
    {//中间区域
        jPanelCenter = new JPanel();
        jPanelCenter.setPreferredSize(new Dimension(680,600));
        getContentPane().add(jPanelCenter,BorderLayout.CENTER);
        jPanelCenter.setLayout(cardLayout);//卡片布局
        {//将所有的面板都添加到中间的面板,代码中只添加两个
            AboutJPanel aboutJPanel = new AboutJPanel();
            jPanelCenter.add("about",aboutJPanel);
            UsersManageJPanel usersManagerJPanel = new UsersManageJPanel();
            jPanelCenter.add("users",usersManagerJPanel);

        }
    }
    {//下面面板
        jPanelDown = new JPanel();//采用默认布局流式布局
        jPanelDown.setPreferredSize(new Dimension(800,50));
        getContentPane().add(jPanelDown,BorderLayout.SOUTH);
```

```
            {
                jLableWelcome = new JLabel("欢迎使用超市收银系统");
                jPanelDown.add(jLableWelcome);
            }
            {
                jLableTime = new JLabel("时间");
                jPanelDown.add(jLableTime);
                Timer timer = new Timer();//创建定时器对象
                TimerTask timeTask = new TimerTask(){//创建定时任务,获取当前的系统时间
                    public void run(){
                        SimpleDateFormat df = new SimpleDateFormat(
                          "yyy-MM-dd HH:mm:ss");//设置日期格式
                            jLableTime.setText("当前时间:" + df.format(new Date
()));//显示系统时间}
                };
                //利用定时器,每1 s执行一次,赋值给标签3(定时刷新系统时间)
                timer.schedule(timeTask,0,1000);//每隔1 s更新时间
            }
            {
                jLableUser = new JLabel();
                jPanelDown.add(jLableUser);
                //获取用户角色和账号信息
                String rid = LoginJFrame.user.getRid();
                String uid = LoginJFrame.user.getUid();
                if(rid.equals("管理员")){
                    jLableUser.setText("    当前登录者是:管理员" + uid);
                } else{
                    jLableUser.setText("    当前登录者是:收银员" + uid);
                }
            }
        }
    }
}
```

用户角色不同,对应的权限也不同。如果是收银员,则只能使用"收银""用户管理"和"关于系统"三个模块。角色信息可以通过登录模块的 static 变量 user 获取,然后根据当前登录的角色,设定哪些单选按钮可以使用,通过单选按钮组件的 setEnabled(Boolean)方法实现。主界面的运行结果如图 5-29 和图 5-30 所示。

第二步:创建关于系统的界面

主界面默认显示的是关于系统面板的界面,面板中只包含一个图片标签组件,如图 5-29 所示。面板的布局保持默认的流式布局即可。

对系统的每个模块建立不同的包。关于系统的模块,在项目 src 文件夹下建立包 about,包下新建类 AboutJPanel。实现代码如下:

图5-29 管理员角色登录后的主界面

图5-30 收银员角色登录后的主界面

```
package about;
import java.awt.Dimension;
import javax.swing.ImageIcon;
import javax.swing.JLabel;
import javax.swing.JPanel;

public class AboutJPanel extends JPanel{
    private JLabel jLableAbout;
    public AboutJPanel(){
        this.setPreferredSize(new Dimension(680,600));
        jLableAbout = new JLabel(new ImageIcon(getClass().getClassLoader()
            .getResource("images/guanyu.jpg")));
        this.add(jLableAbout);
        this.setVisible(true);
    }
}
```

第三步:实现关于系统按钮的事件监听

在主界面的 MainJFrame.java 中对单选按钮"关于系统"添加事件监听。用内部类的写实现,来实现当单击按钮时在主界面的中间区域显示 AboutJPanel 面板,代码如下:

```
jRadioGuanyu.addItemListener(new ItemListener(){
    //当单选按钮的状态发生变化时,执行的事件代码
    public void itemStateChanged(ItemEvent e){
        //单选按钮选中时
        if(jRadioGuanyu.isSelected()){
            cardLayout.show(jPanelCenter,"about");/* 主界面中间显示关于面板
界面*/
        }
    }
});
```

3.6 巩固训练

1. 学生根据上课所讲和教材的任务实施步骤完成任务 3 的开发,给其他按钮添加事件监听,实现卡片切换,掌握 MVC 框架技术。
2. 通过定时器实现闹钟功能。设置每天早上 6 点钟进行起床提醒。

任务 4　用户管理模块的实现

4.1 任务描述

用户管理模块实现对管理员和收银员的信息管理。这个模块具体的功能描述见表 5-30。用户管理模块的参考图如图 5-31 所示。单击"用户管理"按钮,右侧的卡片布局展示用户管理模块的面板,这部分的实现和"关于系统"按钮的卡片布局显示关于系统面板的实现方式是一样的,这里不再讲解。关于用户管理模块的功能,以管理员为例进行讲解。

表 5-30　用户管理模块

功能	难度分	规则描述
用户管理	8	管理员登录后可以添加、删除、修改、查询所有系统用户除了账号以外的任何信息,账号不可修改

4.2 任务分析

1. 界面分析

用户管理模块界面如图 5-31 所示。整个面板分成左、右两部分,一部分为用户查询,一部分为用户管理,分别用两个面板来实现。对于外层面板,采用流式布局;对于内部的面板,使用绝对布局。用户查询面板有突出的边框,并且带有标题。用户查询面板中用到了标签、文本框、按钮和表格组件;用户管理面板中主要用到了标签、文本框、下拉列表和按钮组件。

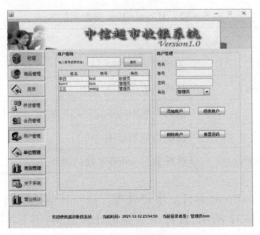

图 5-31　用户管理模块界面

2. 业务逻辑分析

用户查询部分可以实现按照账号和姓名进行模糊查询,查询的结果显示在下面的表格中;在用户管理部分,单击"添加用户""修改用户""删除用户"和"重置密码"按钮时,会调用业务类完成对用户表的相应操作。

4.3 任务学习目标

通过本任务学习,达成以下目标:
1. 掌握表格组件的使用。
2. 掌握下拉列表组件的使用。
3. 掌握滚动面板的使用。
4. 掌握各种组件对应的事件处理。
5. 掌握数据库的增、删、改、查操作。

4.4 知识储备

4.4.1 下拉列表组件(JComboBox)

在 Java GUI 程序中,为了简化信息输入过程,通常为用户提供多种可供选择的选项,而无须用户自己输入。下拉列表的特点是将多个选项折叠在一起,只显示最前面的或被选中的选项。选择时,需要单击下拉列表右边的下三角按钮,这时会弹出包含所有选项的列表。用户可以在列表中进行选择,也可以根据需要直接输入所要的选项。

JComboBox

JComboBox 类常用的构造方法见表 5-31。

表 5-31 JComboBox 类常用的构造方法

构造方法	作用
JComboBox()	创建具有默认数据模型的 JComboBox
JComboBox(Object[ ] items)	创建包含指定数组中的元素的 JComboBox

JComboBox 类常用的方法见表 5-32。

表 5-32 JComboBox 类常用的方法

成员方法	作用
void addItem(Object anObject)	为项列表添加项
void removeItem(Object anObject)	从项列表中移除项
int getSelectedIndex()	返回列表中与给定项匹配的第一个选项
Object getSelectedItem()	返回当前所选项
void setSelectedIndex(int anIndex)	选择索引 anIndex 处的项

下拉列表事件是 ActionEvent 事件。事件处理方法与其他处理同类事件的方法类似。

【案例 5-17】如图 5-32 所示,设计一个简单计算器,利用下拉列表实现加、减、乘、除四种运算。

图 5-32 案例 5-17 的运行结果

```java
import java.awt.*;
import java.awt.event.*;
import javax.swing.*;
import java.util.*;
class Calculate extends JFrame implements ActionListener{
    private JTextField tx1;
    private JTextField tx2;
    private JTextField tx3;
    private JPanel p;
    private JComboBox cho;
    public Calculate(String title){
        super(title);
        Container c=this.getContentPane();
        JLabel lab=new JLabel("");
        tx1=new JTextField(5);
        tx2=new JTextField(5);
        tx3=new JTextField(5);
        //String[]s={"+","-","* ","/"};
        cho=new JComboBox();
        //cho=new JComboBox(s);
    //添加下拉列表的选项
        cho.addItem("+");
        cho.addItem("-");
        cho.addItem("* ");
        cho.addItem("/");
        JButton b=new JButton("=");
        b.addActionListener(this);//注册事件监听器
        p=new JPanel();
        p.setLayout(new FlowLayout());
    p.add(tx1);
        p.add(cho);
        p.add(tx2);
        p.add(b);
        p.add(tx3);
        c.add(lab,BorderLayout.NORTH);
```

```
            c.add(p,BorderLayout.CENTER);
            setDefaultCloseOperation(JFrame.EXIT_ON_CLOSE);
        }
//下拉列表事件处理
        public void actionPerformed(ActionEvent e){
            int a = Integer.parseInt(tx1.getText().trim());//获取第一个操作数
            int b = Integer.parseInt(tx2.getText().trim());//获取第二个操作数
//获取下拉列表的选中项
            int sel = cho.getSelectedIndex();//获取选中项的索引
            int c = 0;
            switch(sel){//根据选中的项执行不同的运算
                case 0: c = a + b;break;
                case 1: c = a - b;break;
                case 2: c = a * b;break;
                case 3: c = a/b;break;
            }
            String d = (new Integer(c)).toString();/* 利用包装类,把整型转换为字符串*/
            tx3.setText(d);//将计算结果显示在第三个文本框
        }
        public static void main(String[]args){
            Calculate cal = new Calculate("");
            cal.pack();
            cal.setVisible(true);
        }
    }
```

4.4.2 JScrollPane 容器

JScrollPane 是带有滚动条的面板,通常只包容一个组件,并且根据需要自动产生滚动条。当一个容器内放置了许多组件,而容器的显示区域不足以同时显示所有组件时,可以使用滚动面板 JScrollPane。在 Swing 中,JTextArea、JList、JTable 等组件都没有自带滚动条,可以将它们置于滚动面板中,利用滚动面板的滚动条来浏览组件中的内容。例如,可以用下面的语句为多行文本框创建滚动条。

```
JScrollPane scrollPane = new JScrollPane(textArea);
```

4.4.3 JTable 组件

Swing 的 JTable 类为显示大块数据提供了一种简单的机制,其主要功能是把数据以二维表格的形式显示出来,并且允许用户对表格中的数据进行编辑。表格组件是最复杂的组件之一,它的表格模型功能非常强大、灵活而易于执行。由于篇幅有限,本节只介绍默认的表格模型。JTable 类常用的构造方法见表 5-33。

JTable

表 5-33 JTable 类常用的构造方法

构造方法	作用
JTable()	构造默认的 JTable,使用默认的数据模型、默认的列模型和默认的选择模型对其进行初始化
JTable(int numRows,int numColumns)	使用 DefaultTableModel 构造具有空单元格的 numRows 行和 numColumns 列的 JTable
JTable(Object[][] rowData,Object[] columnNames)	构造 JTable,用来显示二维数组 rowData 中的值,其列名称为 columnNames
JTable(TableModel dm)	构造 JTable,使用 dm 作为数据模型

表格由两部分组成,分别是行标题(Column Header)与行对象(Column Object)。在创建表格对象之前,需要定义好表格的行标题和行对象,然后再创建具体的表格。下面以第三种构造方式为例,来说明如何利用 JTable 建立一个简单的表格。

【案例 5-18】使用数组构造一个简单的带滚动条的表格。

```java
import javax.swing.*;
import java.awt.*;
import java.awt.event.*;
import java.util.*;
public class SimpleTable{
    public SimpleTable(){
        JFrame f = new JFrame();
        Object[][]playerInfo = {
            {"小王",new Integer(66),new Integer(32),new
            Integer(98),new Boolean(false)},
            {"老王",new Integer(82),new Integer(69),new
            Integer(128),new Boolean(true)}
        };//表格的行对象
        String[]Names = {"姓名","语文","数学","总分","及格"};
        //表格标题
        JTable table = new JTable(playerInfo,Names);
        table.setPreferredScrollableViewportSize(new Dimension
        (550,30));/* 设置此表视口的首选大小*/
        JScrollPane scrollPane = new JScrollPane(table);//为表格添加滚动条
        f.getContentPane().add(scrollPane,BorderLayout.CENTER);
        f.setTitle("Simple Table");
        f.pack();
        f.setVisible(true);
        f.addWindowListener(new WindowAdapter(){
            public void windowClosing(WindowEvent e){
                System.exit(0);
            }
```

```
        });
    }
    public static void main(String[]args){
        SimpleTable b = new SimpleTable();
    }
}
```

程序的运行结果如图 5-33 所示。

图 5-33　案例的运行结果

由以上案例可以看出，利用 Swing 来构造一个表格时，只需利用 Vector 或 Array 作为表格的数据输入，将 Vector 或 Array 的内容填入 JTable 中，一个基本的表格就产生了。通过把表格对象放入 JScrollPane 对象中，就可以创建带滚动条的表格了。

也可以利用预先创建好的数据模型 TableModel 来构造更加灵活的表格。TableModel 是一个接口，它里面定义了若干方法，包括存取表格字段(cell)的内容、计算表格的列数等基本存取操作，让设计者可以简单地利用 TableModel 来制作他所想要的表格。TableModel 接口放在 javax.Swing.table package 中。TableModel 常用的成员方法见表 5-34。

表 5-34　TableModel 常用的成员方法

成员方法	作用
void addTableModelListener(TableModelListener l)	使表格具有处理 TableModelEvent 的能力。当表格的 TableModel 有所变化时，会发出 TableModel Event 事件信息
Class getColumnClass(int columnIndex)	返回字段数据类型的类名称
int getColumnCount()	返回字段(行)数量
String getColumnName(int columnIndex)	返回字段名称
int getRowCount()	返回数据列数量
Object getValueAt(int rowIndex, int columnIndex)	返回数据某个 cell 中的值
boolean isCellEditable(int rowIndex, int columnIndex)	返回 cell 是否可编辑，如果为 true，则为可编辑
void removeTableModelListener(TableModelListener l)	从 TableModelListener 中移除一个 listener
void setValueAt(Object aValue, int rowIndex, int columnIndex)	设置某个 cell(rowIndex, columnIndex)的值

由于 TableModel 本身是一接口,因此,若要直接使用它建立表格,并不是一件轻松的事。Java 提供了两个类分别实现了这个接口,一个是 AbstractTableModel 抽象类,一个是 DefaultTableModel 实体类。前者实现了大部分的 TableModel 方法,让用户可以很有弹性地构造自己的表格模式;后者继承了前者,是 Java 默认的表格模式。这三者的关系如下所示:

```
TableModel ---implements---> AbstractTableModel -----extends---> DefaultTableModel
```

DefaultTableModel 类提供相当多好用的方法,如 getColumnCount( )、getRowCount( )、getValueAt( )、isCellEditable( )、setValueAt( )等方法,均可直接使用。此外,DefaultTableModel 也提供了 addColumn( )与 addRow( )等方法,可以随时增加表格的数据。下面举一个动态增加表格字段的例子。

【案例 5-19】利用 DefaultTableModel 创建表格、管理表格中的数据。

```java
import java.awt.*;
import java.awt.event.*;
import java.util.Vector;
import javax.swing.*;
importjavax.swing.event.*;
import javax.swing.table.*;

public class AddRemoveCells implements ActionListener{
    JTable table = null;
    DefaultTableModel defaultModel = null;
    public AddRemoveCells(){
        JFrame f = new JFrame();
        String[]name = {"字段 1","字段 2","字段 3","字段 4","字段 5"};
        String[][]data = new String[5][5];
        int value = 1;
        for(int i = 0;i < data.length;i++){
            for(int j = 0;j < data.length;j++)
                data[i][j] = String.valueOf(value++);
        }
        defaultModel = new DefaultTableModel(data,name);//创建表格模型
        table = new JTable(defaultModel);//利用模型创建表格
        table.setPreferredScrollableViewportSize(new Dimension(400,80));
        JScrollPane s = new JScrollPane(table);//把表格添加到滚动面板
        JPanel panel = new JPanel();
        JButton b = new JButton("增加行");
        panel.add(b);
        b.addActionListener(this);
        b = new JButton("增加列");
        panel.add(b);
        b.addActionListener(this);
        b = new JButton("删除行");
```

```java
        panel.add(b);
        b.addActionListener(this);
        b = new JButton("删除列");
        panel.add(b);
        b.addActionListener(this);
        Container contentPane = f.getContentPane();
        contentPane.add(panel,BorderLayout.NORTH);
        contentPane.add(s,BorderLayout.CENTER);
        f.setTitle("AddRemoveCells");
        f.pack();
        f.setVisible(true);
        f.setDefaultCloseOperation(JFrame.EXIT_ON_CLOSE);
    }
    /*
     * 要删除列,必须使用 TableColumnModel 界面定义的 removeColumn()方法。因此首
     * 先由 JTable 类的 getColumnModel()方法取得 TableColumnModel 对象,再由 Table-
     * ColumnModel 的 getColumn()方法取得要删除列的 TableColumn。此 TableColumn
     * 对象当作是 removeColumn()的参数。删除此列后,必须重新设置列数,也就是使用
     * DefaultTableModel 的 setColumnCount()方法来设置。
     */
    public void actionPerformed(ActionEvent e){
        if(e.getActionCommand().equals("增加列"))
            defaultModel.addColumn("增加列");
        if(e.getActionCommand().equals("增加行"))
            defaultModel.addRow(new Vector());
        if(e.getActionCommand().equals("删除列")){
            int columncount = defaultModel.getColumnCount() - 1;
            if(columncount >=0){//若 columncount <0,代表已经没有任何列了
                TableColumnModel columnModel = table.getColumnModel();
                TableColumn tableColumn = columnModel.getColumn(columncount);
                columnModel.removeColumn(tableColumn);
                defaultModel.setColumnCount(columncount);
            }
        }
        if(e.getActionCommand().equals("删除行")){
            int rowcount = defaultModel.getRowCount() - 1;/* getRowCount 返回
行数,若 rowcount <0,代表已经没有任何行了。*/
            if(rowcount >=0){
                defaultModel.removeRow(rowcount);
            }
            table.revalidate();
        }
```

```
        }
        public static void main(String args[]){
            new AddRemoveCells();
        }
}
```

案例的运行效果如图5-34所示。当单击相应的按钮时,动态增加或删除表格的行和列。

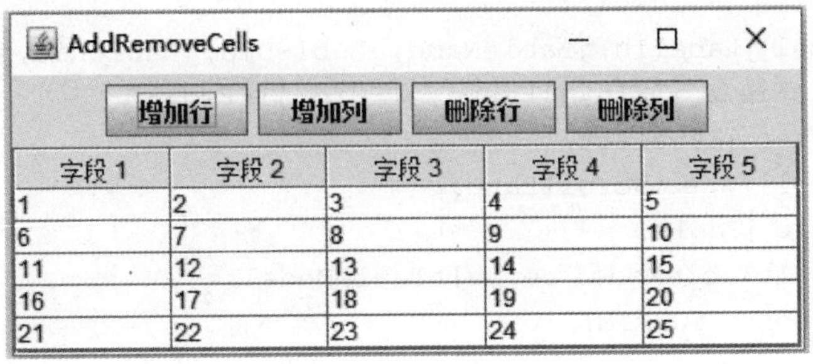

图5-34 表格的动态管理

4.5 任务实施

第一步:用户管理界面设计

对系统的每个模块建立不同的包。对于用户管理模块,在项目src文件夹下新建包usersmanage,包下新建类UsersManageJPanel,实现代码如下:

```
package usersManage;
import java.awt.Dimension;
import java.awt.Font;
import java.awt.event.ActionEvent;
import java.awt.event.ActionListener;
import java.awt.event.MouseEvent;
import java.awt.event.MouseListener;
import java.util.Vector;
import javax.swing.BorderFactory;
import javax.swing.ImageIcon;
import javax.swing.JButton;
import javax.swing.JComboBox;
import javax.swing.JLabel;
import javax.swing.JOptionPane;
import javax.swing.JPanel;
import javax.swing.JScrollPane;
import javax.swing.JTable;
import javax.swing.JTextField;
import javax.swing.border.TitledBorder;
import javax.swing.table.DefaultTableModel;
```

```java
import loginJFrame.LoginJFrame;

public class UsersManageJPanel2 extends JPanel{
    private JPanel jPanelL,jPanelR;
    private JButton jBtReset;
    private JButton jBtDelete;
    private JButton jBtUpdate;
    private JButton jBtInsert;
    private JLabel jLabelIn,jLableName,jLableUid,jLableRid,jLablePwd;
    private JTextField jTFIn,jTFName,jTFUid,jTFPwd;
    private JButton jBtSelect;
    private JScrollPane jScrollPane;
    private JTable jTable;
    private DefaultTableModel defaultTableModel;
    private JComboBox jCBRid;

    public UsersManageJPanel(){
        this.setPreferredSize(new Dimension(680,600));
        //左侧面板,用户查询
        {
            jPanelL = new JPanel();
            this.add(jPanelL);
            jPanelL.setPreferredSize(new java.awt.Dimension(320,474));
            jPanelL.setBorder(new TitledBorder("用户查询"));
            jPanelL.setLayout(null);
            {
                jLabelIn = new JLabel("输入账号或者姓名:");
                jPanelL.add(jLabelIn);
                jLabelIn.setBounds(10,20,90,30);
                jLabelIn.setFont(new Font("宋体",Font.PLAIN,10));
            }
            {
                jTFIn = new JTextField();
                jPanelL.add(jTFIn);
                jTFIn.setBounds(105,20,110,30);
                jTFIn.setFont(new Font("宋体",Font.PLAIN,10));
            }
            {//查找按钮
                jBtSelect = new JButton("查找");
                jPanelL.add(jBtSelect);
                jBtSelect.setBounds(225,20,60,30);
                jBtSelect.setFont(new Font("宋体",Font.PLAIN,10));
            }
            {
```

```java
            jScrollPane = new JScrollPane();
            jPanelL.add(jScrollPane);
            jScrollPane.setBounds(10,60,300,386);
        }
    }
    //右侧面板,用户管理
    {
        jPanelR = new JPanel();
        this.add(jPanelR);
        jPanelR.setPreferredSize(new java.awt.Dimension(280,473));
        jPanelR.setBorder(BorderFactory.createTitledBorder("用户管理"));
        jPanelR.setLayout(null);
        {
            jLableName = new JLabel("姓名");
            jPanelR.add(jLableName);
            jLableName.setBounds(10,30,50,25);
            jLableName.setFont(new Font("宋体",Font.PLAIN,12));
        }
        {
            jTFName = new JTextField();
            jPanelR.add(jTFName);
            jTFName.setBounds(70,30,120,25);
            jTFName.setFont(new Font("宋体",Font.PLAIN,12));
        }
        {
            jLableUid = new JLabel("账号");
            jPanelR.add(jLableUid);
            jLableUid.setBounds(10,60,50,25);
            jLableUid.setFont(new Font("宋体",Font.PLAIN,12));
        }
        {
            jTFUid = new JTextField();
            jPanelR.add(jTFUid);
            jTFUid.setBounds(70,60,120,25);
            jTFUid.setFont(new Font("宋体",Font.PLAIN,12));
        }
        {
            jLablePwd = new JLabel("密码");
            jPanelR.add(jLablePwd);
            jLablePwd.setBounds(10,90,50,25);
            jLablePwd.setFont(new Font("宋体",Font.PLAIN,12));
        }
        {
            jTFPwd = new JTextField();
            jPanelR.add(jTFPwd);
```

```
            jTFPwd.setBounds(70,90,120,25);
            jTFPwd.setFont(new Font("宋体",Font.PLAIN,12));
        }
        {
            jLableRid=new JLabel("角色");
            jPanelR.add(jLableRid);
            jLableRid.setBounds(10,120,50,25);
            jLableRid.setFont(new Font("宋体",Font.PLAIN,12));
        }
        {
            String[]items={"管理员","收银员"};
            jCBRid=new JComboBox(items);
            jPanelR.add(jCBRid);
            jCBRid.setBounds(72,120,107,24);
        }
        {//添加按钮组件
            jBtInsert=new JButton();
            jPanelR.add(jBtInsert);
            jBtInsert.setText("添加用户");
            jBtInsert.setBounds(17,181,96,24);

        }
        {//"修改用户"按钮
            jBtUpdate=new JButton();
            jPanelR.add(jBtUpdate);
            jBtUpdate.setText("修改用户");
            jBtUpdate.setBounds(140,181,88,24);

        }
        {//"删除用户"按钮
            jBtDelete=new JButton();
            jPanelR.add(jBtDelete);
            jBtDelete.setText("删除用户");
            jBtDelete.setBounds(17,255,96,24);
            //如果是收银员,这个按钮不可以用
            if(LoginJFrame.user.getRid().equals("收银员")){
                jBtDelete.enable(false);
            }
        }
        {//"重置密码"按钮
            jBtReset=new JButton();
            jPanelR.add(jBtReset);
            jBtReset.setText("重置密码");
            jBtReset.setBounds(140,255,88,24);
        }
    }
```

```
        //表格组件
        {String[]columnNames={"姓名","账号","角色"};
            defaultTableModel=new DefaultTableModel(null,columnNames);
            jTable=new JTable(defaultTableModel);
            jScrollPane.setViewportView(jTable);

        //右侧面板
        this.setVisible(true);
        }
    }
}
```

第二步:实现用户查找的功能

当单击主界面的"用户管理"单选按钮时,对应的用户管理面板会在界面中间的卡片布局中展示。如果登录角色是管理员,表格组件中显示的是 users 表中的所有用户姓名、账号和角色信息,这时就需要查询数据库 SuperMarketUser 表中的所有信息。单击"查找"按钮,可以根据用户输入的账号或者姓名进行模糊查找,查找的结果显示在下面的表格中。

首先修改 UserDao 接口,在接口中新定义三个方法:查询表中所有的数据、根据账号查询表中记录及根据姓名或者账号关键字来查找用户。代码如下:

```
//查询表中所有的数据
public Vector selectAll();
//根据账号查询表中记录
public Vector selectByUid(String uid);
//根据姓名或者账号关键字来查找用户
public Vector selectByKey(String key);
```

修改实现类 UserDaoImpl.java,给出三个方法的具体定义:

```
//查询表中所有的数据
public Vector selectAll(){
        Vector v=new Vector<User>();//存放 User 对象
    try{
        cn=DbTools.connDb();//连接数据库
        String sql="select * from SuperMarketUser";
        ps=cn.prepareStatement(sql);
        rs=ps.executeQuery();
        while(rs!=null && rs.next()){
            String uid=rs.getString(1);
            String pwd=rs.getString(2);
            String unam=rs.getString(3);
            String rid=rs.getString(4);

            User user=new User(uid,pwd,unam,rid);
            v.add(user);
```

```java
            }
        } catch (SQLException e) {
            //TODO Auto-generated catch block
            e.printStackTrace();
        } finally {
            DbTools.closeDb(rs, ps, cn);
        }
        return v;
    }
    //根据账号查询表中记录
    public Vector selectByUid(String uid) {
        Vector v = new Vector<User>();//存放User对象
        try {
            cn = DbTools.connDb();//连接数据库
            String sql = "select * from SuperMarketUser where uid=?";
            ps = cn.prepareStatement(sql);
            ps.setString(1, uid);
            rs = ps.executeQuery();
            while (rs != null && rs.next()) {
                String pwd = rs.getString(2);
                String unam = rs.getString(3);
                String rid = rs.getString(4);
                User user = new User(uid, pwd, unam, rid);
                v.add(user);
            }
        } catch (SQLException e) {
            //TODO Auto-generated catch block
            e.printStackTrace();
        } finally {
            DbTools.closeDb(rs, ps, cn);
        }
        return v;
    }
    //根据姓名或者账号关键字来查找用户
    public Vector selectByKey(String key) {
        Vector v = new Vector<User>();//存放User对象
        try {
            cn = DbTools.connDb();//连接数据库
            String sql = "select * from SuperMarketUser where uid like ? or uname like ?";
            ps = cn.prepareStatement(sql);
            ps.setString(1, "%" + key + "%");
            ps.setString(2, "%" + key + "%");
            rs = ps.executeQuery();
```

```java
            while(rs!=null && rs.next()){
                String uid=rs.getString(1);
                String pwd=rs.getString(2);
                String unam=rs.getString(3);
                String rid=rs.getString(4);
                User user=new User(uid,pwd,unam,rid);
                v.add(user);
            }
        }catch(SQLException e){
            e.printStackTrace();
        }finally{
            DbTools.closeDb(rs,ps,cn);
        }
        return v;
    }
}
```

第三步：实现表格数据的显示

首先实现管理员登录后默认表格显示所有用户数据。

修改 UsersManageJPanel.java，增加成员变量：

```java
private UserDao userDao=new UserDaoImpl();
```

找到建立 jTable 对象所在的大括号，继续增加代码，调用 UserDaoImpl 的 selectAll 方法查询用户表所有数据，然后调用方法 showAll()，把查询的数据添加到表格中。

```java
{//表格组件
    String[]  columnNames={"姓名","账号","角色"};
    defaultTableModel=new DefaultTableModel(null,columnNames);
    jTable=new JTable(defaultTableModel);
    jScrollPane.setViewportView(jTable);
    //显示数据库中的 users 表记录
    v=userDao.selectAll();
    showAll(v);
}
```

在 UsersManageJPanel.java 中封装一个成员方法 showAll()，实现从查询的结果集合中取值添加到表格的功能，代码如下：

```java
//从集合中取值的成员方法
    public void showAll(Vector v){
        //清空表格数据后再添加
        for(int i=defaultTableModel.getRowCount()-1;i>=0;i--){
            defaultTableModel.removeRow(i);
        }
        for(int i=0;i<v.size();i++){
            User user=(User)v.get(i);
```

```
            String[] rowData = new String[]{user.getUnam(),user.getUid(),
                user.getRid()};
            defaultTableModel.addRow(rowData);
        }
    }
```

注意:要实现表格数据动态更新,每次需要先清除 defaultTableMode 中原有的数据,然后再把新的数据添加到 defaultTableMode 中。删除数据时,要从最后一行开始删除。

接下来对查找按钮进行事件监听,当单击按钮时,调用 UserDaoImpl 的 selectByKey(String key) 方法按照账号和姓名进行模糊查询,并把查询结果显示在表格中。在查找按钮中增加事件监听的代码,代码如下:

```
{//查找按钮
    jBtSelect = new JButton("查找");
    jPanelL.add(jBtSelect);
    jBtSelect.setBounds(225,20,60,30);
    jBtSelect.setFont(new Font("宋体",Font.PLAIN,10));
    jBtSelect.addActionListener(new ActionListener(){
        @Override
        public void actionPerformed(ActionEvent arg0){
            //单击"查找"按钮需要完成的事情
            String key = jTFIn.getText().trim();
            if(key.equals("")){
                v = userDao.selectAll();
            }
            else{
                v = userDao.selectByKey(key);
            }
            if(v.size()>0){
                showAll(v);
            }else{
                JOptionPane.showMessageDialog(null,"不存在该用户信息!");
            }
            jTFIn.setText("");
        }});
}
```

第四步:实现添加用户的功能

当需要添加用户信息时,如图 5-35 所示,在右侧的文本框中输入添加用户的信息,单击"添加用户"按钮,将用户信息写入数据库,并更新左边的表格,显示所有用户信息。

首先在 UserDao.java 接口中添加增加用户的方法,并修改 UserDaoImpl 类实现 insertUser(Users user)方法。

在 UsersDao.java 接口中添加增加用户的方法:

```
//添加用户
public int insertUser(Users user);
```

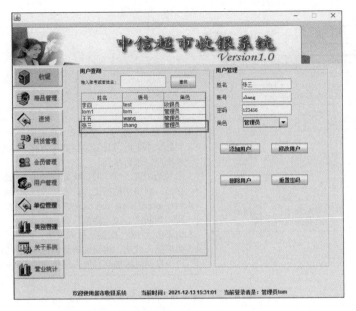

图 5-35 添加用户

修改 UserDaoImpl 类实现 insertUser(Users user)方法体：

```java
//添加用户
public int insertUser(Users user){
    int i = 0;
    try{
        cn = DbTools.connDb();//连接数据库
        String sql = "insert into users values(?,?,?,?,0)";
        ps = cn.prepareStatement(sql);
        ps.setString(1,user.getUid());
        ps.setString(2,user.getPwd());
        ps.setString(3,user.getUnam());
        ps.setString(4,user.getRid());
        //执行 insert update delete,使用 executeUpdate 方法
        i = ps.executeUpdate();
    } catch(SQLException e){
        //TODO Auto-generated catch block
        e.printStackTrace();
    }finally{
        DbTools.closeDb(rs,ps,cn);
    }
    return i;
}
```

接下来实现添加功能。对添加按钮的单击事件分析如图 5-36 所示。

按照上面的步骤修改 UsersManageJPanel.java，找到添加按钮组件所在的大括号，继续添加按钮单击事件，当单击按钮时，调用 UserDaoImp 的 insertUser(Users user)在数据库中插入记录。代码如下：

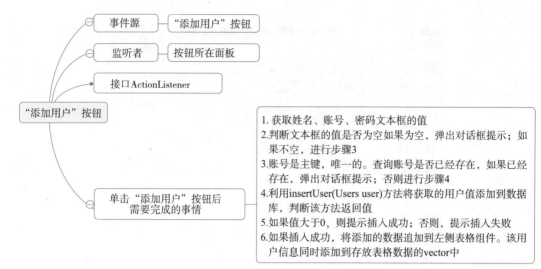

图5-36 添加按钮的鼠标事件

```
{//添加按钮组件
    JBtInsert = new JButton();
    jPanelR.add(JBtInsert);
    JBtInsert.setText("\u6dfb\u52a0\u7528\u6237");
    JBtInsert.setBounds(17,181,96,24);
    JBtInsert.addActionListener(new ActionListener(){
        public void actionPerformed(ActionEvent arg0){
            //单击"添加用户"按钮后需要完成的事情
            String unam = jTFName.getText().trim();
            String pwd = jTFPwd.getText().trim();
            String uid = jTFUid.getText().trim();
            String rid = jCBRid.getSelectedItem().toString();
            int sig = 0;
            if(unam.equals("")){
                JOptionPane.showMessageDialog(null,"姓名不能空!");
                jTFName.requestFocus(true);
            }else if(pwd.equals("")){
                JOptionPane.showMessageDialog(null,"密码不能空!");
                jTFPwd.requestFocus(true);
            }else if(uid.equals("")){
                JOptionPane.showMessageDialog(null,"账号不能空!");
                jTFUid.requestFocus(true);
            }else{
                Users user = new Users(uid,pwd,unam,rid,sig);
                //判断账号是否存在
                Vector vector = userDao.selectByUid(uid);
                if(vector.size()>0){
```

```
                JOptionPane.showMessageDialog(null,
                        "该账号已经存在了,请修改!");
                jTFUid.requestFocus(true);
            }else{
                //添加记录
                int i=userDao.insertUser(user);
                if(i>0){//添加成功,更新表格
                    JOptionPane.showMessageDialog(null,"添加成功!");String[] rowData=new String[]{
                        user.getUnam(),user.getUid(),user.getRid()};defaultTableModel.addRow(rowData);
                    //将数据添加到存放表格数据的集合中
                    v.add(user);
                }else{
                    JOptionPane.showMessageDialog(null,"添加失败,请联系管理员!");
                }
            }
        }
    }});
}
```

第五步:实现修改用户的功能

首先在 UserDao 接口中添加修改用户的方法 updateUser,代码如下:

```
//根据账号修改用户信息
public int updateUser(Users user);
```

修改实现类 UserDaoImpl,实现 updateUser(Users user)方法:

```
//根据账号修改用户信息
public int updateUser(User user,int type){
    int i=0;
    String sql;
    //修改用户和重置密码
    try{
        cn=DbTools.connDb();
        sql="update SuperMarketUser set uname=?,UPassword=?,URole=? where uid=?";
        ps=cn.prepareStatement(sql);
        ps.setString(4,user.getUid());
        ps.setString(2,user.getPwd());
        ps.setString(1,user.getUnam());
        ps.setString(3,user.getRid());
        //执行 insert update delete,使用 executeUpdate 方法
        i=ps.executeUpdate();
    } catch(SQLException e){
        //TODO Auto-generated catch block
```

```
            e.printStackTrace();
        }finally{
            DbTools.closeDb(rs,ps,cn);
        }
        return i;
    }
```

进行修改操作时,要求首先单击左侧表格组件中的某行数据,提取该行数据到右侧用户管理面板的对应编辑区域;然后在原有信息上输入新的数据进行修改,其中账号是不可编辑的;最终需要把修改后的数据更新到左侧表格中选中的行,因此,需要记住表格中当前选中的行,在 UsersManageJPanel 类中增加成员变量 selectedRow 用于记住当前表格选中的行:

```
private int selectedRow;
```

选中表格中的某一行数据,提取该行数据并赋值给右侧面板对应的文本框和下拉菜单,可以通过表格的鼠标事件完成。需要注意的是,账号在 SuperMarketUser 表中是主键,用户会根据主键来做修改、删除等操作,所以账号是不允许修改的,也就是显示账号的文本框不能编辑。如果是收银员登录,那么角色的信息也不可编辑。单击表格是为了进行修改、删除或者重置密码操作,这时添加用户按钮设置为不可用,操作完成后,再把不可编辑的组件变为可以编辑的。

修改 UsersManageJPanel.java,找到添加表格组件的大括号,添加鼠标事件,代码如下:

```
jTable.addMouseListener(new MouseAdapter(){
    @Override
    public void mouseClicked(MouseEvent e){
        //在表格上单击鼠标时需要做的事情
        //获取鼠标选中的那一行的每一列的值,表的行标从 0 开始
        selectedRow = jTable.getSelectedRow();
        User u = (User)v.get(selectedRow);
        //将表格选中行的用户信息显示在右侧面板的编辑框中
        jTFName.setText(u.getUnam());
        jTFUid.setText(u.getUid());
        jTFUid.setEditable(false);
        jTFPwd.setText(u.getPwd());
        if(u.getRid().equals("管理员")){
            jCBRid.setSelectedIndex(0);
        }else{
            jCBRid.setSelectedIndex(1);
        }
        //如果是收银员角色,那么 jCBRid 赋值后不可被编辑
        if(LoginJFrame.user.getRid().equals("收银员")){
            jCBRid.setEditable(false);
        }
        //"添加用户"按钮也变为不可用
        jBtInsert.setEnabled(false);
    }
});
```

对修改用户按钮的鼠标单击事件分析如图 5-37 所示。

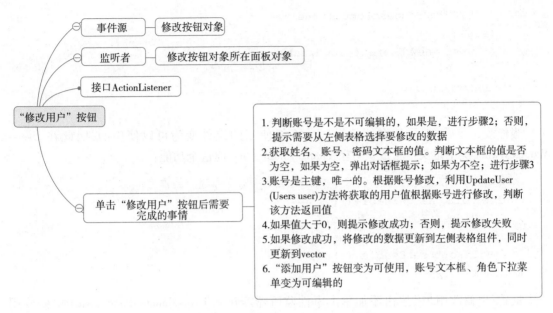

图 5-37 "修改用户"按钮鼠标单击事件

添加用户和修改用户时，都需要判断文本框是否为空。为了减少代码的冗余，在 UsersManageJPanel 类中定义一个成员方法 isEmpty( )用来判断账号、姓名、密码文本框组件是否为空，如果不为空，则将数据封装到 User 对象。所以需要在 UsersManageJPanel 类中增加成员变量 User 对象，并且初始值为 null。

```
private User user = null;
```

isEmpty( )方法代码如下：

```
//判断组件是否为空
public User isEmpty(){
    user = null;
    String unam = jTFName.getText().trim();
    String pwd = jTFPwd.getText().trim();
    String uid = jTFUid.getText().trim();
    String rid = jCBRid.getSelectedItem().toString();
    int sig = 0;
    if(unam.equals("")){
        JOptionPane.showMessageDialog(null,"姓名不能空!");
        jTFName.requestFocus(true);
    } else if(pwd.equals("")){
        JOptionPane.showMessageDialog(null,"密码不能空!");
        jTFPwd.requestFocus(true);
    } else if(uid.equals("")){
        JOptionPane.showMessageDialog(null,"账号不能空!");
```

```
            jTFUid.requestFocus(true);
        }else{
            user=new User(uid,pwd,unam,rid,sig);
        }
        return user;
    }
```

当修改完成后,需要把右侧编辑区域不能使用的组件变为可以使用的,因此在 UsersManageJPanel 类中定义一个成员方法 changeEnable()完成这个功能:

```
//"添加用户"按钮变为可使用,账号文本框、角色下拉菜单变为编辑
public void changeEnable(){
    jTFUid.setEditable(true);
    jCBRid.setEditable(true);
    jBtInsert.setEnabled(true);
}
```

最后对"修改用户"按钮添加单击事件监听器。找到 UsersManageJPanel.java 中"修改用户"按钮对象 jBtUpdate 的大括号,代码如下:

```
{//"修改用户"按钮
    jBtUpdate=new JButton();
    jPanelR.add(jBtUpdate);
    jBtUpdate.setText("修改用户");
    jBtUpdate.setBounds(140,181,88,24);
    jBtUpdate.addActionListener(new ActionListener(){
        @Override
        public void actionPerformed(ActionEvent arg0){
            //单击"修改用户"按钮
            if(jTFUid.isEditable()){
                JOptionPane.showMessageDialog(null,"请选择左侧表格中需要修改的数据!");
            }else{
                if(isEmpty()!=null){
                    int i=userDao.updateUser(user,1);
                    if(i>0){
                        JOptionPane.showMessageDialog(null,"修改成功!");
                        //将修改后的数据更新到表格
                        jTable.setValueAt(user.getUnam(),selectedRow,0);
                        jTable.setValueAt(user.getUid(),selectedRow,1);
                        jTable.setValueAt(user.getRid(),selectedRow,2);
                        //将数据更新到vector
                        v.add(selectedRow,user);
                    }else{
                        JOptionPane.showMessageDialog(null,
                            "修改失败,请联系管理员!");
```

```
            }
            changeEnable();
          }
        }
      }
    });
}
```

4.6 巩固训练

1. 实现超市收银系统删除用户的功能,根据选中记录的账号删除数据库中相应的记录。

2. 实现重置密码的功能。需要做的是将选中行的用户的密码重置为初始密码"123"。

3. 根据教材所讲的功能模块自主完成超市收银系统其他功能模块的开发,实现各模块的整合,并对照功能进行自评和小组互评,掌握 MVC 框架技术。系统代码和相关资料可扫二维码下载。

系统代码下载

学习目标达成度评价

序号	学习目标	学生自评
1	能够进行图形用户界面设计,熟练使用布局管理器和常用容器组件	□能够熟练设计用户界面 □需要参考教材和相应代码才能实现 □需要老师和同学的帮助 □遇到问题不知道如何解决
2	能够熟练进行常用组件的事件处理	□能够熟练编写事件处理代码 □需要参考相应的代码才能实现 □需要老师和同学的帮助 □遇到问题不知道如何解决
3	能够利用 JDBC 技术实现数据库的增、删、改、查	□能够熟练数据库访问的代码 □需要参考相应的代码才能实现 □需要老师和同学的帮助 □遇到问题不知道如何解决
4	能够利用 MVC 模式项目的开发和集成调试	□能够熟练利用 MVC 搭建项目,进行项目开发和继承调试 □需要老师和同学的帮助 □无法完成
	评价得分	
学生自评得分（20%）	学习成果得分（60%）	学习过程得分（20%）	项目综合得分

- 学生自评得分

学生自评表格中，第一个选项得 25 分，第二个选项得 15 分，第三个选项得 10 分。

- 学习成果得分

教师根据学生学习成果完成情况酌情赋分，满分 100 分。

- 学习过程得分

教师根据学生其他学习过程表现，如到课情况、作业完成情况、课堂参与讨论情况等酌情赋分，满分 100 分。

学习笔记

学习成果 6

坦克大战

项目导读

本程序是一个简单的坦克游戏程序,用 Java 语言编写,在 JDK 环境下运行。游戏开始时,用户通过键盘操纵坦克移动、转弯和射击,与敌人坦克进行交战,直到消灭所有敌人,就可以过关。具体的功能模块及每个模块的难度和实现要求见表 6-1。

表 6-1 坦克大战功能描述

功能	难度系数	规则描述
菜单界面	10	初始界面显示文字"stage:1"或者"开始"菜单
		单击菜单中的"开始子菜单"进入游戏界面
我方坦克	45	绘制我方坦克,可以设置颜色为红色
		我方坦克根据方向键上、下、左、右移动
		当按下空格键时,我方坦克发射子弹
		当我方坦克发射子弹打中敌方坦克时,出现爆炸效果,敌方坦克消失
敌方坦克	45	绘制 5 个敌方坦克,可以设置颜色为蓝色
		敌方坦克随机运动
		敌方坦克根据自己的运动方向发射子弹
		当敌方坦克发射子弹打中我方坦克时,出现爆炸效果,我方坦克消失

学习目标

知识目标	能力目标	职业素质目标
1. 掌握窗体绝对布局、卡片布局的使用 2. 掌握菜单组件的使用 3. 掌握在容器中绘制图形的技术 4. 掌握线程的使用 5. 掌握键盘事件的监听和处理	1. 能够熟练使用绘图技术 　2. 能够熟练运用多线程技术	1. 具有良好的职业道德和职业规范 2. 具有团队协作的能力 3. 具有一定的创新能力 4. 具有分析问题、解决问题的能力 5. 具有精益求精、一丝不苟的工匠精神

学习寄语

华为内部已经在为智能手机开发自有操作系统,防止美国政府不授权 Android 系统使用,做到未雨绸缪。国内绝大多数互联网企业都在使用 Java 编程,会使用 Java 的工程师数以百万计,但研究 Java 虚拟机技术的人才至今也只有几十人。要扎实学好基础知识,克服畏难情绪,努力掌握好较难的线程部分的编程,只有一步一个脚印,不好高骛远,才能最终掌握核心技术。

任务1 实现对战界面设计

1.1 任务描述

完成敌我双方坦克对战界面的设计。具体功能参照表 6-1 中菜单界面中的规则描述,这里需要使用菜单组件来完成菜单项的建立。菜单界面如图 6-1 所示。当单击"游戏"菜单中的"开始"子菜单项后,进入坦克大战的游戏界面,如图 6-2 所示。界面中的黑色区域为游戏面板,游戏就在此面板中进行。

坦克大战项目展示

1.2 任务分析

首先分析界面的布局。由图 6-1 可知,窗体分为上、下两部分,可以使用窗体的边界布局,保留 North 和 Center 部分。在 Center 部分需要显示两个面板:第一个面板是初始面板 stage:1;第二个面板是游戏的主要对战面板,当单击"游戏"菜单的"开始"子菜单时,显示第二个面板。那么如何让两个面板在同一个 Center 部分出现呢?这就用到前面学过的卡片布局。在 Center 部分添加一个面板,设置为卡片布局,在该面板中添加初始面板和对战面板。因为对战面板比较复杂,需要绘制坦克等,如图 6-2 所示,所以,对于该面板,需要单独建立一个面板类文件 MyJPanel.java,该类文件继承 JPanel。后面的任务中,再补齐对战面板 MyJPanel.java 的内容。初始面板中显示"stage:1",增加一个标签组件来完成"stage:1"字符的显示即可。界面分析思维导图如图 6-3 所示。

图 6-1 坦克大战平台菜单界面

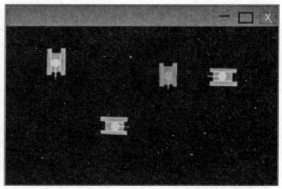

图 6-2 游戏界面

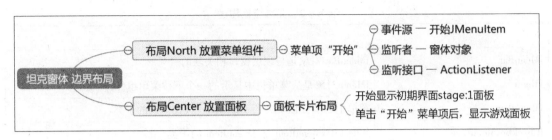

图6-3 界面分析思维导图

1.3 任务学习目标

1. 掌握窗体边界布局、卡片布局的使用。
2. 掌握菜单组件的使用。
3. 掌握菜单组件对应的事件处理。
4. 掌握类和对象的使用,以及类的三大特征的综合应用。

1.4 知识储备

1.4.1 菜单组件

菜单由 Swing 中的 JMenu 类实现,可以包含多个菜单项和带分隔符的菜单。在菜单中,菜单项由 JMenuItem 类表示,分隔符由 JSeparator 类表示。菜单的层次结构如图6-4所示,菜单和菜单项的控件都是 MenuComponent 类的子类,每个控件的描述见表6-2。在坦克大战项目中,使用菜单栏、菜单和菜单项(JMenuBar、JMenu、JMenuItem)三个组件。以图

菜单组件

6-5所示的 Elipse 编译器的界面为例说明窗体菜单的组成部分。对于一个窗体,首先要添加一个 JMenuBar,而且只能有一个菜单栏 JMenuBar,然后在其中添加 JMenu,在 JMenu 中添加 JMenuItem。JMenuItem 是最小单元,它不能再添加 JMenu 或 JMenuItem,而 JMenu 是可以再添加 JMenu 的。可以添加横线将内部成员分隔开,也就是图中的 Seperator。

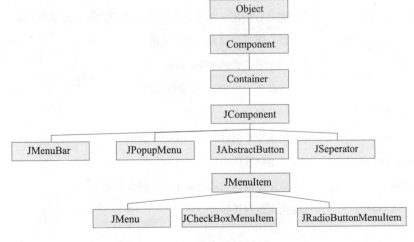

图6-4 菜单层次结构图

表6-2 菜单控件描述

控件	描述
JMenuBar	JMenuBar 对象是与顶层窗口相关联的
JMenu	JMenu 对象是从菜单栏中显示的一个下拉菜单组件
JMenuItem	菜单中的项目必须属于 JMenuItem 或任何它的子类
JCheckBoxMenuItem	JCheckBoxMenuItem 是 JMenuItem 的子类
JRadioButtonMenuItem	JRadioButtonMenuItem 是 JMenuItem 的子类
JPopupMenu	JPopupMenu 可以在一个组件内的指定位置动态地弹出

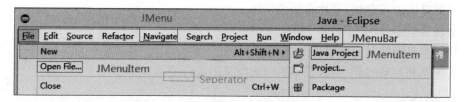

图6-5 Eclipse 编译器界面

创建菜单常用的构造方法有两个：JMenu()和 JMenu(String s)。第一个构造方法创建一个无文本的 JMenu 对象，第二个构造方法创建一个带有指定文本的 JMenu 对象。JMenu 类的常用方法见表6-3。

表6-3 JMenu 类的常用方法

方法名称	说明
add(Action a)	创建连接到指定 Action 对象的新菜单项，并将其追加到此菜单的末尾
add(Component c)	将某个组件追加到此菜单的末尾
add(Component c, int index)	将指定组件添加到此容器的给定位置
add(JMenuItem menuItem)	将某个菜单项追加到此菜单的末尾
add(String s)	创建具有指定文本的新菜单项，并将其追加到此菜单的末尾
addSeparator()	将新分隔符追加到菜单的末尾
getItem(int pos)	返回指定位置的 JMenuItem
getItemCount()	返回菜单上的项数，包括分隔符
getMenuComponent(int n)	返回位于位置 n 的组件
getMenuComponents()	返回菜单子组件的 Component 数组
insert(JMenuItem mi, int pos)	在给定位置插入指定的 JMenuItem
insert(String s, pos)	在给定位置插入具有指定文本的新菜单项
insertSeparator(int index)	在指定的位置插入分隔符

续表

方法名称	说明
isMenuComponent(Component c)	如果在子菜单层次结构中存在指定的组件,则返回 true
isSelected()	如果菜单是当前选择的(即高亮显示的)菜单,则返回 true
setSelected(boolean b)	设置菜单的选择状态

【案例 6-1】 编写一个案例 JMenuDemo1.java,利用 JMenuBar 类创建一个包含"文件"菜单和"编辑"菜单的菜单窗口。主要实现代码如下:

```java
import java.awt.event.ActionEvent;
import java.awt.event.KeyEvent;
import javax.swing.JCheckBoxMenuItem;
import javax.swing.JFrame;
import javax.swing.JMenu;
import javax.swing.JMenuBar;
import javax.swing.JMenuItem;
import javax.swing.KeyStroke;
public class JMenuDemo1 extends JMenuBar{
    public JMenuDemo1(){
        add(createFileMenu());    //添加"文件"菜单
        add(createEditMenu());    //添加"编辑"菜单
        setVisible(true);
    }
    public static void main(String[]agrs){
        JFrame frame = new JFrame("菜单栏");
        frame.setSize(300,200);
        frame.setJMenuBar(new JMenuDemo1());
        frame.setVisible(true);
    }
    //定义"文件"菜单
    private JMenu createFileMenu(){
        JMenu menu = new JMenu("文件(F)");
        menu.setMnemonic(KeyEvent.VK_F);    //设置快速访问符
        JMenuItem item = new JMenuItem("新建(N)",KeyEvent.VK_N);  item.setAccelerator(KeyStroke.getKeyStroke(KeyEvent.VK_N,ActionEvent.CTRL_MASK));
        menu.add(item);
        item = new JMenuItem("打开(O)",KeyEvent.VK_O);  item.setAccelerator(KeyStroke.getKeyStroke(KeyEvent.VK_O,ActionEvent.CTRL_MASK));
        menu.add(item);
        item = new JMenuItem("保存(S)",KeyEvent.VK_S);  item.setAccelerator(KeyStroke.getKeyStroke(KeyEvent.VK_S,ActionEvent.CTRL_MASK));
        menu.add(item);
        menu.addSeparator();
        item = new JMenuItem("退出(E)",KeyEvent.VK_E);  item.setAccelerator(KeyStroke.getKeyStroke(KeyEvent.VK_E,ActionEvent.CTRL_MASK));
```

```
            menu.add(item);
        return menu;
    }
    //定义"编辑"菜单
    private JMenu createEditMenu(){
        JMenu menu = new JMenu("编辑(E)");
        menu.setMnemonic(KeyEvent.VK_E);
        JMenuItem item = new JMenuItem("撤销(U)",KeyEvent.VK_U);
        item.setEnabled(false);
        menu.add(item);
        menu.addSeparator();
        item = new JMenuItem("剪贴(T)",KeyEvent.VK_T);
        menu.add(item);
        item = new JMenuItem("复制(C)",KeyEvent.VK_C);
        menu.add(item);
        menu.addSeparator();
        JCheckBoxMenuItem cbMenuItem = new JCheckBoxMenuItem("自动换行");
        menu.add(cbMenuItem);
        return menu;
    }
}
```

上述代码调用 JMenu 对象的 setMnemonic()方法设置当前菜单的快速访问符。该符号必须对应键盘上的一个键,并且应该使用 java.awt.event.KeyEvent 中定义的 VK~XXX 键代码之一指定。快速访问符是一种快捷键,通常在按下 Alt 键和某个字母时激活。例如,常用的快捷键 Alt + F 是"文件"菜单的快速访问符。

JMenuItem 类实现的是菜单中的菜单项。菜单项本质上是位于列表中的按钮。当用户单击按钮时,则执行与菜单项关联的操作。JMenuItem 的常用构造方法有以下三个:

- JMenuItem(String text):创建带有指定文本的 JMenuItem。
- JMenuItem(String text,Icon icon):创建带有指定文本和图标的 JMenuItem。
- JMenuItem(String text,int mnemonic):创建带有指定文本和键盘助记符的 JMenuItem。

在该实例中,创建菜单项后调用 JMenuItem 对象的 setAccelerator(KeyStroke)方法来设置修改键,它能直接调用菜单项的操作监听器而不必显示菜单的层次结构。在本实例中没有实现事件监听机制,所以,使用快捷键时将得不到程序的任何响应,但是在菜单项中将出现快捷键。

运行该实例,图 6 - 6 所示的是"文件"和"编辑"菜单展开效果。

1.4.2 菜单事件

菜单事件是相应的 JMenuItem 对象增加鼠标单击事件,它的使用方式和前面超市收银系统中按钮的单击事件是一样的,都是实现 ActionListener 接口中方法。可以根据前面讲过的按钮的单击事件内部类的写法实现 JMenuItem 的单击事件。在这里只完成"开始"菜单的事件,其他按钮的事件可以作为巩固训练完成。

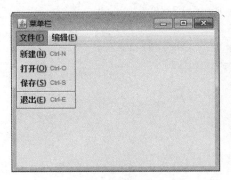

图6-6 "文件"和"编辑"菜单

1.5 任务实施

根据对图6-3所示的界面的分析,就可以建立窗体类文件 TankGameJFrame.java。这里先完成窗体中"开始"菜单的监听和"退出"菜单的监听。在项目中先建立两个类文件:窗体类 TankGameJFrame.java 和面板类 MyJPanel.java。其中面板类文件 MyJPanel.java 继承 JPanel,只设置面板大小和背景,在后面的任务中再补齐坦克等其他功能代码。

```
setPreferredSize(new Dimension(400,300));//面板大小
this.setBackground(new java.awt.Color(0,0,0));//设置背景颜色为黑色
```

- 建立窗体类文件 TankGameJFrame.java,大家可以自行建立包,这里放在了 com.ly 包中,代码如下:

```
package com.ly;
import java.awt.*;
import javax.swing.*;
public class TankGameJFrame extends javax.swing.JFrame{
    MyJPanel tankPanel;
    private JPanel jPanelFirst,jPanelCenter;
    private JMenuBar jMenuBar1;
    private JMenuItem jMenuItemStart;
    private JMenuItem jMenuItemExit;
    private JSeparator jSeparator2;
    private JMenuItem jMenuItemSave;
    private JSeparator jSeparator1;
    private JMenu jMenuHelp;
    private JMenu jMenuSet;
    private JMenu jMenuGame;
    private CardLayout cardLayout;
    private Label lable;
    /**
     * 窗体类文件
     */
    public static void main(String[]args){
```

```java
        SwingUtilities.invokeLater(new Runnable(){
            public void run(){
                TankGameJFrame inst = new TankGameJFrame();
                inst.setLocationRelativeTo(null);
                inst.setVisible(true);
            }
        });
    }
    public TankGameJFrame(){
        super();
        initGUI();
    }
    private void initGUI(){
        try{
            {//布局 Center 放置面板对象 jPanelCenter,卡片布局
                jPanelCenter = new JPanel();
                cardLayout = new CardLayout();
                jPanelCenter.setLayout(cardLayout);
                getContentPane().add(jPanelCenter,BorderLayout.CENTER);
                //在卡片布局中添加初始面板
                {
                    jPanelFirst = new JPanel();
                    jPanelFirst.setLayout(null);
jPanelFirst.setPreferredSize(new Dimension(400,300));//面板大小
jPanelFirst.setBackground(new Color(120,100,156));//设置背景颜色
                    {//在初始面板中添加标签组件
                        lable = new Label("Stage:1");
                        lable.setBounds(100,50,120,30);
                        lable.setFont(new Font("宋体",1,20));
lable.setForeground(new java.awt.Color(255,255,255));//设置字体颜色
                        jPanelFirst.add(lable);
                    }
                    jPanelCenter.add("fisrt",jPanelFirst);
                    cardLayout.show(jPanelCenter,"first");
                }
            }
            {//菜单
                jMenuBar1 = new JMenuBar();
                setJMenuBar(jMenuBar1);
                {//"游戏"菜单
                    jMenuGame = new JMenu();
                    jMenuBar1.add(jMenuGame);
                    jMenuGame.setText("游戏(G)");
                    {//"开始"菜单
                        jMenuItemStart = new JMenuItem();
```

```java
            jMenuGame.add(jMenuItemStart);
            jMenuItemStart.setText("\u5f00\u59cb");
            //分割线
            jSeparator1 = new JSeparator();
            jMenuGame.add(jSeparator1);
jMenuItemStart.addActionListener(new ActionListener(){
    public void actionPerformed(ActionEvent arg0){
                //单击"开始"菜单,游戏面板出现,开始游戏
                //添加游戏面板
                tankPanel = new MyJPanel();
                jPanelCenter.add("game",tankPanel);
                cardLayout.show(jPanelCenter,"game");
            }
        });
    }
    {
            jMenuItemSave = new JMenuItem();
            jMenuGame.add(jMenuItemSave);
            jMenuItemSave.setText("\u4fdd\u5b58");
            //分割线
            jSeparator2 = new JSeparator();
            jMenuGame.add(jSeparator2);
    }
    {
            jMenuItemExit = new JMenuItem();
            jMenuGame.add(jMenuItemExit);
            jMenuItemExit.setText("\u9000\u51fa");
            jMenuItemExit.addActionListener(new ActionListener(){
    public void actionPerformed(ActionEvent arg0){
                //单击"退出"菜单,游戏结束
                System.exit(0);
            }
        });
    }
}
    {//设置菜单
        jMenuSet = new JMenu();
        jMenuBar1.add(jMenuSet);
        jMenuSet.setText("设置(T)");
    }
    {//"帮助"菜单
        jMenuHelp = new JMenu();
        jMenuBar1.add(jMenuHelp);
        jMenuHelp.setText("\u5e2e\u52a9(P)");
    }
}
```

```
            setDefaultCloseOperation(WindowConstants.EXIT_ON_CLOSE);
        pack();
        setSize(400,300);
        } catch(Exception e){
            //add your error handling code here
            e.printStackTrace();
        }
    }
}
```

1.6 巩固训练

1. 学生根据教材的任务实施步骤完成任务 1 的开发,实现菜单和监听。
2. 完成网络课程中动态小球的界面设计和监听。

动态小球

任务 2　实现坦克绘制

2.1 任务描述

坦克窗体建好后,单击"开始"菜单项,进入游戏界面,敌我双方的坦克出现,准备进行对战。首先实现坦克的绘制。

2.2 任务分析

对坦克的外形进行分解分析,分为左边矩形框、中间矩形框、右边矩形框、圆形和直线,如图 6-7 所示。

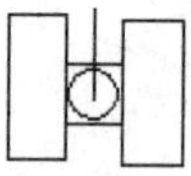

绘制简易版坦克,从图形上可以分为左边矩形框、中间矩形框、右边矩形框、圆形和直线。根据坦克上下左右不同的方向、坐标、宽度、高度进行计算绘制。案例中设定坦克宽度 5 个像素、高度 30 像素、圆直径 4 个像素。

图 6-7　坦克外形分析

2.3 任务学习目标

1. 掌握绘图技术的使用。
2. 掌握类和对象的使用,以及类的三大特征的综合应用。
3. 掌握异常的处理。

4. 掌握帮助文档和调试方法的使用。

2.4 知识储备

2.4.1 绘图技术

1. 绘图原理

Java 在 AWT 的根类 Component 中预置了 paint(Graphics g)方法。paint()方法的参数是图形类 Graphics 对象,在类 Graphics 中,系统预置了大量的用于图形处理与输出的方法。

在 paint()方法的重新定义中,可以通过 Graphics 的对象 g 来调用方法进行图形处理与输出。

绘图原理

paint()方法是由程序运行的环境来调用的,每当一个 AWT 构件首次显示或者部分显示已被破坏而必须刷新时,该方法被自动地调用。

Component 类提供了三个和绘图相关的最重要的方法:

①paint(Graphics g):绘制组件外观。

②repaint():刷新组件的外观。

③update(Graphics g):调用 paint()方法,刷新组件外观。

当组件第一次在屏幕显示时,程序会自动调用 paint()方法来绘制组件。

2. Graphics 类

Graphics 类是一个抽象的画笔对象,Graphics 可以在组件上绘制丰富多彩的几何对象和位图。坐标同前面讲的一样,容器左上角为坐标(0,0),向右 x 坐标增加,向下 y 坐标增加。

①在 Graphics 类中使用 drawLine()方法画一条线段,方法如下:

```
drawLine(int x1,int y1,int x2,int y2)
```

②Graphics 类中提供了 3 种类型的矩形:普通矩形、圆角矩形和三维矩形。每一种矩形都提供两种不同风格的方法:

- 仅画出矩形的边框。
- 不仅画出边框,还用相同的颜色将整个矩形区域填满。

画出普通矩形:

```
drawRect(int x,int y,int width,int)
```

画出一个填充型风格的普通矩形:

```
fillRect(int x,int y,int width,int height)
```

画出一个圆角矩形:

```
drawRoundRect(int x, int y, int width, int height, int arcWidth, int arcHeight)
```

画出填充型的圆角矩形:

```
fillRoundRect(int x, int y, int width, int height, int arcWidth, int arcHeight)
```

画三维矩形:

```
draw3DRect(int x,int y,int width,int height,boolean raised)
```

画填充型三维矩形:

```
fill3DRect(int x,int y,int width,int height,boolean raised)
```

③Java 中绘制椭圆是以其外接矩形作为参数来实现的,与画普通矩形的方法相似。
绘制一个椭圆:

```
drawOval(int x,int y,int width,int height)
```

绘制椭圆并将其内部用前景色填充:

```
fillOval(int x,int y,int width,int height)
```

2.5 任务实施

绘制坦克实现思路:
①坦克有敌方坦克和我方坦克,所以提炼坦克共有特征,建立父类文件 Tank.java。
②建立子类我方坦克 LYTank.java 类文件。
③在前面创建的面板类文件 MyJPanel.java 中创建我方坦克对象 lYTank1。在 paint 方法中根据坐标、矩形框、圆形等绘制原理绘制第一个我方坦克。
第一步:建立坦克父类

```java
public class Tank{
//这是父类,用来提炼坦克的共同特征
    //定义坦克的横、纵坐标
    int x=0,y=0;
    public Tank(int x,int y){
        this.x=x;
        this.y=y;
    }
    public int getX(){
        return x;
    }
    public void setX(int x){
        this.x=x;
    }
    public int getY(){
        return y;
    }
    public void setY(int y){
        this.y=y;
    }
}
```

第二步:建立我方坦克类

```java
public class LYTank extends Tank{
    public LYTank(int x,int y){
        super(x,y);
    }
}
```

第三步:修改 MyJPanel.java 类文件,增加坦克外形绘制

```java
public class MyJPanel extends javax.swing.JPanel  {
    LYTank lYTank1 = new LYTank(10,10);//建立我方坦克对象
    int x = lYTank1.getX();
    int y = lYTank1.getY();
    public void paint(Graphics g){
        super.paint(g);
        g.fillRect(0,0,400,300);//设置坦克运动区域背景为黑色
        //绘制坦克
        g.setColor(Color.red);
        g.fill3DRect(x,y,5,30,false);//绘制左边矩形
        g.fill3DRect(x+5,y+5,10,20,false);//绘制中间矩形
        g.fill3DRect(x+15,y,5,30,false);//绘制右边矩形
        g.drawOval(x+8,y+11,4,4);//绘制圆
        g.drawLine(x+10,y,x+10,y+18);//绘制线
        /* 如果是3D的效果,可以使用 g.fill3DRect(x,y,5,30,false);普通效果可
以使用 g.fillRect(x,y,5,30);*/
    }
}
```

运行上面的代码,在面板中就可以看到我方坦克了。继续修改代码,增强代码的可读性:封装坦克绘制。

在这个面板上要绘制很多坦克,需要重复上面的代码,为了减少代码冗余,利用前面学过的封装的思想,建立成员方法封装绘制坦克功能。变化的不确定的数据作为参数处理,从代码中可以看到坐标是变化的,绘制的坦克可能是敌方的,也可能是我方的,两者颜色不同,用一个类型参数做标记;坦克出现的方向不同,上下左右都有可能出现,所以增加一个方向参数。

在面板类文件 MyJPanel.java 中增加成员方法 drawTank(Graphics g,int x,int y,int type,int direction)实现不同方向敌方或者我方坦克的绘制。

同时,在坦克父类文件 Tank.java 中增加方向成员变量 int direction=0;,方向0代表向上。在我方坦克 LYTank.java 类文件中增加类型成员变量 int type=0;,代表我方坦克,同时,增加两个成员变量对应的get和set方法。

```java
//绘制坦克方法,其中,type代表我方坦克还是敌方坦克,directions代表方向
public void drawTank(Graphics g,int x,int y,int type,int direction){
    switch(type){
    case 0://我方坦克
        g.setColor(Color.red);
```

```
            break;
        case 1://敌方坦克
            g.setColor(Color.blue);
            break;
        }
        switch(direction){
        case 0://方向向上
            g.fill3DRect(x,y,5,30,false);//绘制左边矩形
            g.fill3DRect(x + 5,y + 5,10,20,false);//绘制中间矩形
            g.fill3DRect(x + 15,y,5,30,false);//绘制右边矩形
            g.drawOval(x + 8,y + 11,4,4);//绘制圆
            g.drawLine(x + 10,y,x + 10,y + 15);//绘制线
            break;
        case 1://方向向右
            g.fill3DRect(x,y,30,5,false);//绘制上边矩形
            g.fill3DRect(x + 5,y + 5,20,10,false);//绘制中间矩形
            g.fill3DRect(x,y + 15,30,5,false);//绘制下边矩形
            g.drawOval(x + 11,y + 8,4,4);//绘制圆
            g.drawLine(x + 15,y + 10,x + 30,y + 10);//绘制线
            break;
        case 2://方向向下
            g.fill3DRect(x,y,5,30,false);//绘制左边矩形
            g.fill3DRect(x + 5,y + 5,10,20,false);//绘制中间矩形
            g.fill3DRect(x + 15,y,5,30,false);//绘制右边矩形
            g.drawOval(x + 8,y + 11,4,4);//绘制圆
            g.drawLine(x + 10,y + 15,x + 10,y + 30);//绘制线
            break;
        case 3://方向向左
            g.fill3DRect(x,y,30,5,false);//绘制上边矩形
            g.fill3DRect(x + 5,y + 5,20,10,false);//绘制中间矩形
            g.fill3DRect(x,y + 15,30,5,false);//绘制下边矩形
            g.drawOval(x + 11,y + 8,4,4);//绘制圆
            g.drawLine(x,y + 10,x + 15,y + 10);//绘制线
            break;
        }
    }
```

修改 paint 方法:将绘制坦克外形的代码注释掉,改为调用写好的封装方法。

```
/* 在这个面板上要绘制很多坦克,就是重复上面的代码,为了减少代码冗余,用成员方法封装绘制坦克*/
this.drawTank(g,lYTank1.getX(),lYTank1.getY(),lYTank1.getType(),
              lYTank1.getDirection());
```

2.6 巩固训练

1. 熟悉画图的基本知识后,可以完成满天星绘制的案例。做一个黑色的背景,绘制一颗星星(*),然后利用循环在随机的位置绘制 300 颗星星。

2. 根据我方坦克绘制方法,来实现敌方坦克的绘制,绘制的原理同我方坦克。要实现的任务是在窗体上加入敌方三辆坦克,敌方坦克为蓝色。前面通过封装的方法已经完成了我方坦克的绘制。同理,还是利用该成员方法绘制敌方坦克。我方和敌方对战,如果打中敌方一个坦克,敌方坦克就要消失一辆,也就是删除一辆。这里就涉及敌方坦克的删除

绘制敌方坦克

和添加操作,要存放敌方三辆坦克,并且还要方便删除和添加,数组无法实现,可以利用集合来实现。因为每个坦克在后期编程中都是一个线程,这里要考虑线程安全,要使用 vector 集合类。可扫描二维码参考这部分功能的代码。

任务3 实现我方坦克运动

3.1 任务描述

坦克绘制完成后,我方坦克通过键盘控制来运动。按键盘向上的键,坦克向上运动;按向右的键,坦克向右运动;按向下的键,坦克向下运动;按向左的键,坦克向左运动。

3.2 任务分析

要让我方坦克根据方向键来运动,需要利用键盘事件来实现。首先获取键盘的按键值是不是方向键。每个键盘按键都对应一个 ASCII 码,可以根据这个码值来判断。让坦克在上、下、左、右四个方向运动,也就是根据按键指定的方向,变化其坐标即可。向上就是 y 坐标减小,向下就是 y 坐标增加;向左就是 x 坐标增加,向右就是 x 坐标减小。每按键一次,相应的坐标增加或者减小一个设定的值,这样坦克看起来就是运动的。这个设定的值就是速度。

3.3 任务学习目标

1. 掌握键盘事件的使用。
2. 掌握类和对象的使用,以及类的三大特征的综合应用。
3. 掌握异常的处理。
4. 掌握帮助文档和调试方法的使用。

3.4 知识储备

要通过按键来控制我方坦克运动,需要实现键盘事件监听。当按下、释放或敲击键盘上的某个键时,就会发生键盘事件。键盘事件的接口是 KeyListener,注册键盘事件监视器的方法是 addKeyListener(监视器),实现 KeyListener 接口有 3 个:

- keyPressed(KeyEvent e),键盘上某个键被按下。

- keyReleased(KeyEvent e),键盘上某个键被按下,又释放。
- keyTyped(KeyEvent e),keyPressed 和 keyReleased 两个方法的组合。

管理键盘事件的类是 KeyEvent,该类提供方法:
- public int getKeyCode(),获得按动的键码,键码表在 KeyEvent 类中定义,可以在帮助文档中查到。
- public charGetKeyChar(),返回与此事件中的键关联的字符。

【案例6-2】建立一个测试类文件 Test.java,通过下面的代码演示键盘事件的使用。

```java
import java.awt.event.KeyEvent;
import java.awt.event.KeyListener;
import javax.swing.JFrame;
import javax.swing.JPanel;
public class Test extends JFrame{
    private MyPanel1 myPanle;
    public static void main(String[]args){
        test Test = new test();
    }
    public test(){
        myPanle = new MyPanel1();
        this.add(myPanle);
        this.addKeyListener(myPanle);
        this.setSize(400,300);
        this.setDefaultCloseOperation(JFrame.EXIT_ON_CLOSE);
        this.setVisible(true);
    }
}
class MyPanel1 extends JPanel implements KeyListener{
    @Override
    public void keyTyped(KeyEvent e){
        //TODO Auto-generated method stub
    }
    @Override
    public void keyPressed(KeyEvent e){
        System.out.println(e.getKeyCode());
        if(e.getKeyCode()==32){
            System.out.println("空格");
        }
    }
    @Override
    public void keyReleased(KeyEvent e){
    }
}
```

3.5 任务实施

事件为键盘事件,接口为 KeyListener。因为我方坦克绘制在面板中,所以监听者为面板对象,而面板对象是在窗体类 TankGameJFrame.java 中创建的,所以在窗体类 TankGameJFrame.java 中增加监听者为面板对象。按下方向键后,坦克在相应的方向上移动一定的像素,这样就实现了坦克的运动,向上运动,y 坐标减小;向下运动,y 坐标增加;向右运动,x 坐标增加;向左运动,x 坐标减小。所以,在坦克父类 Tank.java 中增加速度成员变量 int speed = 1;,同时增加 set 和 get 方法。在子类我方坦克 LYTank.java 的构造方法中,可以设置我方速度初始值为3。

第一步:设置速度成员变量

```
public LYTank(int x,int y){
    super(x,y);
    this.speed=3;
}
```

第二步:实现键盘事件

窗体类 TankGameJFrame. java 增加监听者为面板对象:

```
//单击"开始"菜单,游戏面板出现,开始游戏
//添加游戏面板
tankPanel = new MyJPanel();
jPanelCenter.add("game",tankPanel);
cardLayout.show(jPanelCenter,"game");
addKeyListener(tankPanel);//这里 tankPanel 是接口的多态
```

面板类 MyJPanel. java 实现键盘监听接口:

```
public class MyJPanel extends javax.swing.JPanel implements KeyListener
```

面板类 MyJPanel. java 实现监听接口中的方法:

```
public void keyPressed(KeyEvent arg0){
    //键盘按下事件,判断按键是哪个,这里利用方向键移动
    //3 代表移动的像素,可以考虑用坦克父类中定义的速度变量
    if(arg0.getKeyCode()==KeyEvent.VK_UP){
        lYTank1.setDirection(0);
        lYTank1.setY(lYTank1.getY() - lYTank1.getSpeed());
    } else if(arg0.getKeyCode()==KeyEvent.VK_RIGHT){
        lYTank1.setDirection(1);
        lYTank1.setX(lYTank1.getX() + lYTank1.getSpeed());
    } else if(arg0.getKeyCode()==KeyEvent.VK_DOWN){
        lYTank1.setDirection(2);
        lYTank1.setY(lYTank1.getY() + lYTank1.getSpeed());
    } else if(arg0.getKeyCode()==KeyEvent.VK_LEFT){
        lYTank1.setDirection(3);
```

```
            lYTank1.setX(lYTank1.getX() - lYTank1.getSpeed());
        }
        this.repaint();//这个方法很重要,重新调用paint方法才能看到运动效果
    }
    public void keyReleased(KeyEvent arg0){
        //TODO Auto-generated method stub
    }
    public void keyTyped(KeyEvent arg0){
        //TODO Auto-generated method stub
    }
```

> 思考:
> 如何让我方坦克速度加快?
> _____
> _____

3.6 巩固训练

1. 学生根据教材的任务实施步骤完成任务 3 的开发,使我方坦克可以根据键盘按键运动。教材中是根据方向键进行上下左右移动的,大家可以根据自己的爱好设定控制我方坦克移动的按键。

2. 实现当按下空格键时,我方坦克根据炮口的方向发射一颗子弹。首先进行子弹的思路分析:

(1)前面创建了坦克对象,有自己的坐标和方向。同样,子弹也是绘制而成的,也有坐标和方向,那么这里也创建子弹类文件 Shot.java。子弹有坐标、方向及运行速度,所以成员变量设定 x、y、direction、speed。

(2)子弹是由某个坦克发射的,子弹的坐标和方向与坦克的坐标和方向有关,子弹对象是某个坦克的一个特征,所以这里把子弹对象作为坦克的一个引用类型成员变量。坦克可以发射子弹,那么就是坦克有开火的行为,这里在坦克中写一个 showShot 方法,根据坦克的坐标和方向决定子弹的坐标和方向。这个方法用来根据坦克坐标方向创建一个具体的子弹对象。

(3)设定当按下空格键时发射子弹,也就是按下空格时才生成一颗子弹。按下空格是键盘事件,这个事件是在 MyJPanel.java 的面板上发生的,所以要在 MyJPanel 类键盘事件中调用 showShot 方法创建一颗子弹。

(4)子弹利用 showShot 方法创建完成,要在屏幕上显示,需要在 paint 方法中调用 Graphics 类的绘制圆圈的方法,在指定的位置和方向绘制一颗子弹,这样才能看到子弹。

请扫描二维码查看该部分参考代码。

发射子弹参考代码

任务4　实现子弹飞翔

4.1　任务描述

在任务3的巩固训练中,当按下空格键时,我方坦克根据炮口的方向发射一颗子弹,但是子弹并没有运动起来,是静止的,接下来要实现子弹运动的效果。

4.2　任务分析

运行前面写完的代码,发现了一个问题,每次只能发射一颗子弹,没有出现子弹飞起来的效果,想要看到子弹飞起来的效果,就要在第一个子弹出现的位置及方向让该子弹顺着方向不停地移动,这样就出现了飞起来的效果。

要让一颗子弹不停移动,就是在某一个方向坐标不停递增或者递减。这是重复执行的坐标的变化,这里就要通过新的技术线程来解决。

4.3　任务学习目标

1. 掌握多线程。
2. 掌握类和对象的使用,以及类的三大特征的综合应用。

4.4　知识储备

4.4.1　线程的概念

线程(thread)是操作系统能够进行运算调度的最小单位。它被包含在进程之中,是进程中的实际运作单位。一条线程指的是进程中一个单一顺序的控制流,一个进程中可以并发多个线程,每个线程并行执行不同的任务。在这里又出现了进程的概念,那么什么是进程呢?进程是指运行中的应用程序,每个进程都有自己独立的地址空间(内存空间),比

线程、进程

如用户双击桌面的 IE 浏览器,就启动了一个进程,操作系统就会为该进程分配独立的地址空间。电脑中会有很多单独运行的程序,每个程序有一个独立的进程,而进程之间是相互独立存在的。比如图 6-8 所示任务管理器中的 QQ、酷狗播放器、电脑管家等。进程想要执行任务,就需要依赖线程。

4.4.2　多线程的概念

提到多线程,首先要了解两个概念:串行和并行。

串行是针对单条线程执行多个任务提出的说法。以下载文件为例,当下载多个文件时,在串行中它是按照一定的顺序进行下载的,也就是说,必须等下载完 A 之后,才能下载 B,它们在时间上是不可能发生重叠的。

并行是指下载多个文件,开启多条线程,多个文件同时进行下载。这里是严格意义上的在同一时刻发生的。并行在时间上是重叠的。

了解了这两个概念之后,再来说说什么是多线程。举个例子,打开腾讯管家,腾讯管家本

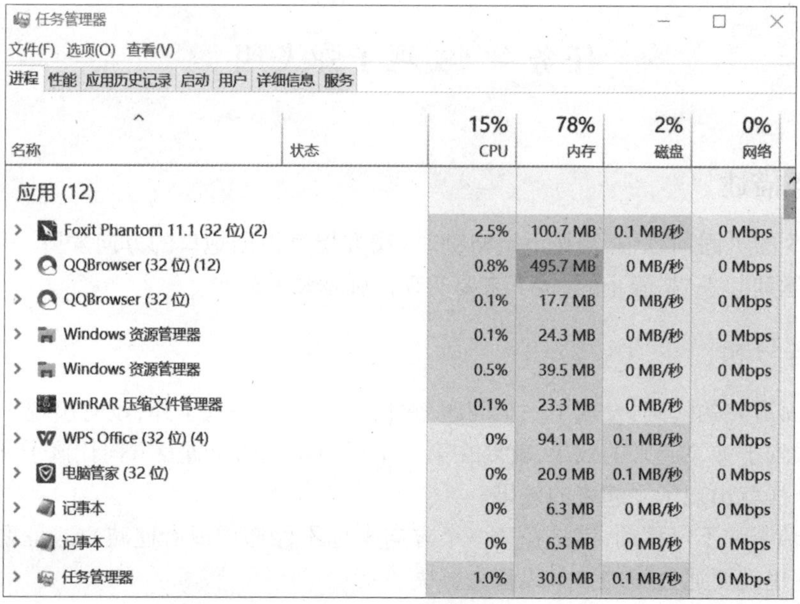

图 6-8 任务管理器

身就是一个程序,也就是说,它就是一个进程,它里面有很多的功能,如图 6-9 所示,包括查杀病毒、清理垃圾、电脑加速等。

图 6-9 电脑管家

对于单线程,无论是想要清理垃圾还是要病毒查杀,必须先做完其中的一件事,才能做下一件事,这里面是有一个执行顺序的。

如果是多线程,在清理垃圾时,还可以查杀病毒、进行电脑加速等其他操作。这个是严格意义上的同一时刻发生的,没有执行上的先后顺序,一个进程运行时,产生了多个线程。

那么线程有什么用处呢?在坦克大战游戏中,可以看出不止一个敌方坦克,每个坦克都有自己的运动轨迹和发射子弹的行为,这就是典型的多线程并发程序。

4.4.3 线程与进程的区别

- 线程是轻量级进程。
- 线程没有独立的地址空间。
- 线程是进程创建的。
- 一个进程可以拥有多个线程。
- 线程有新建、就绪、运行、阻塞、死亡状态,如图 6-10 所示。

线程生命周期

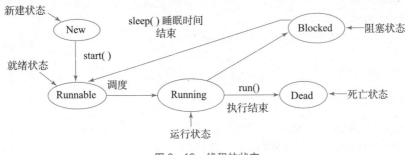

图 6-10 线程的状态

(1)新建状态(New)

新创建了一个线程对象,但此时还未对这个线程分配任何资源,没有真正执行它。

(2)就绪状态(Runnable)

线程对象创建后,其他线程调用了该对象的方法 start()。该状态的线程位于可运行线程池中,变为可运行,等待获取 CPU 的使用权。一旦它获得 CPU 等资源,就可以脱离创建它的主线程而独立运行。

(3)运行状态(Running)

就绪状态的线程获取了 CPU,执行程序代码。

(4)阻塞状态(Blocked)

阻塞状态是线程因为某种原因放弃 CPU 使用权,暂时停止运行,直到线程进入就绪状态,才有机会转到运行状态。阻塞的情况分为如下三种。

- 等待阻塞:运行的线程执行 wait() 方法,JVM 会把该线程放入等待池中。
- 同步阻塞:运行的线程在获取对象的同步锁时,若该同步锁被别的线程占用,则 JVM 会把该线程放入锁池中。
- 其他阻塞:运行的线程执行方法 sleep() 或 join(),或者发出了 I/O 请求时,JVM 会把该线程置为阻塞状态。当 sleep() 状态超时、join() 等待线程终止或者超时或者 I/O 处理完毕时,线程重新转入就绪状态。

(5)死亡状态(Dead)

线程执行结束或者因异常退出了方法 run(),则该线程结束生命周期。

4.4.4 如何使用线程

在 Java 中定义一个线程类可以使用有两种方法。

- 继承 Thread 类,并重写 run 函数。
- 实现 Runnable 接口,并重写 run 函数。

Thread 类创建线程

【案例6-3】 编写程序,利用线程在控制台输出"hello world"。

```java
public class MainThread{
    public static void main(String[]args){
        Bird bird=new Bird();
        bird.start();
    }
}
class Bird extends Thread{
    //重写 run 方法
    public void run(){
        System.out.println("hello world!");
    }
}
```

改进上述案例,每隔一秒输出一次"hello world"。

```java
public class MainThread{
public static void main(String[]args){
    Bird bird=new Bird();
    bird.start();
    }
}
class Bird extends Thread{
    //重写 run 方法
    public void run(){
        while(true){
//休眠 1 s 即 1000 ms,sleep 会让进程进入 block 状态,并立即释放资源
        try{
            Thread.sleep(1000);
        } catch(InterruptedException e){
            e.printStackTrace();
        }
        System.out.println("hello world!");
        }
    }
}
```

继续改进上述案例,循环 10 次后结束线程。

```java
class Bird extends Thread{
    int times=0;
//重写 run 方法
    public void run(){
        while(true){
//休眠 1 s 即 1000 ms,sleep 会让进程进入 block 状态,并立即释放资源
            try{
```

```
                Thread.sleep(1000);
            }catch(InterruptedException e){
                //TODO Auto-generated catch block
                e.printStackTrace();
            }
            times ++;
            System.out.println("hello world!" + times);
            if(times ==10){
                break;//线程结束
            }
        }
    }
}
```

【案例 6-4】修改上面案例,利用线程每隔 1 s 在控制台输出"dog hello world"。(使用 Runnable 接口方法实现)。

Runnable 创建线程

```
class Dog implements Runnable{
    int times =0;
    //重写 run 方法
    public void run(){
        while(true){
            try{
//休眠 1 s 即 1000 ms,sleep 会让进程进入 block 状态,并立即释放资源
                Thread.sleep(1000);
            }catch(InterruptedException e){
                e.printStackTrace();
            }
            times ++;
            System.out.println("dog hello world!" + times);
            if(times ==10){
                break;//线程结束
            }
        }
    }
}
```

修改 MainThread 类中的 main 方法代码:

```
public static void main(String[]args){
    //TODO Auto-generated method stub
    Bird bird =new Bird();
    bird.start();
    Dog dog =new Dog();
    //dog 没有 start 方法,借助 Thread
    Thread t =new Thread(dog);
    t.start();
}
```

根据案例及图 6-11,可知:
①尽量使用 Runnable 接口方法实现线程,因为继承是单继承。
②两者的区别主要是在主函数中调用的方式不同,见上面 main 方法中 Bird 和 Dog 的调用。
由上面案例运行可以看出,两个线程同时运行,每次运行结果不同,也就是说,线程从可运行状态变为运行状态时,运行哪个线程不是由程序员控制的,而是由操作系统来决定。

4.4.5 线程常用的方法

线程中还有很多其他常用的方法,但是在坦克大战项目中并没有涉及,可以通过教材配套的网络课程来学习。

1. 线程优先级

Java 语言中线程有优先级,优先级高的线程会获得较多的运行机会。当程序中有多个线程存在的时候,线程和线程之间的关系并非是平等的。例如,有一些线程是 CPU 消耗密集型的,也就是说,该线程所对应的任务是紧迫的,因此需提高这些线程的优先级来保证这些线程能够分得更多的时间片。可以通过网络课程来学习设置线程优先级别方法 setPriority 的使用。

线程优先级

2. 线程让步

方法 Thread.yield( )用于暂停当前正在执行的线程对象,把执行机会让给相同或者更高优先级的线程。可以通过网络课程来学习该方法的使用。

线程让步

3. 线程加入

方法 join( )用于等待这个线程执行结束。在当前线程中调用另一个线程的方法 join( ),则当前线程转入阻塞状态,直到另一个线程运行结束,当前线程再由阻塞转为就绪状态。

4.4.6 线程的同步和通信

1. 线程同步

程序中的多个线程一般是独立运行的,各个线程有自己的数据和方法。但有时需要在多个线程之间共享一些资源对象,这些资源对象的操作在某些时候必须要在线程间很好地协调,以保证资源不被破坏。当多个线程需要共享数据时,必须保证一个线程不会改变另一个线程使用的数据。

线程插队

线程安全

线程同步代码块

线程同步方法

在 Java 语言中,为保证线程对共享资源操作的完整性,用关键字 synchronized 为共享资源加锁来解决这个问题。

synchronized 可修饰一个代码块或一个方法,使修饰对象在任一时刻只能有一个线程访问,从而提供了程序的异步执行功能。使用 synchronized 的形式有两种。

①synchronized 代码块:

```
synchronized(this){...}//修饰一个代码块
```

②synchronized 方法：

```
synchgronized methodName(parameters){
//修饰一个方法
...
}
```

可以通过网络课程中多线程实训——火车站售票系统来综合学习。

2. 线程的通信

进行多线程程序设计时,遇到的另一个问题是如何控制交互的线程之间的运行调度。多个线程不能同时运行,而且必须要按照某种次序来运行相应的线程。

同步最典型的问题就是生产者-消费者(producer-consumer)问题,也称作有界缓冲区(bounded-buffer)问题,两个线程共享一个公共的固定大小的缓冲区。其中一个是生产者,用于将消息放入缓冲区;另外一个是消费者,用于从缓冲区中取出消息,生产者生产的同时,消费者不能消费(这可以通过互斥实现)。问题出现在缓冲区已经满了,而此时生产者还想向其中放入一个新的数据项的情形,其解决方法是让生产者释放互斥锁,并进入该互斥锁的等待队列,等待消费者从缓冲区中取走了一个或者多个数据后再去唤醒它。同样地,当缓冲区已经空了,而消费者还想去取消息此时,也可以让消费者释放互斥锁,并进入该互斥锁的等待队列,等待生产者放入一个或者多个数据时再唤醒它。可以通过网络课程中的多线程实训——生产者消费者模型来综合学习。

售票系统　　　　　线程通信问题　　　　　解决办法　　　　　生产者消费者模型

4.5 任务实施

第一步:设置和启动线程

要让一颗子弹不停移动,就是在某一个方向不停递增或者递减坐标。这是重复执行的坐标的变化,这里就要用线程解决。让 Shot.java 类实现 Runnable 接口,在 run 方法中重复执行坐标的变化,要移动,就要有速度,所以需要增加 speed 成员变量,修改前面写好的 Shot 类,增加速度成员变量和线程。

```
public class Shot implements Runnable{
    //子弹类
    int x,y,direction;
    int speed =1;//增加速度成员变量
    public int getSpeed(){
        return speed;
    }
    public void setSpeed(int speed){
        this.speed = speed;
    }
    public void run(){
```

```
        while(true){
            switch(direction){
            case 0://方向向上只需要 y 坐标递减
                this.setY(y - speed);
                break;
            case 1://方向向右
                this.setX(x + speed);
                break;
            case 2://方向向下
                this.setY(y + speed);
                break;
            case 3://方向向左
                this.setX(x - speed);
                break;
            }
        //System.out.println(x+" y"+y);可以通过输出来观察坐标的变化
            //预留一个问题,即线程不死问题
        }
    }
}
```

重复坐标变化的线程建好了,就要启动线程,按照前面所学,在创建该子弹对象的地方启动线程,也就是在 LYTank.java 类中的 showShot 方法中启动线程。

```
public void showShot(int x,int y,int direction){
        switch(direction){
        ...
        }
        System.out.println(x + " y==" + y);//用来观察坐标变化
        Thread thread=new Thread(lyShot);//线程
        thread.start();
    }
```

运行时发现,通过输出控制台能够使子弹坐标位置不停变化,但是在窗体面板上并没有出现飞起来的子弹。分析原因:每按键一次,就要重绘一次图形,同时子弹坐标因为线程已经启动而在不停地变化。所以,重绘一次图形只能绘制一次变化。解决方法:让面板类中重绘图形也重复运行,也就是将面板类实现线程接口,在 run 方法中每隔 100 ms 重绘一次图形,这样就可以让子弹运动起来了。

第二步:重绘图形

从上面的分析来看,子弹类 Shot.java 实现了线程接口,在创建子弹对象的地方——showShot 方法中启动了线程。绘制子弹的面板类文件 MyJPanel.java 也实现了线程接口,并且也需要在创建面板类对象的地方也就是窗体类文件 TankGameJFrame.java 中启动线程。调整两个线程各自休眠的时间,就能看到子弹飞起来的效果了。

在 MyJPanel.java 类文件中实现线程接口 Runnable:

学习成果6 坦克大战

```
public class MyJPanel extends javax.swing.JPanel implements KeyListener,
Runnable{
```

在 run 方法中,每隔 100 ms,调用一次 repaint 方法:

```
public void run(){
    while(true){
        //每隔 100 ms 重绘一次图形
        try{
            Thread.sleep(100);
        } catch(InterruptedException e){
            e.printStackTrace();
        }
        this.repaint();
    }
}
```

线程在面板类中已经添加,但是要启动线程,必须去创建面板类对象的地方启动,也就是在窗体类 TankGameJFrame.java 中的"开始"菜单的监听中启动。修改 TankGameJFrame.java 中"开始"菜单的监听代码如下:

```
{//"开始"菜单
...
jMenuItemStart.addActionListener(new ActionListener()    {
        public void actionPerformed(ActionEvent arg0){
    //单击"开始"菜单,游戏面板出现,开始游戏
        //添加游戏面板
            tankPanel = new MyJPanel();
            jPanelCenter.add("game",tankPanel);
            cardLayout.show(jPanelCenter,"game");
            Thread t = new Thread(tankPanel);
            t.start();
            addKeyListener(tankPanel);//这里 tankPanel 是接口的多态
        }
});
}
```

第三步:防止子弹线程变为僵尸线程

前面还预留了一个线程不死的问题,那么子弹运行到什么情况,线程就可以结束了?这里就涉及边界的运算。子弹运行到边界时,线程结束,子弹就不用再运动了。现在只考虑边界问题,等后面对战的时候再考虑子弹打到对方的情况。

Shot.java 子弹类文件增加成员变量 boolean isLive,标志是否死亡,初始值为 true,增加该成员变量的 set、get 方法。run 方法中添加线程死亡的判断代码,并给子弹是否死亡的标志赋值为 false。

```
boolean isLive = true;//子弹是否死亡的标志
```

修改 run 方法增加线程死亡的判断代码。

```
//预留一个线程不死的问题
//当子弹运行到边界时,线程结束,子弹不需要运行了
//根据窗体宽400,高300 来判断线程是否死亡
if(x>=400 ||x<=0 ||y>=300 ||y<=0){
    isLive=false;
    break;
}
```

在 MyJPanel.java 类 paint 方法中绘制子弹,加入子弹线程是否死亡的判断。

```
if(lYTank1.lyShot !=null && lYTank1.lyShot.isLive){
    g.setColor(Color.red);
    //System.out.println("画子弹" + lyShot.getX() + " " + lyShot.getY());调试用
    g.fill3DRect (lYTank1.lyShot.getX(),lYTank1.lyShot.getY(),2,2,false);
}
```

提示:

问题:有的电脑依然看不到子弹飞起来的效果,只能看到子弹位置变化。

添加了线程死亡的代码后,运行后可以看到画子弹的线程运行了很少的次数,Shot 类中子弹坐标变化的线程一直运行,直到碰到边界,依然看不到子弹飞起来的效果。

原因:线程启动后谁来运行,由操作系统决定。面板类中画子弹的线程 100 ms 休眠一次,但是 Shot 类中子弹变化的线程一直未停,所以从控制台运行结果可以看到,子弹变化期间,画子弹的线程只运行了一两次,所以看不出运动的状态。

解决:让子弹变化的坐标也休眠,并且休眠的时间小于画子弹线程的休眠时间。

```
public void run(){
    while(true){
        //子弹坐标变换线程休眠
        //时间小于画子弹线程休眠时间
        try{
            Thread.sleep(20);
        } catch(InterruptedException e){
            e.printStackTrace();
        }
```

如上代码中,在 Shot.java 子弹类 run 方法中添加线程休眠代码,让子弹坐标变化线程适当休眠。

4.6 巩固训练

1. 完成前面的任务后,发现每次只能打出一颗运动的子弹。那么如何能实现多颗子弹的

连发呢?

先来分析为什么只能发射一颗子弹。子弹是在按下空格键时产生的,而 showShot 方法只产生了一颗子弹,所以子弹不能连发。如果想要实现按下空格键可以发射多颗子弹,也就是按下空格键时,生产多颗子弹,可以借鉴前面讲过的敌方坦克的实现方法,利用集合来实现。实现步骤如下:

(1)在我方坦克中增加集合类对象 shots 来存放多颗子弹。
(2)在 showShot 方法中将每颗子弹加入集合中。
(3)在面板的 paint 方法中从集合中取出每颗子弹进行绘制。
该部分参考代码请扫描二维码从网络课程中获取。

多颗子弹连发

提示:

问题:
执行完上面的步骤后,运行后发现了新的问题,即子弹连成一串,如图 6-11 所示。

图 6-11 多颗子弹连成串

解决子弹连串

原因:
每次按下空格键,都会产生子弹,子弹放入集合,集合存放对象的数量没有上限,所以集合中存放了大量的子弹,那么绘制的时候,自然就会有一串子弹发出。

解决办法:
①在键盘事件中判断集合的个数,如果小于 5,那就产生子弹。
②在面板中的 paint 方法中,从集合中取出每颗子弹进行绘制。绘制后,如果子弹死亡,将其从集合中删除,以便存放以后的子弹。参考代码请扫描二维码获取。

2. 如何让敌方坦克消失?

思路分析:对战中如何实现击中敌方坦克,让敌方坦克从面板上消失?肉眼可以看到子弹打中坦克,但是在程序中如何判断子弹是否打中敌方坦克呢?这就要考虑坐标了,当子弹坐标运动到坦克坐标区域内时,就算是打中了。如图 6-12 所示,当子弹运行到坦克外框范围内时,就算是打中坦克。需要注意的是,坦克是长方形的,所以坦克上下方向和左右方向判断不一样。

可以利用封装的思想写一个成员方法,该方法用来判断子弹是否打中敌方坦克,如打中,则让坦克和子弹死亡。通过前面的实现过程分析,可以发现子弹位置不确定,坦克移动的位置也不确定,把不确定的因素作

敌方坦克消失参考代码

图 6-12 坦克外形

为参数来处理。子弹和坦克都是在面板类 MyJPanel. java 中绘制出现的，所以这个成员方法要写在面板类 MyJPanel. java 中。打中坦克，子弹和坦克都死亡了，需要在坦克父类 Tank. java 中增加一个 boolean isLive 的成员变量，默认值为 true，同时增加 set 和 get 方法。大家根据分析来完成此功能，扫描二维码可参考网络课程中的代码。

爆炸代码

3. 爆炸效果出现。

思路分析：打中敌方坦克后，希望在对战的界面上出现爆炸的视觉效果。要实现这样的效果，实际就是利用程序将爆炸图片绘制出来。大家可以从网上下载爆炸图片，也可以使用教材配套的网络课程中提供的压缩包 images. rar 中的爆炸图片。在项目中建立 images 文件夹，复制爆炸的三张图片到 images 文件夹中。当子弹击中敌方坦克时，在面板上绘制爆炸图片，三张图片爆炸从大到小切换，从视觉上就看到了爆炸的效果。这里需要注意的是，三张图片组成一种爆炸效果，绘制图片的主法在前面已讲过，坐标从左上角画起。

根据面向对象的知识点，设计一个爆炸类 Bomb 用来提炼爆炸的特征。先来分析该类的属性：爆炸需要有爆炸的位置，那么就需要坐标，所以坐标是其成员变量。前面做子弹的时候写了一个子弹类，还有一个子弹是否死亡的成员变量，子弹活着才进行绘制。爆炸也是一样的，也需要一个是否死亡的成员变量 boolean isLive = false; ，初始值是 false，当打中坦克，坦克爆炸后，才复活变为 true，显示结束再变为死亡状态。爆炸需要显示三张图片，那么图片也是爆炸类的成员变量。同时需要增加对应的 set 和 get 方法。请扫描二维码获取参考代码。

4. 实现敌方坦克运动。

根据我方坦克的移动功能，实现敌方坦克的运动。注意，敌方坦克运动不是通过键盘控制的，而是自由的随机移动。思路分析如下：

面板类 MyJPanel. java 是线程，每隔 100 ms 要绘制一次图形。根据前面子弹的移动分析，要让坦克移动，就要不停变换坐标位置，位置变换了，绘制的时候，视觉效果就是移动了。要让坦克坐标不停变换，就要用到线程，线程实现要用到两种方式，CLTank. java 类已经继承了 Tank 类，所以让敌方 CLTank. java 类实现 Runnable 接口。

敌方坦克运动

前面实现了子弹的移动，可以把子弹移动的那段代码复制过来，进行修改。注意：要防止坦克线程变成僵尸线程，也就是它要有死亡的条件，不能一直活着。坦克死亡的时候，线程就要结束。可以使用从父类中继承的成员变量 isLive。

要随机移动方向，那么坦克的方向就是随机产生的，因此要用到随机数函数。

线程设置好了，不要忘了启动。要在坦克对象生成的地方启动，也就是在 MyJPanle. java 类的初始化方法 initGUI( ) 中启动。请扫描二维码获取参考代码。

5. 实现敌方坦克发射子弹。

思路分析：子弹是实现了线程的类，和前面我方坦克一样，子弹可以作为敌方坦克的成员变量。敌方坦克也可以存放多颗子弹，所以也是需要集合类对象，集合中存放子弹，即建立子弹和集合两个引用类型成员变量。

敌方发射子弹

子弹的位置和坦克的位置和方向是相关的，可以仿照我方坦克的 showShot 方法完成敌方子弹根据坦克位置和方向生成的成员方法 showShot(int x, int y, int direction)。

存放子弹的集合建好了，生成子弹的成员方法也写好了，那么什么时候调用这个方法产生具体的子弹呢？我方坦克产生子弹是通过按键操作的。而敌方坦克不需要按键，是要自己发射的，也就是创建了敌方坦克的时候，子弹也同时生成。敌方坦克是线程，位置随时变化，那么它生成的子弹出现的位置也要随时变化，所以 showShot 方法要在线程的 run 方法中进行调用。这里也可以给敌方坦克 5 颗子弹，也就是集合的长度最大是 5。

子弹已经产生，最后一步就是在面板中绘制敌方子弹。只有敌方坦克活着的时候才有子弹，所以要注意绘制子弹的位置。这里可以根据我方子弹的绘制方法复制修改。请扫描二维码获取参考代码。

6. 实现我方坦克消失并出现爆炸。

思路分析：爆炸产生的原理和前面的类似，即判断子弹是否到达坦克的范围内。前面在 MyJPanel.java 中写了 shooting 方法来判断子弹是否打中敌方坦克，对其进行修改，只需要将参数 CLTank 改为父类 Tank 就可以了。

我方坦克消失并出现爆炸

在 run 方法中调用 shooting 方法判断是否击中我方坦克。为了增加程序的可读性，可以对 run 方法进行修改，写两个成员方法，一个判断子弹是否击中敌方坦克，一个判断子弹是否击中我方坦克。请扫描二维码获取参考代码。

学习目标达成度评价

序号	学习目标	学生自评
1	窗体绝对布局、卡片布局使用	□能够熟练使用界面布局 □需要参考教材内容才能实现 □遇到问题不知道如何解决
2	掌握菜单组件的使用	□能够熟练实现菜单组件 □需要参考相应的代码才能实现 □无法独立完成程序的设计
3	掌握在容器中绘制图形的技术	□能够熟练使用绘图方法 □需要参考相应的代码才能实现 □无法独立完成程序的设计
4	掌握线程的使用	□能够使用多线程实现坦克大战中的训练内容 □需要参考相应的代码才能实现 □无法独立完成程序的设计
5	掌握键盘事件的监听和处理	□能够实现键盘事件和监听 □需要参考相应的代码才能实现 □无法独立完成程序的设计
	评价得分	
学生自评得分（20%）	学习成果得分（60%）	学习过程得分（20%）	项目综合得分

- 学生自评得分

学生自评表格中,第一个选项得 10 分,第二个选项得 20 分,第三个选项得 20 分,第四个选项得分 40 分,第五个选项得分 10 分。

- 学习成果得分

教师根据学生学习成果完成情况酌情赋分,满分 100 分。

- 学习过程得分

教师根据学生其他学习过程表现,如到课情况、作业完成情况、课堂参与讨论情况等酌情赋分,满分 100 分。

学习笔记

学习成果 7

记事本

📺 项目导读

该项目为桌面应用程序,利用文件流模拟开发操作系统中的记事本。具体的功能模块及每个模块的难度和具体实现要求见表 7-1。在后面的学习过程中,依次完成表中每个模块描述的功能。

表 7-1 简易记事本功能描述

功能	难度系数	规则描述
File	75	建立 New、Open、Save、Save as、Exit 子菜单项。实现新建文本文件、打开文本文件、编辑后可以保存或者另存到其他路径及退出功能
Edit	5	建立子菜单项 Find 和 Replace
View	20	建立子菜单项 Font 和 Color;能够实现字体和颜色的设置

📺 学习目标

知识目标	能力目标	职业素质目标
1. 掌握菜单的创建 2. 了解输入/输出流的概念 3. 掌握常用的输入/输出流类及其主要方法 4. 理解 Java 语言文件的概念 5. 掌握 Java 语言文件及目录的基本操作	1. 能够熟练使用布局和组件 2. 能够熟练使用输入/输出流流技术进行读写操作 3. 能够实现组件对应的事件	1. 具有良好的职业道德和职业规范 2. 具有较强的团队协作能力 3. 具有一定的创新能力 4. 具有分析问题和解决问题的能力

📺 学习寄语

通过一步步地学习 Java 基础知识,并进行实战,学会如何创建一个具有友好图形用户界面的 Java 程序。对于一个 Java 程序,需要与外界交换信息,即需要输入/输出数据。Java 语言提供了丰富的输入/输出功能,这也是 Java 初学者必须掌握的重点内容。在学习输入/输出流时,要重点了解每个 Java 知识点的实现原理,从而更完整地了解整个 Java 技术体系,形成自己的知识框架。

任务1 记事本界面设计

1.1 任务描述

对于记事本项目,首先要实现的是记事本的界面。该界面提供文本文件的编辑区域和菜单功能选项。参考图如图 7-1 所示。

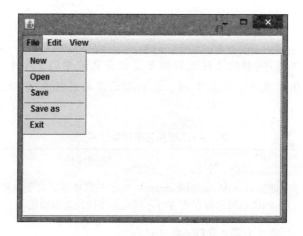

图 7-1 记事本参考图

1.2 任务分析

从图 7-1 中可以看到,记事本的界面主要分为菜单项和中间文本编辑区域。按照前面讲过的知识,第一步要考虑的就是窗体的布局。从结构上,窗体分为上、下两部分,那么可以使用 Border 布局,保留 North 和 Center 部分。用到的组件为菜单组件、文本域组件,如果文本域显示的内容很多,还需要滚动面板组件。记事本界面分析思维导图如图 7-2 所示。

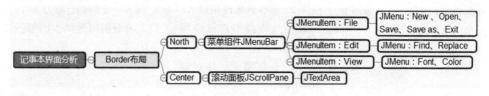

图 7-2 记事本界面分析思维导图

1.3 任务学习目标

1. 掌握窗体绝对布局的使用。
2. 掌握文本域、面板、菜单等组件的使用。

3. 掌握各种组件对应的事件处理。
4. 掌握文件输入流和输出流使用。

1.4 知识储备

1.4.1 File 类

要完成记事本项目,从需求中可以看到需要操作硬盘上的文件,将文件从硬盘行读入内存,编辑,然后再保存到文件中。文件是数据源的一种,比如大家经常使用的 Word 文档、TXT 文件、Excel 文件等都是文件。文件的作用是保存数据,它既可以是视频,也可以是图片、声音等。文件在程序中是以"流"的形式来操作的,这就是文件流。流是指数据在数据源(文件)和程序(内存)之间经历的路径。文件流包括输入流和输出流。输入流是指数据从数据源(文件)到程序(内存)的路径。输出流是指数据从程序(内存)到数据源(文件)的路径,如图 7-3 所示。在学习文件流的使用之前,先来了解 File 类。

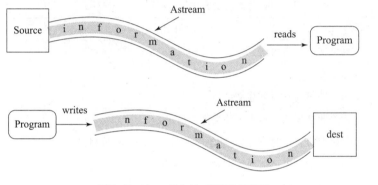

图 7-3 Java 输入流、输出流示意图

File 类

java.io 包中的 File 类代表一个磁盘上的文件或目录,它提供了与平台无关的方法来对文件或目录进行管理,如对文件或目录的创建、删除、重命名、获取相关信息等。

要管理本地磁盘的文件或目录,就要创建 File 类对象,通过该对象对文件或目录进行管理。File 类常用的构造方法见表 7-2。

表 7-2 File 类常用的构造方法

构造方法	作用
File(File parent, String child)	根据 parent 抽象路径名和 child 路径名字符串创建一个新 File 实例
File(String pathname)	通过将给定路径名字符串转换成抽象路径名来创建一个新 File 实例
File(String parent, String child)	根据 parent 路径名字符串和 child 路径名字符串创建一个新 File 实例

下面分别使用上述构造方法来创建 File 对象:

```
File parent = new File("e:\\work\\myfile");
File file1 = new File(parent,"1.txt");
File file2 = new File("e:\\work\\myfile\\2.txt");
File file3 = new File("e:\\work\\myfile","3.txt");
```

其中，parent 代表一个目录对象，而 file1、file2、file3 分别与 parent 目录下的"1.txt""2.txt" "3.txt"文件相对应。

在指定文件或目录的路径时，需要使用分隔符。不同的操作系统使用不同的分隔符，例如 DOS 和 Windows 系统使用反斜线"\"，UNIX 系统使用正斜线"/"，例子中的"\\"是 Java 中的转义字符，代表"\"。另外，可以使用 File 类的静态变量 separator 来表示、获取与系统有关的默认名称分隔符。

为保证程序的可移植性，通常使用相对路径来创建文件和目录对象。使用相对路径时，当前程序运行的目录是当前目录。假设当前程序在"e:\\work"目录下运行，则绝对路径"e:\\work\\myfile\\2.txt"与相对路径"myfile\\2.txt"等价。

File 类提供了一套完整的方法来完成对目录和文件的管理。File 类常用的方法见表 7-3。

目录操作

表 7-3 File 类常用的方法

方法	作用
boolean canRead( )	测试文件是否可读
boolean canWrite( )	测试文件是否可写
boolean reateNewFile( )	当文件不存在时创建文件
boolean delete( )	删除此抽象路径名表示的文件或目录
void deleteOnExit( )	在虚拟机终止时，删除此抽象路径名表示的文件或目录
boolean equals(Object obj)	测试此抽象路径名与给定对象是否相等
boolean exists( )	测试此抽象路径名表示的文件或目录是否存在
File getAbsoluteFile( )	以 File 类对象形式返回文件的绝对路径
String getAbsolutePath( )	以字符串形式返回文件或目录的绝对路径
String getName( )	以字符串形式返回文件或目录名称
String getParent( )	以字符串形式返回文件父目录路径
String getPath( )	以字符串形式返回文件的相对路径
File getParentFile( )	以 File 类对象形式返回文件父目录的路径
boolean isDirectory( )	判断该 File 对象所对应的是否是目录
boolea isFile( )	判断该 File 对象所对应的是否是文件
long lastModified( )	返回文件的最后修改时间
int length( )	返回文件长度
String[ ] list( )	返回文件和目录清单（字符串对象）
File[ ] listFiles( )	返回文件和目录清单（File 对象）
boolean mkdir( )	在当前目录下生成指定的目录
boolean renameTo(File dest)	将当前 File 对象对应的文件名改为 dest 对象对应的文件名
boolean setReadOnly( )	将文件设置为只读
String toString( )	将文件对象的路径转换为字符串返回

【案例7-1】File 类操作,案例代码:FileDemo.java。

```java
import java.io.File;
public class FileDemo{
    public static void main(String[]args){
        String s1 = "myfile\\1.txt";
        String s2 = "myfile";
        File file1 = new File(s1);
        File file2 = new File(s2);
        if(! file1.exists())
        System.out.println("文件" + file1.getName() + "不存在");
        if(file1.isFile()){
            System.out.println("文件对象" + file1.getName() + "是文件");
    System.out.println("文件字节数:" + file1.length());
        System.out.println("文件是否能读:" + file1.canRead());
        System.out.println("设置文件为只读:" + file1.setReadOnly());
System.out.println("文件是否可写:" + file1.canWrite());
        }
        if(file2.isDirectory())
        System.out.println("文件对象" + file2.getName() + "是目录");
        File file3 = new File("myfile\\file");
        if(! file3.exists()){
            file3.mkdir();
            System.out.println("目录对象" + file3.getPath() + "创建结束");
        }
    }
}
```

程序运行结果如图 7-4 所示。

在 File 类的 listFiles() 方法中可以接收一个 FileFilter 的参数。方法格式:f.listFiles(FileFilter filter)。作用是通过 FileFilter 参数列举出指定目录下符合条件的文件。FileFilter 接口中包含一个 accept(File file) 方法,该方法会对指定的 File 中的子目录及文件进行迭代,如果方法返回 true,则 list() 方法会列出该目录或者文件。

图 7-4 运行结果

【案例7-2】通过 list(FileFilter filter) 列举除 demo 目录下的所有 .java 后缀的文件。

```java
public class FileFilterDemo{
public static void main(String[]args){
File dir = new File("demo");
File[]files = dir.listFiler(new MyFilter());
//显示所有符合条件的文件名字
```

```
for(File f:files){
System.out.println(f.getName());
}
}
}
//FileFilter 的实现类 MyFilter
class MyFilter implements FileFilter{
//实现父类中的 accept 方法
public boolean accept(File pathname){
return pathname.getName().endswith(".java")&& pathname.isFile();
}
}
```

1.4.2 文件流

File 类虽然在 java.io 包中,但 File 类专门对文件或目录进行管理,File 类不是流类,并没有提供对文件内容的读写方法。要完成对文件内容的读取和写入,需要使用 java.io 包中的文件输入/输出字节流,或者文件输入/输出字符流。

1. 输入/输出字节流

字节流指的是,以字节为处理单位,可以操作二进制文件及其他任何类型的文件。字节流的输入流和输出流的基础类是 InputStream 和 OutputStream,这是两个抽象类,字节流具体的输入/输出操作是由这两个类的子类实现的。

(1)输入字节流抽象类 InputStream

InputStream 类可以完成最基本的从输入流读取数据的功能,是所有字节输入流的直接或间接父类,它的多个子类如图 7-5 所示。

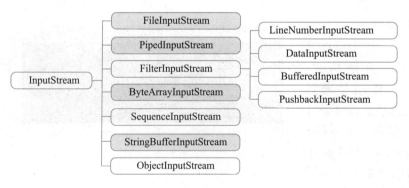

图 7-5　InputStream 子类的层次关系

字节流

Inputstream 类中的常用方法见表 7-4。

表 7-4　Inputstream 类中的常用方法

方法	作用
public abstract int read()	读取一个 byte 的数据,返回值是高位补 0 的 int 类型值。若返回值 = -1,说明没有,读取到任何字节,读取工作结束

续表

方法	作用
public int read(byte b[ ])	读取 b. length 个字节的数据放到 b 数组中。返回值是读取的字节数。该方法实际上是调用下一个方法实现的
public int read(byte b[ ], int off, int len)	从输入流中最多读取 len 个字节的数据,存放到偏移量为 off 的 b 数组中
public int available( )	返回输入流中可以读取的字节数。注意:若输入阻塞,当前线程将被挂起,如果 InputStream 对象调用这个方法,它只会返回 0,这个方法必须由继承 InputStream 类的子类对象调用才有用
public long skip(long n)	忽略输入流中的 n 个字节,返回值是实际忽略的字节数,跳过一些字节来读取
public int close( )	在使用完后,必须对打开的流进行关闭

(2)输出字节流 OutputStream 抽象类

OutputStream 类可以完成最基本的向输出流写入数据的功能,是所有字节输出流的直接或间接父类,它的多个子类如图 7-6 所示。

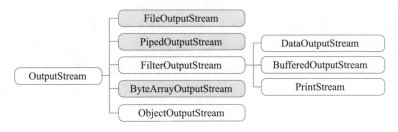

图 7-6　OutputStream 子类的层次关系

OutputStream 提供了 3 个 write 方法来做数据的输出,这和 InputStream 是相对应的,见表 7-5。

表 7-5　OutputStream 类中的常用方法

方法	作用
public void write(byte b[ ])	将参数 b 中的字节写到输出流
public void write(byte b[ ], int off, int len)	将参数 b 的从偏移量 off 开始的 len 个字节写到输出流
public abstract void write(int b)	先将 int 转换为 byte 类型,把低字节写入输出流中
public void flush( )	将数据缓冲区中的数据全部输出,并清空缓冲区
public void close( )	关闭输出流并释放与流相关的系统资源

因为 InputStream 和 OutputStream 是两个抽象类,本身并不能创建对象,所以它们都有对应的子类用于读取文件。这里重点介绍 FileInputStream 类和 FileOutputStream 类,这两个类作为 InputStream 类和 OutputStream 类的子类,重写了其父类的大部分方法,专门用来对文件内容进行读写操作。由它们所提供的方法可以打开本地磁盘上的文件,并以字节为单位对文件进行

顺序访问,是文件字节流操作的基础类。

FileInputStream类和FileOutputStream类的构造函数是创建一个输入/输出的对象,通过引用该对象的读写方法,来完成对文件的输入/输出操作。在构造函数中,需要指定与所创建的输入/输出对象相连接的文件。

(3)输入字节流FileInputStream类

FileInputStream类常用的构造方法见表7-6。

表7-6 FileInputStream类常用的构造方法

构造方法	作用
FileInputStream(File file)	为file对象相对应的文件创建一个FileInputStream对象
FileInputStream(String name)	为name所指定的文件名创建一个FileInputStream对象

例如:

```
File file = new File("\\myfile\\1.txt");
FileInputStream fis1 = new FileInputStream(file);
FileInputStream fis2 = new FileInputStream("\\myfile\\1.txt");
```

注意:要构造一个FileInputStream对象,所连接的文件必须存在而且是可读的。如果FileInputStream对象创建成功,就打开了该对象对应的文件,从而可以从文件读取数据了。如果指定文件不存在,或者它是一个目录,而不是一个常规文件,抑或因为其他某些原因而无法打开进行读取,则抛出FileNotFoundException异常,这是一个非运行时异常,必须捕获或抛出,否则,将产生编译错误。

【案例7-3】使用FileInputStream读取文件内容,并输出到显示器。

案例代码:FileInputStreamDemo.java

```java
import java.io.*;
public class FileInputStreamDemo{
    public static void main(String[]args){
        File file = new File("myfile\\1.txt");
        int a;
        if(file.exists()){
            try{
            FileInputStream fis = new FileInputStream(file);//创建文件字节输入流
                while((a = fis.read()) != -1)        //读取文件内容
                    System.out.print((char)a);
                System.out.println();
                fis.close();                          //关闭文件字节输入流
                }
            catch(IOException ex){
            System.out.println(ex);
            }
        }
        else
```

```
            System.out.println("文件对象"+file.getName()+"不存在");
        }
}
```

程序运行结果如图 7-7 所示,文本文件 1.txt 中的内容如图 7-8 所示。

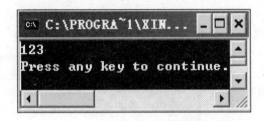

图 7-7 运行结果

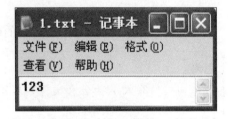

图 7-8 文本文件 1.txt 中的内容

(4)输出字节流 FileOutputStream 类

FileOutputStream 类常用的构造方法见表 7-7。

表 7-7 FileOutputStream 类常用的构造方法

构造方法	作用
FileOutputStream(File file)	为 file 对象相对应的文件创建一个 FileOutputStream 对象
FileInputStream(String name)	为 name 所指定的文件名创建一个 FileOutputStream 对象

例如:

```
File file = new File(" \\myfile \\1.txt");
FileOutputStream fos1 = new FileOutputStream(file);
FileOutputStream fos2 = new FileOutputStream(" \\myfile \\1.txt");
```

注意:构造一个 FileOutputStream 对象时,如果输出文件不存在,则自动创建一个新文件;如果输出文件已经存在且可写,则该文件内容会被新的输出所覆盖。如果要保留文件原有内容,可在上述两个构造方法中添加第二个参数 boolean append,并将参数的值设为 true,此时将字节写入文件末尾处,而不是写入文件开始处。例如:

```
File file = new File(" \\myfile \\1.txt");
FileOutputStream fos1 = new FileOutputStream(file,true);
FileOutputStream fos2 = new FileOutputStream(" \\myfile \\1.txt",true);
```

与 FileInputStream 对象一样,如果 FileOutputStream 对象创建不成功,也会抛出 FileNotFoundException 异常。

【案例 7-4】使用 FileOutputStream 向文本文件中写入数据。

案例代码:FileOutputStreamDemo.java

```
import java.io.*;
public class FileOutputStreamDemo{
    public static void main(String[]args)throws IOException{
        File file = new File("myfile \\1.txt");
```

```
        FileOutputStream fos = new FileOutputStream(file,true);//以追加方式向文件
写入数据
        fos.write(4);
        fos.close();
    }
}
```

程序运行结束,文本文件1.txt中的内容如图7-9所示。

思考:
    向文件写入4,为什么文件内容不是1234?

图7-9 文本文件1.txt中的内容

(5)字节缓冲流 BufferedInputStream 和 BufferedOutputStream

计算机访问外部设备非常耗时。访问外存的频率越高,造成CPU闲置的概率就越大。为了减少访问外存的次数,应该在一次对外设的访问中读写更多的数据。为此,除了程序和流节点间交换数据必需的读写机制外,还应该增加缓冲机制,如图7-10所示。

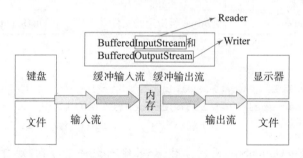

图7-10 字节缓冲流

缓冲流就是每一个数据流分配一个缓冲区,一个缓冲区就是一个临时存储数据的内存,这样可以减少访问硬盘的次数,提高传输效率。

①BufferedInputStream:当向缓冲流写入数据时,数据先写到缓冲区,待缓冲区写满后,系统一次性将数据发送给输出设备。

②BufferedOutputStream:当从向缓冲流读取数据时,系统先从缓冲区读出数据,待缓冲区为空时,系统再从输入设备读取数据到缓冲区。

利用 BufferedInputStream 读取文件将文件读入内存,将 BufferedInputStream 与 FileInputStream 相接。

【案例7-5】使用 BufferedInputStream 读取文件。

```
import java.io.*;
public class BufferedInputStreamDemo{
    public static void main(String[]args)throws IOException{
```

```
FileInputStream in = new FileInputStream("file1.txt");
BufferedInputStream bis = new BufferedInputStream(in);
int d = -1;
while((d = bis.read()) != -1){
System.out.println(d + " ");
}
bis.close();
    }
}
```

利用 BufferedOutputStream 写文件,将内存写入文件,将 BufferedOutputStream 与 FileOutputStream 相接。

【案例 7-6】使用 BufferedOutputStream 写文件。

```
import java.io.*;
public class BufferedOutputStreamDemo{
    public static void main(String[]args) throws IOException{
        FileOutputStream out = new FileOutputStream("file1.txt");
BufferedOutputStream bos = new BufferedOutputStream(out);
bos.write("helloword".getBytes());
bos.close();
    }
}
```

2. 输入/输出字符流

字符流以 Unicode 字符为单位,从流中读取或往流中写入数据,一次读取或写入 16 位。字符流用来读写文本文件,不能操作二进制文件。从 Java 1.1 开始,加入了专门处理字符流的抽象类 Reader 和 Writer,这两个类不能创建对象,具体功能要通过其子类实现。

(1)输入字符流抽象类 Reader

Reader 类可以完成最基本的从输入流读取数据的功能,是所有字符输入流的直接或间接父类,它的多个子类如图 7-11 所示。

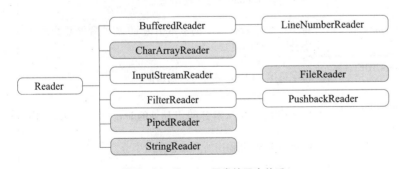

图 7-11 Reader 子类的层次关系

字符流

Reader 类的主要方法见表 7-8。

表 7-8 Reader 类主要方法

构造方法	作用
public int read() throws IOException	读取一个字符,返回值为读取的字符
public int read(char cbuf[]) throws IOException	读取一系列字符到数组 cbuf[] 中,返回值为实际读取的字符的数量
public abstract int read(char cbuf[], int off, int len) throws IOException	读取 len 个字符,从数组 cbuf[] 的下标 off 处开始存放,返回值为实际读取的字符数量,该方法必须由子类实现

(2) 输出字符流 Writer 抽象类

Writer 类可以完成最基本的向输出流写入数据的功能,是所有字符输出流的直接或间接父类,它的多个子类如图 7-12 所示。

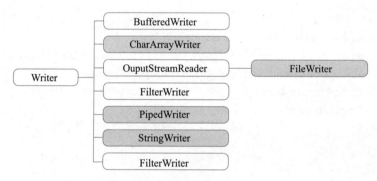

图 7-12 Writer 子类的层次关系

Writer 类的主要方法见表 7-9。

表 7-9 Writer 类的主要方法

构造方法	作用
public void write(int c) throws IOException	将整型值 c 的低 16 位写入输出流
public void write(char cbuf[]) throws IOException	将字符数组 cbuf[] 写入输出流
public abstract void write(char cbuf[], int off, int len) throws IOException	将字符数组 cbuf[] 中的从索引为 off 的位置处开始的 len 个字符写入输出流
public void write(String str) throws IOException	将字符串 str 中的字符写入输出流
public void write(String str, int off, int len) throws IOException	将字符串 str 中从索引 off 开始处的 len 个字符写入输出流
flush()	刷空输出流,并输出所有被缓存的字节
close()	关闭流

不管是字节流还是字符流,所有的输入/输出过程都可以分为以下几步:
- 根据输入/输出数据的类型,创建相应的输入/输出流对象。
- 调用流的方法 read()/write(),从流读取或向流写入数据。

- 调用流对象的 close() 方法关闭流,释放资源。

Read 和 Writer 都是抽象类,不能创建对象,要使用字符流,必须使用它们的子类。这里先介绍两个常用的实现类 InputStreamReader 类和 OutputStreamWriter 类。InputStreamReader 类和 OutputStreamWriter 类是处理字符流的基本类,用来在字节流和字符流之间搭一座"桥"。

(3) 实现类输入字符流 InputStreamReader 类

InputStreamReader 类的常用构造方法见表 7 – 10。

表 7 – 10　InputStreamReader 类的常用构造方法

构造方法	作用
InputStreamReader(InputStream in)	创建一个使用默认字符集的 InputStreamReader
InputStreamReader(InputStream in, String charsetName)	第二个参数是字符集,例如"uft – 8"

【案例 7 – 7】利用 InputStreamReader 读取文件。

```java
public class InputStreamReaderDemo{
public static void main(String[]args){
try{
//创建字节输入流对象
FileInputStream fin = new FileInputStream("a.txt");
//将字节流转换为字符输入流
InputStreamReader ir = new InputstreamReader(fin,"utf-8");
//存储字符的容器
char[]buf = new char[32];
int len = 0;
while((len = ir.read(buf))!= -1){
//将读取到的字符串输出到控制台
System.out.println(new String(buf,0,len));
} catch(Exception e){
e.printStackTrace();
}
}
}
```

(4) 实现类输出流 OutputStreamWriter 类

OuputreamWriter 是 Witer 的实现类,使用该流可以设置字符集,并按照指定的字符集将字符转换为对应的字节,然后通过该流写出。

OuputreamWriter 提供了多个构造方法,见表 7 – 11。

表 7 – 11　OuputreamWriter 类的主要构造方法

构造方法	作用
OutputStreamWriter(OutputStrcam out, String charSetName)	基于给定的字符集创建 OutputStreamWriter
OutputStreamWriter(OutputStream out)	按照给定的字节输出流和系统默认的字符集创建 OutputStreamWriter

【案例7-8】OuputStreamWriter 示例代码如下：

```
public class OutputStreamWriterDemo{
public static void main(String[]args){
try{
//创建字节输出流对象
FileOutputStream fos = new FileOutputStream("a.txt");
//将字节流转换为字符输出流
OutputStreamWriter ow = new OutputStreamWriter(fos,"utf-8");
ow.write("您好");
fos.close();
ow.close();
}catch(Exception e){
e.printStackTrace();
}
}
}
```

之前介绍字节流时提到缓冲流，缓冲流可以提高程序的读取和写入效率，那么字符流同样也有对应的缓冲流。下面具体介绍两个字符流的缓冲流，分别为 BufferedReader 和 BufferedWriter 类。

（5）字符缓冲输入流 BufferedReader 类

BufferedReader 是字符缓冲输入流，其内部提供了缓冲区，可以提高读取效率。BufferedReader 拥有 8 192 个字符的缓冲区。当 BufferedReader 在读取文本文件时，会尽量先从文件中读入字符数据并置入缓冲区，而之后若使用 read()方法，则会先从缓冲区中进行读取。只有当缓冲区数据不足时，才会从文件中读取。

BufferedReader 类提供了两个构造方法，见表 7-12。

表 7-12 BufferedReader 类的主要构造方法

构造方法	作用
BuferedReader(Reader in)	将指定的字符流包装成 BufferedReader
BufferedReader(Reader in, int size)	按照指定的字符输入流和指定的缓冲区大小创建 BufferedReader

String readLine()方法连续读取行字符串，直到读取到换行符为止，返回的字符串中不包含该换行符。

【案例7-9】读取一个文本文件中的所有行输出到控制台。代码如下：

```
import java.io.*;
ublic class BufferedReaderDemo{
public static void main(string[]args){
FileInputstream in;
try{
//创建字节流输入对象
```

```
in = new FileInputstream("a.txt");
//将字节流转换为字符流
InputStreamReader  isr = new InputStreamReader(in);
//将字符流用 isr 包装成 BufferedReader
BufferedReader br = new BufferedReader(isr);
String line = null;
while((line = br.readLine())!= null){
System.out.println(line);
}
br.close();
} catch(Exception e){
e.printStackTrace();
}
}
}
```

(6)字符缓冲输出流 BufferedWriter 类

BufferedWriter 类也是拥有 8 192 个字符的缓冲区,当使用 BufferedWriter 时,写入的数据并不会先输出到目的地,而是先存储至缓冲区中。如果缓冲区中的数据满了,就会一次性地写入目的地。

【案例 7-10】先通过控制台输入数据,再将输入的数据写到文件中。代码如下:

```
public class BufferedReaderWriterDemo{
puiblic static void main(string[] arga){}
try{
//缓冲 System.in 输入流
InputStreamReader in = new InputStreamReader(System.in);
//System.in 是位流,可以通过 InputStreamReader 将其转换为字符流
BufferedReader br = new BufferedReader(in);
FileWriter fw = new FileWriter("a.txt");
//缓冲 FileWriter
BufferedWriter bw = new BufferedWriter(fw);
string input = null;
//每读一行,进行一次写入动作
while(! (input = br.readLine()).equals("exit")){
bw.write(input);
//newLine()方法写入与操作系统相依的换行字符
//根据执行环境当时的 os 来决定输出哪种换行字符
bw.newLine();
}
br.close();
bw.close();
} catch(IOException e){
e.printstackTrace();
}
}
}
```

该代码是对 BufferedReader 和 BufferedWriter 类的演示。运行代码,用户可以从控制台不断输入数据,程序将输入的数据读取出来并且通过 BufferedWriter 流写入 a.txt 文件中,直到用户输入 exit 字符串退出程序。

实现类 InputStreamReader 和 OutputStreamWriter 是字节输入流转换为字符输入流或者字节输出流转换为字符输出流的桥梁,所以,在使用之前,还需要字节流对象。在这里再介绍两个常用的字符流类 FileReader 和 FileWriter。这两个类是 InputStreamReader 类和 OutputStreamWriter 类的子类,利用它们可以很方便地对文件进行字符输入/输出操作。

(7) FileReader 类

FileReader 类常用的构造方法见表 7-13。

表 7-13 FileReader 类的主要构造方法

构造方法	作用
FileReader(File file)	为 file 对象相对应的文件创建一个 FileReader 对象
FileReader(String fileName)	为 name 所指定的文件名创建一个 FileReader 对象

【案例 7-11】利用 FileReader 读取文件。

```java
import java.io.*;
public class FileCharTest1{
    /** 文件字符流案例 */
    public static void main(String[]args){
        //字符流对象(输入流)
        FileReader fr = null;
        try{
            fr = new FileReader("d:\\aa.txt");
            int n = 0;//实际读取字符个数
            //缓冲区数组 c 每次读 32 个字符,也可以是 512 等任何 2 的幂次方
            char c[] = new char[32];
            while((n = fr.read(c)) != -1){
                String s = new String(c,0,n);
                System.out.println(s);
            }
        } catch(Exception e){
            e.printStackTrace();
        }finally{
            try{
                fr.close();
            } catch(IOException e){
                e.printStackTrace();
            }
        }
    }
}
```

(8) FileWriter 类

FileWriter 类常用的构造方法见表 7-14。

表 7-14 FileWriter 类的主要构造方法

构造方法	作用
FileWriter(File file)	为 file 对象相对应的文件创建一个 FileWriter 对象
FileWriter(String fileName)	为 name 所指定的文件名创建一个 FileWriter 对象

【案例 7-12】利用字符流从一个文件 aa.txt 写入另一个文件 bb.txt：

```java
import java.io.*;
public class FileCharTest1{
    /** 文件字符流案例 */
    public static void main(String[]args){
        //字符流对象(输入流)
        FileReader fr = null;
        //输出流
        FileWriter fw = null;
        try{
            fr = new FileReader("d:\\aa.txt");
            fw = new FileWriter("d:\\bb.txt");
            int n = 0;//实际读取字符个数
            //缓冲区数组 c 每次读 32 个字符
            char c[] = new char[32];
            while((n = fr.read(c)) != -1){
                String s = new String(c,0,n);
                System.out.println(s);
                fw.write(c);
            }
        } catch(Exception e){
            e.printStackTrace();
        }finally{
            try{
                fr.close();
                fw.close();
            } catch(IOException e){
                e.printStackTrace();
            }
        }
    }
}
```

(9) PrintWriter 类

PrintWriter 是具有自动刷新的字符缓冲输出流，该类应用较广，在后面网络编程中会用到该类，其提供了比较丰富的构造方法，见表 7-15。

表 7 – 15 PrintWriter 类的主要构造方法

构造方法	作用
PrintWriter(File file)	使用指定文件创建不具有自动行刷新的新 PrintWriter
PrintWriter(OutputStream out)	根据现有的 OutputStream 创建不带自动行刷新的新 PrintWriter
PrintWriter(OutputStream out, boolean autoFlush)	通过现有的 OutputStream 创建新的 PrintWriter,其中 autoFlush 参数表示 PrintWriter 是否具有自动刷新功能
PrintWriter(String fileName)	创建具有指定文件名称且不带自动行刷新的新 PrintWriter
PrintWriter(Writer out)	创建不带自动行刷新的新 PrintWriter
PrintWriter(Witer out, boolean autoFlush)	创建新 PrintWriter,其中 autoFlush 参数表示 PrintWriter 是否具有自动刷新功能

PrintWriter 提供了丰富的重载 print 和 println 方法。其中,println 方法是在输出目标数据后自动输出一个系统支持的换行符。若该流是具有自动刷新功能的,那么通过 println 方法写出的内容都会被实际写出,而不是进行缓存。

【案例 7 – 13】通过 PrintWriter 向文件中一行一行写入数据。

案例代码:PrintWriterDemo.java

```java
public class PrintWriterDemo{
public static void main(String[]args){
try{
//创建字节输入流
FileOutputStream fos = new FileOutputStream("a.txt");
//将字节流转换为字符流
OutputStreamWriter ow = new OutputStreamWriter(fos);
//对字符流进行包装
//创建带有刷新功能的 PrintWriter
PrintWriter pw = new PrintWriter(ow,true);
pw.println("向文件中写入一行数据");
pw.close();
ow.close();
fos.close();
} catch(Exception e){
e.printstackTrace();
}
}
}
```

1.4.3 JTextArea 组件

从图 7 – 2 中可以看到,需要的组件包括菜单组件、滚动面板组件和文本域组件。在前面的超市收银系统中讲过滚动面板组件,在坦克大战项目中讲解了菜单组件,这里不再赘述这两种组件的使用。下面学习 JTextArea 组件的使用:

学习成果7　记事本

文本域与文本框的最大区别就是文本域允许用户输入多行文本信息。在 Swing 中使用 JTextArea 类实现一个文本域。其常用构造方法见表 7-16。

表 7-16　JTextArea 类常用的构造方法

方法名称	说明
JTextArea( )	创建一个默认的文本域
JTextArea(int rows, int columns)	创建一个具有指定行数和列数的文本域
JTextArea(String text)	创建一个包含指定文本的文本域
JTextArea(String text, int rows, int columns)	创建一个既包含指定文本又包含指定行数和列数的多行文本域
void append(String str)	将字符串 str 添加到文本域的最后位置
void setColumns(int columns)	设置文本域的行数
void setRows(int rows)	设置文本域的列数
int getColumns( )	获取文本域的行数
void setLineWrap(boolean wrap)	设置文本域的换行策略
int getRows( )	获取文本域的列数
void insert(String str, int position)	插入指定的字符串到文本域的指定位置
void replaceRange(String str, int start, int end)	将指定的开始位 start 与结束位 end 之间的字符串用指定的字符串 str 取代

【案例 7-14】使用 JFrame 组件创建一个窗口,再向窗口中添加一个文本域,并将文本域中的文本设置为自动换行,允许显示滚动条。具体代码如下:

```
import java.awt.Color;
import java.awt.Dimension;
import java.awt.Font;
import javax.swing.*;
public class JTextAreaDemo
{
    public static void main(String[]agrs)
    {
        JFrame frame = new JFrame("Java 文本域组件示例");     //创建 Frame 窗口
        JPanel jp = new JPanel();     //创建一个 JPanel 对象
        JTextArea jta = new JTextArea("请输入内容",7,30);
        jta.setLineWrap(true);     //设置文本域中的文本为自动换行
        jta.setForeground(Color.BLACK);     //设置组件的背景色
        jta.setFont(new Font("楷体",Font.BOLD,16));     //修改字体样式
        jta.setBackground(Color.YELLOW);     //设置按钮背景色
        JScrollPane jsp = new JScrollPane(jta);     //将文本域放入滚动窗口
        Dimension size = jta.getPreferredSize();     //获得文本域的首选大小
        jsp.setBounds(110,90,size.width,size.height);
```

```
            jp.add(jsp);        //将JScrollPane添加到JPanel容器中
            frame.add(jp);      //将JPanel容器添加到JFrame容器中
            frame.setBackground(Color.LIGHT_GRAY);
            frame.setSize(400,200);    //设置JFrame容器的大小
            frame.setVisible(true);
        }
    }
```

在上述代码中,将 JTextArea 文本域放入滚动窗口中,并通过 getPreferredSize( )方法获得文本域的显示大小。将滚动窗口的大小设置成与文本域大小相同,再将滚动窗口添加到 JPanel 面板中。运行程序,在文本域中可以输入多行内容,当内容超出文本域高度时,会显示滚动条,如图 7–13 所示。

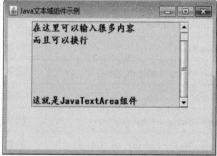

图 7–13 文本域运行效果

1.5 任务实施

通过对记事本界面的分析和介绍的组件知识,完成记事本界面的创建,参考代码如下:

```
import java.awt.*;
import javax.swing.*;
public class NoteJFrame extends javax.swing.JFrame{
    private JMenuBar jMenuBar1;
    private JMenuItem jMenuItemNew;
    private JMenuItem jMenuItemOpen;
    private JMenu jMenuEdit;
    private JTextArea jTextArea1;
    private JScrollPane jScrollPane1;
    private JMenuItem jMenuItemColor;
    private JSeparator jSeparator6;
    private JMenuItem jMenuItemFont;
    private JMenu jMenuView;
    private JSeparator jSeparator5;
    private JMenuItem jMenuItemReplace;
    private JMenuItem jMenuItemFind;
    private JSeparator jSeparator4;
```

学习成果 7　记事本

```java
    private JMenuItem jMenuItemExit;
    private JSeparator jSeparator3;
    private JMenuItem jMenuItemSaveAs;
    private JSeparator jSeparator2;
    private JMenuItem jMenuItemSave;
    private JSeparator jSeparator1;
    private JMenu jMenuFile;

public static void main(String[]args){
    SwingUtilities.invokeLater(new Runnable(){
        public void run(){
            NoteJFrame inst=new NoteJFrame();
            inst.setLocationRelativeTo(null);
            inst.setVisible(true);
        }
    });
}
public NoteJFrame(){
    super();
    initGUI();
}
private void initGUI(){
    try{
        setDefaultCloseOperation(WindowConstants.EXIT_ON_CLOSE);
        {
            jScrollPane1=new JScrollPane();
            getContentPane().add(jScrollPane1,BorderLayout.CENTER);
            {//增加文本区域
                jTextArea1=new JTextArea();
                jScrollPane1.setViewportView(jTextArea1);
            }
        }
        {
            jMenuBar1=new JMenuBar();
            setJMenuBar(jMenuBar1);//在窗体类上添加菜单栏
            {//生成一个菜单
                jMenuFile=new JMenu();//也可以直接使用 jMenuFile=new JMenu("File");
                jMenuBar1.add(jMenuFile);
                jMenuFile.setText("File");
                {//增加菜单子项"New"
                    jMenuItemNew=new JMenuItem();
                    jMenuFile.add(jMenuItemNew);
                    jMenuItemNew.setText("New");
                }
                {//增加菜单子项"Open"
```

```java
            jMenuItemOpen = new JMenuItem();
            jMenuFile.add(jMenuItemOpen);
            jMenuItemOpen.setText("Open");
            {
                jSeparator1 = new JSeparator();
                jMenuItemOpen.add(jSeparator1);
            }
        }
        {
            jMenuItemSave = new JMenuItem();
            jMenuFile.add(jMenuItemSave);
            jMenuItemSave.setText("Save");
            {
                jSeparator2 = new JSeparator();
                jMenuItemSave.add(jSeparator2);
            }
        }
        {
            jMenuItemSaveAs = new JMenuItem();
            jMenuFile.add(jMenuItemSaveAs);
            jMenuItemSaveAs.setText("Save as");
            {
                jSeparator3 = new JSeparator();
                jMenuItemSaveAs.add(jSeparator3);
            }

        }
        {
            jMenuItemExit = new JMenuItem();
            jMenuFile.add(jMenuItemExit);
            jMenuItemExit.setText("Exit");
            {
                jSeparator4 = new JSeparator();
                jMenuItemExit.add(jSeparator4);
            }
        }
    }
    {
        jMenuEdit = new JMenu();
        jMenuBar1.add(jMenuEdit);
        jMenuEdit.setText("Edit");
        {
            jMenuItemFind = new JMenuItem();
            jMenuEdit.add(jMenuItemFind);
            jMenuItemFind.setText("Find");
```

学习成果7 记事本

```
            }
            {
                jMenuItemReplace = new JMenuItem();
                jMenuEdit.add(jMenuItemReplace);
                jMenuItemReplace.setText("Replace");
                {
                    jSeparator5 = new JSeparator();
                    jMenuItemReplace.add(jSeparator5);
                }
            }
        }
        {
            jMenuView = new JMenu();
            jMenuBar1.add(jMenuView);
            jMenuView.setText("View");
            {
                jMenuItemFont = new JMenuItem();
                jMenuView.add(jMenuItemFont);
                jMenuItemFont.setText("Font");
            }
            {
                jMenuItemColor = new JMenuItem();
                jMenuView.add(jMenuItemColor);
                jMenuItemColor.setText("Color");
                {
                    jSeparator6 = new JSeparator();
                    jMenuItemColor.add(jSeparator6);
                }
            }
        }
        }
        pack();
        setSize(400,300);

    } catch(Exception e){
        //add your error handling code here
        e.printStackTrace();
    }
  }
}
```

1.6 巩固训练

1. 利用字节流 FileInputStream 流和 FileOutputStream 实现文件的复制,将文件 file1.txt 的内容复制到 file2.txt 中。

2. 利用字节缓冲流 BufferedInputStream 和 BufferedOutputStream 实现文件的复制,将文件 file1.txt 的内容复制到 file2.txt 中。

任务 2　记事本功能实现

2.1　任务描述

根据表 7-1,实现菜单项中的 File 下面的和 View 下面的菜单子项功能。这就要用到前面坦克大战项目中讲过的菜单的鼠标单击事件,该事件的分析这里不再赘述,请大家翻看前面该部分内容。

2.2　任务分析

在实现保存、打开或者另存为功能时,都需要弹出窗口,以选择文件或者选择路径,这就要用到文件选择器。font 和 color 两个菜单子项是为了实现文本域的字体设置和颜色设置。当单击两个子项时,分别弹出字体选择器和颜色选择器对话框。

2.3　任务学习目标

1. 掌握各种组件对应的事件处理。
2. 掌握类和对象的使用,以及类的三大特征的综合应用。
3. 掌握文件输入流和输出流的使用。

2.4　知识储备

2.4.1　文件选择器

文件选择器为用户操作系统文件提供了桥梁。swing 中使用 JFileChooser 类实现文件选择器,该类常用的构造方法见表 7-17。

表 7-17　JFileChooser 类的主要构造方法

构造方法	作用
JFileChooser( )	创建一个指向用户默认目录的 JFileChooser
JFileChooser(File currentDirectory)	使用指定 File 作为路径来创建 JFileChooser
JFileChooser(String currentDirectoryPath)	创建一个使用指定路径的 JFileChooser
JFileChooser (String currentDirectoryPath, FileSystemView fsv)	用指定的当前目录路径和 FileSystem View 构造一个 JFile-Chooser
int showOpenDialog(Component parent)	弹出打开文件对话框
int showSaveDialog(Component parent)	弹出保存文件对话框

【案例 7-15】编写一个程序,允许用户从本地磁盘中选择一个文件,并将选中的文件显示到界面。实现代码如下:

学习成果7 记事本

```java
import java.awt.event.*;
import javax.swing.*;
public class JFileChooserDemo
{
    private JLabel label = new JLabel("所选文件路径:");
    private JTextField jtf = new JTextField(25);
    private JButton button = new JButton("浏览");
    public JFileChooserDemo()
    {
        JFrame jf = new JFrame("文件选择器");
        JPanel panel = new JPanel();
        panel.add(label);
        panel.add(jtf);
        panel.add(button);
        jf.add(panel);
        jf.pack();        //自动调整大小
        jf.setVisible(true);
        jf.setDefaultCloseOperation(JFrame.EXIT_ON_CLOSE);
        button.addActionListener(new MyActionListener());    //监听按钮事件
    }
    //Action 事件处理
    class MyActionListener implements ActionListener
    {
        @Override
        public void actionPerformed(ActionEvent arg0)
        {
            JFileChooser fc = new JFileChooser("F:\\");
            int val = fc.showOpenDialog(null);    //文件打开对话框
            if(val == fc.APPROVE_OPTION)
            {
                //正常选择文件
                jtf.setText(fc.getSelectedFile().toString());
            }
            else
            {
                //未正常选择文件,如选择取消按钮
                jtf.setText("未选择文件");
            }
        }
    }
    public static void main(String[]args)
    {
        new JFileChooserDemo();
    }
}
```

在上述程序中,使用内部类的形式创建了一个名称为 MyActionListener 的类,该类实现了 ActionListener 接口。其中,showOpenDialog( )方法将返回一个整数,可能取值情况有 3 种:JFileChooser. CANCEL_OPTION、JFileChooser. APPROVE_OPTION 和 JFileChooser. ERROR_OPTION,分别用于表示单击"取消"按钮退出对话框、无文件选取、正常选取文件,以及发生错误或者对话框已被解除而退出对话框。因此,在文本选择器交互结束后,应判断是否从对话框中选择了文件,然后根据返回值情况进行处理。运行程序,单击"浏览"按钮,会弹出选择文件的对话框,如果取消选择,会显示未选择文件;否则,会显示选择的文件路径及文件名称,如图 7 - 14 所示。

使用 JFileChooser 对象调用 showSaveDialog( )方法会显示文件保存对话框,即将"int val = fc. showOpenDialog(null) ;"语句换成"int val = fc. showSaveDialog(null) ;"。在文件保存对话框中,"保存"按钮对应的常量值是 JFileChooser. APPROVE_OPTION,"取消"按钮对应的常量值是 JFileChooser. CANCEL_OPTION。图 7 - 15 所示为文件保存对话框效果。

图 7 - 14　文件选择对话框

图 7 - 15　文件保存对话框

2.4.2　颜色选择器

JColorChooser 类提供一个用于允许用户操作和选择颜色的控制器窗格。该类提供三个级别的 API:

● 显示有模式颜色选取器对话框并返回用户所选颜色的静态便捷方法。

● 创建颜色选取器对话框的静态方法,可以指定当用户单击其中一个对话框按钮时要调用的 ActionListener。

● 能直接创建 JColorChooser 窗格的实例(在任何容器中),可以添加 PropertyChange 作为监听器,以检测当前"颜色"属性的更改。

一般使用 JColorChooser 类的静态方法 showDialog(Component component, String title, Color initialColor)创建一个颜色对话框,在隐藏对话框之前,一直堵塞进程。其中,component 参数指定对话框所依赖的组件,title 参数指定对话框的标题,initialColor 参数指定对话框返回的初始颜色,即对话框消失后返回的默认值。JColorChooser 类的构造方法见表 7 - 18。

表 7–18 JColorChooser 类的构造方法

方法名称	说明
JColorChooser( )	创建初始颜色为白色的颜色选取器窗格
JColorChooser(Color;nitialColor)	创建具有指定初始颜色的颜色选取器窗格
JColorChooser(ColorSelectionModel model)	创建具有指定 ColorSelectionModel 颜色选取器窗格
getColor( )	获取颜色选取器的当前颜色值
getDragEnabled( )	获取 dragEnabled 属性的值
setColor(Color color)	将颜色选取器的当前颜色设置为指定颜色
setColor(int c)	将颜色选取器的当前颜色设置为指定颜色
setColor(int r,int g,int b)	将颜色选取器的当前颜色设置为指定的 RGB 颜色
setDragEnabled(boolean b)	设置 dragEnabled 属性,该属性必须为 true 才能启用对此组件的自动拖动处理(拖放操作的第一部分)

Java 中没有自带的字体选择器类文件,网上有很多已经实现了该功能的开源代码,下载下来使用即可。字体的选择与系统安装过的字体有关。本项目所使用的字体选择器类文件 JFontChoose. java 源代码从网上下载,代码较长,可以扫描二维码在网上下载。

2.5 任务实施

第一步:实现新建文件

思路分析:单击"New"菜单新建文件时,有两种情况:一种是第一次打开记事本新建一个文件;另一种是编辑一个文件后,想要再建立一个新的文件。第一种情况比较简单,直接编辑即可。第二种情况就需要询问是否保存当前正在编辑的文件。对当前的文件完成操作后,再建立新的文件。要操作文件,就要建立文件对象。在上面的代码中增加两个成员变量:一个用来标识当前文件是否保存,一个用来存储当前要编辑的文件。当编辑文本域中的内容时,isSave 的值就要变为 false,当保存完当前文件时,isSave 的值为 true。

JFontChoose.java 下载

所以,这里还需要在文本域 jTextArea 上添加文本内容是否变化的监听。当前文件 currentFile 处理完毕后,就要赋值为 null,以便存放下一次要操作的文件。

```
private boolean isSave = false;
private File currentFile;
```

利用内部类实现文本域 jTextArea 上的监听,代码如下:

```
{//增加文本区域
jTextArea1 = new JTextArea();
jScrollPane1.setViewportView(jTextArea1);
jTextArea1.getDocument().addDocumentListener(new Docu-
mentListener(){
        @ Override
        public void changedUpdate(DocumentEvent e){
            //TODO Auto-generated method stub
```

记事本分析

```
            isSave = false;
        }
    @Override
    public void insertUpdate(DocumentEvent e){
        //TODO Auto-generated method stub
        isSave = false;
    }
    @Override
    public void removeUpdate(DocumentEvent e){
        //TODO Auto-generated method stub
        isSave = false;
    }
});
}
```

保存分析

根据上面的分析,可以增加一个askSave()的成员方法来完成第二种情况的判断,如果当前有编辑的文件并且没有保存,就要提示是否先保存当前文件。如果选择保存,那么就进行当前文件的保存。可以先定义一个saveFile(File)的成员方法,该方法的作用是利用文件流保存文件,后期再根据保存文件的思路补齐saveFile成员方法。代码如下:

保存文件

```
//判断当前文件是否已经保存
    private int askSave(){
        int flag = 1;
        if(currentFile!=null&&!isSave){
            //弹出对话框询问是否需要保存
            int i = JOptionPane.showConfirmDialog(null,"请选择");
            if(i == 0){//保存按钮
                saveFile(currentFile);
                currentFile = null;
            }else if(i == 1){
                currentFile = null;
            }else{
                flag = 0;
            }
        }
    return flag;
}
```

对"New"菜单子项增加鼠标单击事件,同样,还是用内部类的写法:

```
{//增加"New"菜单子项
jMenuItemNew = new JMenuItem();
jMenuFile.add(jMenuItemNew);
jMenuItemNew.setText("New");
//内部类的写法
```

```
jMenuItemNew.addActionListener(new ActionListener(){
@Override
public void actionPerformed(ActionEvent e){
//单击"New"菜单后要做的事情
int flag=askSave();
if(flag==0){return;}
jTextArea1.setText("");
}});
}
```

第二步:实现打开文件的功能

思路分析:单击"Open"菜单打开文件时,有两种情况:一种是第一次打开一个文件;另一种是在编辑一个文件后想要再打开一个新的文件。第一种情况比较简单,直接弹出文件选择器选择文件即可;第二种情况需要询问是否保存当前的正在编辑的文件。对当前的文件完成操作后再打开新的文件,并且打开的是记事本文件,也就是只能打开后缀为 txt 的文档,这就需要前面讲过的文件过滤器。打开文件功能菜单,是选择某个文件,将文件中的内容追加到 jTextArea 文本域中显示,然后进行编辑。在这里建立打开文件成员方法 openFile(File f),该方法的作用是完成将参数中的 File 读出,追加到 jTextArea 文本域中显示。

openFile 方法分析

根据前面对"Open"菜单项的分析,对该菜单子项添加鼠标单击事件,可利用内部类来实现。单击"Open"菜单后,首先调用 askSave() 判断是否为第二种情况。完成 askSave 判断后,利用讲过的 JFileChooser 文件选择器和过滤器来选择 txt 文件并打开。打开文件就用到讲过的字符流的读取,从 txt 文件中读出后,追加到 jTextArea 中显示即可,这也是 openFile 成员方法完成的功能。参考代码如下:

New、Open 实现监听

```
{//增加菜单子项"Open"
jMenuItemOpen=new JMenuItem();
jMenuFile.add(jMenuItemOpen);
jMenuItemOpen.setText("Open");
{
jSeparator1=new JSeparator();
jMenuItemOpen.add(jSeparator1);
}
jMenuItemOpen.addActionListener(new ActionListener(){

@Override
public void actionPerformed(ActionEvent e){
//单击"Open"菜单后做的事情
int flag=askSave();
if(flag==0){return;}
JFileChooser jfc=new JFileChooser();
jfc.setDialogTitle("请打开一个文件");
//利用过滤器类来过滤 txt 文档
```

```java
TxtFilter txtFilter = new TxtFilter();
jfc.addChoosableFileFilter(txtFilter);
jfc.setFileFilter(txtFilter);
jfc.showOpenDialog(null);
File file = jfc.getSelectedFile();
if(file!=null){
currentFile = file;
openFile(currentFile);
}
}});
}
```

openFile(File f)成员方法的参考代码如下:

```java
//打开文件
    private void openFile(File f){
        //将硬盘中某个文件读入内存,然后在文本区域显示
        FileReader fr = null;
        try{
            fr = new FileReader(f);
            int n = 0;
            char c[] = new char[1024];
            jTextArea1.setText("");
                while((n = fr.read(c)) != -1){
                String s = new String(c,0,n);
                //将读到的内容写入文本区域
                jTextArea1.append(s);//追加方法
            }
        } catch(Exception e){
            //TODO Auto-generated catch block
            e.printStackTrace();
        }
    }
```

第三步:实现保存文件的功能

思路分析:单击"Save"按钮后,要判断当前文件是否被保存过。如果没有保存过,判断该文件是否为第一次保存,如果是第一次保存,就要利用jFileChoose选择保存路径,使用过滤器过滤txt后缀,利用字符流将jTextArea文本编辑器的内容保存到硬盘对应的文件中。如果不是第一次保存,则说明已经在硬盘上存在该文件了,只要再次利用字符流覆盖该文件即可。利用字符流将jTextArea文本编辑器中的内容保存到硬盘上对应的文件中。saveFile(File)成员方法可以完成此功能,即提取文本编辑器中的内容写入参数中的File文件中。

保存监听

根据上面的分析,saveFile成员方法的代码如下:

```
//保存文件的方法
    private void saveFile(File f){
        //将文本域中的内容写入文件 f
        System.out.println(f.getAbsolutePath());
        String fileName = f.getName();
        String suffix = fileName.substring(fileName.lastIndexOf(".")+1);
//后缀的名字
        if(!suffix.endsWith("txt")){
            String path = f.getAbsolutePath()+".txt";
            f = new File(path);//以加了后缀.txt的文件作为新的路径
        }
        System.out.println(f.getAbsolutePath());
        FileWriter fw = null;
        try{
            fw = new FileWriter(f);
            String s = "";
            s = jTextArea1.getText();
            fw.write(s);
        } catch(IOException e){
            //TODO Auto-generated catch block
            e.printStackTrace();
        }finally{
            try{
                fw.close();
            } catch(IOException e){
                //TODO Auto-generated catch block
                e.printStackTrace();
            }
        }
    }
}
```

2.6 巩固训练

1. 实现记事本中另存为功能,完成单击"Save as"子菜单项将文件另存为一个新的文件。

2. 实现记事本退出系统的功能,单击"Exit"菜单子项退出系统。提示:单击"Exit"按钮时,功能最简单,只需要判断当前文件是否已经保存过,然后退出就可以了。

3. 实现记事本字体和颜色设置的功能。单击"Font"和"Color"菜单子项实现字体和颜色的选择。

另存为功能

学习目标达成度评价

序号	学习目标	学生自评
1	掌握窗体绝对布局	□能够熟练使用绝对布局 □需要参考教材内容才能实现 □无法理解
2	掌握文本域、滚动面板、菜单等组件的使用	□能够熟练使用文本域、滚动面板和菜单组件 □需要参考相应的代码才能实现 □无法独立完成程序的设计
3	掌握输入流和输出流的使用	□能够使用输入流和输出流完成对应功能 □需要参考相应的代码才能实现 □无法独立完成程序的设计
评价得分		
学生自评得分（20%）	学习成果得分（60%）	学习过程得分（20%）	项目综合得分

- 学生自评得分

学生自评表格中，第一个选项得10分，第二个选项得30分，第三个选项得60分。

- 学习成果得分

教师根据学生学习成果完成情况酌情赋分，满分100分。

- 学习过程得分

教师根据学生其他学习过程表现，如到课情况、作业完成情况、课堂参与讨论情况等酌情赋分，满分100分。

学习笔记

学习成果 8

网络聊天室

项目导读

该项目为桌面应用程序,利用网络通信机制完成客户端聊天室和服务器端聊天室的通信。具体的功能模块及每个模块的难度和实现要求见表 8-1。在后面的学习过程中,依次完成表中每个模块描述的功能。

表 8-1 简易聊天室功能描述

功能	难度分	规则描述
客户端	50	建立客户端聊天室,可以发送消息给服务器端,可以完成多客户端通信
服务器端	50	建立服务器端聊天室,可以发送消息给客户端

学习目标

知识目标	能力目标	职业素质目标
1. 掌握网络通信机制 2. 掌握事件监听 3. 掌握输入流和输出流使用	1. 能够熟练运用组件和布局创建界面 2. 能够熟练使用窗口和组件事件监听 3. 能够运用网络通信机制完成信息的网络传输	1. 具有良好的职业道德和职业规范 2. 具有较强的团队协作能力 3. 具有一定的创新能力 4. 具有分析问题和解决问题能力

学习寄语

习近平总书记在网络安全和信息化工作座谈会上对网络核心技术发展作出的重要指示:"要尽快在核心技术上取得突破。要有决心、恒心、重心,树立顽强拼搏、刻苦攻关的志气","互联网核心技术是我们最大的'命门',核心技术受制于人是我们最大的隐患"。因此,了解网络编程的一些基础知识,掌握网络通信技术是非常有必要的。本项目就带领大家进入网络编程的世界。

任务1　聊天室界面设计

1.1　任务描述

客户端聊天室界面和服务器端聊天室界面是类似的,参考图如图8-1所示。

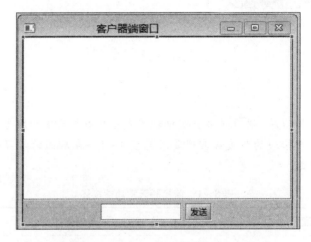

图8-1　客户端、服务器端界面参考图

1.2　任务分析

从图8-1中可以看到,聊天室的界面主要分为文本显示区域和发送消息区域。按照前面讲过的知识,第一步要考虑的就是窗体的布局。从结构上,窗体分为上、下两部分,就可以使用Border布局,保留South和Center部分。用到的组件包括文本框组件、文本域组件、面板组件、按钮组件和滚动面板组件,如图8-2所示。所用到的技能知识是前面超市收银系统项目和记事本项目中讲述过的,不再赘述,这里以一个界面为例进行讲解。

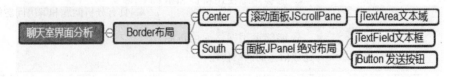

图8-2　界面分析思维导图

1.3　任务学习目标

1. 掌握 Swing 基本控件。
2. 掌握网络通信机制。
3. 掌握监听。
4. 掌握输入流和输出流的使用。

1.4 知识储备

客户端和服务器端相互通信是通过网络传递消息的,那么首先需要了解网络的一些基础知识。网络编程的实质就是两个(或多个)设备(例如计算机)之间的数据传输。

计算机网络是指通过一定的物理设备将处于不同位置的计算机连接起来组成的网络,这个网络中包含的设备有计算机、路由器、交换机等。

其实,从软件编程的角度来说,对于物理设备的理解不需要很深刻,就像打电话时不需要很熟悉通信网络的底层实现是一样的,但是当深入网络编程的底层时,这些基础知识是必需的。

路由器和交换机组成了核心的计算机网络,计算机只是这个网络上的节点及控制设备等,通过光纤、网线等将设备连接起来,从而形成了一张巨大的计算机网络。

1.4.1 网络基础

1. IP 地址

为了能够方便地识别网络上的每个设备,网络中的每个设备都会有唯一的数字标识,这就是 IP 地址。在计算机网络中,现在命名 IP 地址的规定是 IPv4 协议,该协议规定每个 IP 地址由 4 个 0~255 之间的数字组成,例如 10.0.120.34。每个接入网络的计算机都拥有唯一的 IP 地址,

网络基础知识

这个 IP 地址可能是固定的,例如网络上各种各样的服务器,也可以是动态的,例如使用 ADSL 拨号上网的宽带用户,无论以何种方式获得或是否是固定的,每个计算机在联网以后都拥有唯一的合法 IP 地址,就像每个手机号码一样。

但是由于 IP 地址不容易记忆,所以,为了方便记忆,又创造了另外一个概念——域名(Domain Name),例如 sohu.com 等。一个 IP 地址可以对应多个域名,一个域名只能对应一个 IP 地址。域名的概念可以类比手机中的通信簿,由于手机号码不方便记忆,所以添加一个姓名来标识号码,在实际拨打电话时,可以选择该姓名,然后拨打即可。

在网络中传输的数据,全部是以 IP 地址作为地址标识,所以,在实际传输数据之前,需要将域名转换为 IP 地址,实现这种功能的服务器称为 DNS 服务器,也就是域名解析。例如,当用户在浏览器中输入域名时,浏览器首先请求 DNS 服务器将域名转换为 IP 地址,将转换后的 IP 地址反馈给浏览器,再进行实际的数据传输。

当 DNS 服务器正常工作时,使用 IP 地址或域名都可以很方便地找到计算机网络中的某个设备,例如服务器计算机,当 DNS 不正常工作时,只能通过 IP 地址访问该设备。所以,IP 地址的使用要比域名通用一些。

可以通过 ping 网址来获取 IP 地址,再通过 tracert 命令链接 IP 地址,可以看到经过一串路由器地址到达目的地,如图 8-3 所示。

2. 端口

IP 地址和域名很好地解决了在网络中找到一个计算机的问题,但是为了让一个计算机可以同时运行多个网络程序,就引入了另外一个概念——端口(port)。

在介绍端口的概念以前,首先来看一个例子。一般一个公司前台会有一部电话,每个员工会有一个分机。要找到这个员工,需要首先拨打前台总机,然后转该分机号即可,这样减少了公司的开销,也方便了每个员工。在该示例中,前台总机的电话号码就相当于 IP 地址,每个员

图8-3 获取IP地址

工的分机号就相当于端口。

在同一个计算机中,每个程序对应唯一的端口,这样计算机就可以通过端口区分发送给每个端口的数据了,即一个计算机上可以并发运行多个网络程序,而不会在互相之间产生干扰。

在硬件上规定,端口的号码必须位于 0~65 535 之间,每个端口唯一地对应一个网络程序,一个网络程序可以使用多个端口,这样一个网络程序运行在一台计算上时,不管是客户端还是服务器端,都至少占用一个端口进行网络通信。在接收数据时,首先发送给对应的计算机,然后计算机根据端口把数据转发给对应的程序。

在进行网络通信交换时,可以通过 IP 地址查找到该台计算机,然后通过端口标识这台计算机上的唯一的程序,这样就可以进行网络数据的交换了。

3. 协议

在现有的网络中,网络通信的方式主要有两种:
- TCP(传输控制协议)方式。
- UDP(用户数据报协议)方式。

为了方便理解这两种方式,还是先来看一个例子。大家使用手机时,向别人传递信息时有两种方式:拨打电话和发送短信。使用拨打电话的方式可以保证将信息传递给别人,因为别人接听电话时本身就确认接收到了该信息;发送短信的方式价格低廉,使用方便,但是接收人有可能接收不到。

在网络通信中,TCP 方式就类似于拨打电话,使用该方式进行网络通信时,需要建立专门的虚拟连接,然后进行可靠的数据传输,如果数据发送失败,则客户端会自动重发该数据。而UDP 方式就类似于发送短信,使用这种方式进行网络通信时,不需要建立专门的虚拟连接,传输也不是很可靠,如果发送失败,则客户端无法获得。

这两种传输方式都是在实际的网络编程中使用的,重要的数据一般使用 TCP 方式进行数据传输,而大量的非核心数据则通过 UDP 方式进行传递。在一些程序中,甚至结合使用这两种方式进行数据的传递。

由于 TCP 需要建立专用的虚拟连接及确认传输是否正确,所以使用 TCP 方式的速度稍微慢一些,而且传输时产生的数据量要比 UDP 稍微大一些。

1.5 任务实施

创建 java 项目 projectChatRoom，在 src 文件夹下新建文件 ChatRoomClient.Java，实现聊天界面。根据图 8-2 的分析和组件知识，客户端界面的参考代码如下：

```java
import java.awt.*;
import java.io.*;
import java.net.Socket;
import java.net.UnknownHostException;
import javax.swing.*;
public class ChatRoomClient extends JFrame implements Runnable{
    private JTextArea jta;//聊天内容显示的文本域
    private JTextField jtf;//自己输入内容的文本框
    private JButton jb;//发送按钮
    private JLabel label;//用户名标签
    private String name;//用户名
    private Socket s;
    private PrintWriter pw;
    private BufferedReader br;

    public static void main(String[]args){
        ChatRoomClient c = new ChatRoomClient();
    }
    public ChatRoomClient(){
        super("聊天室客户端 v1.0");
        name = JOptionPane.showInputDialog(this,"请输入您的名称:");
        init();
    }
    private void init(){
        jta = new JTextArea(20,40);
        jta.setFont(new Font("宋体",Font.BOLD,24));
        jta.setEditable(false);
        JScrollPane jsp = new JScrollPane(jta);
        getContentPane().add(jsp,BorderLayout.CENTER);
        JPanel panel = new JPanel();
        jtf = new JTextField(28);
        jb = new JButton("发送");
        label = new JLabel(name + ":");
        panel.add(label);
        panel.add(jtf);
        panel.add(jb);
        getContentPane().add(panel,BorderLayout.SOUTH);
        this.pack();
        this.setVisible(true);
        this.setDefaultCloseOperation(JFrame.DO_NOTHING_ON_CLOSE);
    }
}
```

1.6 巩固训练

根据教材的任务实施和参考代码完成其他客户端界面开发。

任务 2　客户端服务器端通信功能实现

2.1 任务描述

多个客户端可以发送消息到服务器,在聊天界面显示多个客户端发布的信息,显示登录方的名字;当客户端退出时,显示退出。

2.2 任务分析

要实现客户端和服务器端的通信,就要使用服务器端网络编程和客户端网络编程的知识,这里就要学习两个重要的对象:服务器端的 ServerSocket 对象和客户端的 Socket 对象。

2.3 任务学习目标

1. 掌握网络通信机制。
2. 掌握监听。
3. 掌握输入流和输出流的使用。

2.4 知识储备

2.4.1 Socket

Socket 又称"套接字",应用程序通常通过"套接字"向网络发出请求或应答网络请求。

Socket 和 ServerSocket 类库位于 java.net 包中。ServerSocket 用于服务器端,Socket 是建立网络连接时使用的。在连接成功时,应用程序两端都会产生一个 Socket 实例,操作这个实例,完成所需的会话。对于一个网络连接来说,套接字是平等的,不会因为在服务器端或在客户端而产生不同的级别。不管是 ServerSocket 还是 Socket,它们的工作都是通过 SocketImpl 类及其子类完成的。

服务器客户端通信

套接字的连接过程可以分为四个步骤:服务器监听、客户端请求服务器、服务器端连接确认、客户端连接确认并进行通信,通信模型如图 8-4 所示。

● 服务器监听:服务器端套接字并不定位具体的客户端套接字,而是处于等待连接的状态,实时监控网络状态。

● 客户端请求服务器:客户端的套接字提出连接请求,要连接的目标是服务器端的套接字。为此,客户端的套接字必须首先描述要连接的服务器端的套接字,指出服务器端的套接字的地址和端口号,然后向服务器端套接字提出连接请求。

● 服务器端连接确认:当服务器端的套接字监听到或者接收到客户端套接字的连接请求时,它就响应客户端套接字的请求,建立一个新的线程,把服务器端套接字的描述发送给客户端。

- 客户端连接确认：一旦客户端确认了此描述，连接就建立好了，双方开始通信。而服务器端套接字继续处于监听状态，继续接收其他客户端套接字的连接请求。

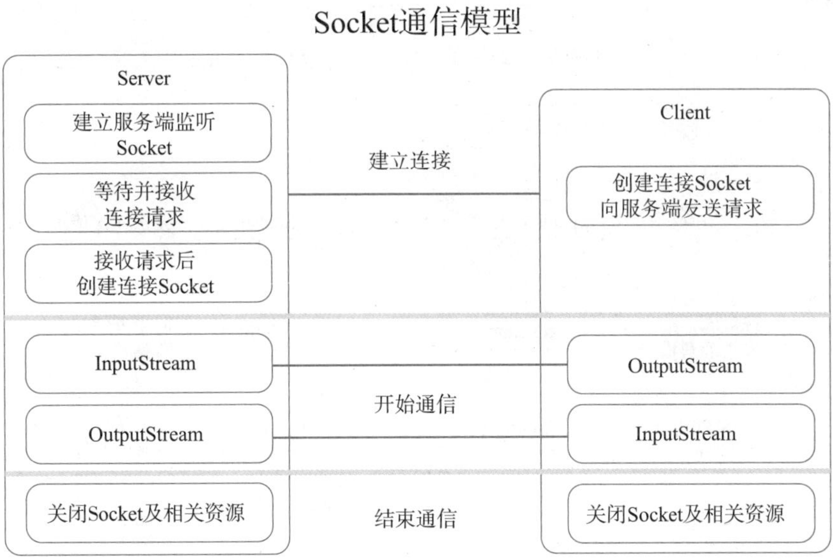

图 8-4 通信模型

（1）服务器端 ServerSocket

在两个通信端没有建立虚拟链路之前，必须有一个通信实体首先主动监听来自另一端的请求。ServerSocket 对象使用 accept( )方法用于监听来自客户端的 Socket 连接，如果收到一个客户端 Socket 的连接请求，该方法将返回一个与客户端 Socket 对应的 Socket 对象。如果没有连接，它将一直处于等待状态。通常情况下，服务器不应只接收一个客户端请求，而应该通过循环调用 accept( )方法不断接收来自客户端的所有请求。

服务器端通信步骤：

①创建 ServerSocket 对象，绑定监听端口。

②通过 accept( )方法监听客户端请求。

③建立连接后，通过输入流读取客户端发送的请求信息。

④通过输出流向客户端发送响应信息。

⑤关闭相关资源。

这里需要注意的是，对于多次接收客户端数据的情况来说，一方面，可以每次都在客户端建立一个新的 Socket 对象，然后通过输入/输出通信，这样对于服务器端来说，每次循环所接收的内容也不一样，被认为是不同的客户端；另一方面，也可以只建立一次，然后在这个虚拟链路上通信，这样在服务器端一次循环的内容就是通信的全过程。

（2）客户端 Socket 对象

Socket 用于描述 IP 地址和端口，是一个通信链的句柄。应用程序通常通过"套接字"向网络发出请求或者应答网络请求，如图 8-5 所示。

客户端通信步骤：

①创建 Socket 对象,指明需要连接的服务器的地址和端口号。
②连接建立后,通过输出流向服务器端发送请求信息。
③通过输入流获取服务器响应信息。
④关闭响应资源。

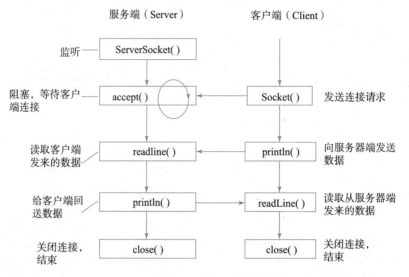

图 8-5 通信过程图

【案例 8-1】客户端和服务器端相互通信,建立服务器端项目 projectServer,建立类文件 Myserver1 完成服务器端监听;建立客户端项目 projectClient,建立类文件 MyClient. java 完成发送消息。

```
import java.io.*;
import java.net.*;
public class Myserver1{
    /**
    * 第一个服务器端程序,让它在 9999 端口监听
    * 可以接收从客户端发来的信息
    */
    public static void main(String[]args){
        //TODO Auto-generated method stub
        Myserver1 server1 = new Myserver1();
    }
    public Myserver1(){
        try{
            //在 9999 端口监听
            ServerSocket ss = new ServerSocket(9999);
            System.out.println("在 9999 端口监听");
            //等待开户端来连接
            Socket socket = ss.accept();
            //在没有客户端连接的时候,accept 一直在等待
```

学习成果8　网络聊天室

```java
        //要读取ss中传递的数据
            InputStreamReader isr = new InputStreamReader(socket.getInputStream());
            BufferedReader br = new BufferedReader(isr);
            String str = br.readLine();
            System.out.println("服务器端接收" + str);
        //往客户端传递信息
            PrintWriter pw = new PrintWriter(socket.getOutputStream(),true);
            pw.println("我是服务器,你也好");
        }catch(IOException e){
            //TODO Auto-generated catch block
            e.printStackTrace();
        }
    }
}
```

客户端:

```java
import java.io.*;
import java.net.*;
public class MyClient{
    /**
     * 客户端,可以连接服务器端
     */
    public static void main(String[]args){
        //TODO Auto-generated method stub
        MyClient myClient = new MyClient();
    }
public MyClient(){
    try{
        //Socket()连接某个服务器,第一个参数是IP地址,第二个参数是端口
        Socket s = new Socket("127.0.0.1",9999);
        //如果s连接成功,就可以发送数据给服务器端
        PrintWriter pw = new PrintWriter(s.getOutputStream(),true);
        pw.println("你好吗,我是客户端");
        //要读取s中传递的数据
        InputStreamReader isr = new InputStreamReader(s.getInputStream());
        BufferedReader br = new BufferedReader(isr);
        String str = br.readLine();
        System.out.println("客户端接收" + str);
    }catch(UnknownHostException e){
        //TODO Auto-generated catch block
        e.printStackTrace();
    }catch(IOException e){
        //TODO Auto-generated catch block
```

```
            e.printStackTrace();
        }
    }
}
```

【案例 8-2】 在案例 8-1 的基础上从控制台输入信息，相互通信。一方说，另一方回答。建立服务器端项目 projectServer，建立类文件 Myserver2.java 完成服务器端监听；建立客户端项目 projectServerClient，建立类文件 MyClient2.Java。

```
import java.io.*;
import java.net.*;
public class MyServer2{
    /* 服务器端9999端口监听 */
    public static void main(String[]args){
        MyServer2 myserver2 = new MyServer2();
    }
public MyServer2(){
    //在9999端口监听
    try{
        System.out.println("服务器正在监听...");
        ServerSocket ss = new ServerSocket(9999);
        //等待连接
        Socket socket = ss.accept();
        //接收客户端
        InputStreamReader isr=new InputStreamReader(socket.getInputStream());
        BufferedReader br = new BufferedReader(isr);
        //PrintWriter 用来写入 socket
        PrintWriter pw = new PrintWriter(socket.getOutputStream(),true);
        //从控制台输入信息
        InputStreamReader isr2 = new InputStreamReader(System.in);
        BufferedReader br2 = new BufferedReader(isr2);
        while(true){
            String infoFromClient = br.readLine();
            System.out.println("客户端发来" + infoFromClient);
            //接收从控制台输入的信息
            System.out.println("输入你希望对客户端说的话:");
            String response = br2.readLine();
            pw.println(response);
        }
    } catch(IOException e){
        //TODO Auto-generated catch block
        e.printStackTrace();
    }
}
}
```

服务器客户端循环通信

客户端：

```java
import java.net.*;
import java.io.*;
public class MyClient2{
    /** * 客户端 */
    public static void main(String[]args){
        MyClient2 myClient2 = new MyClient2();
    }
    public MyClient2(){
        //连接服务器端
        try{
            Socket socket = new Socket("127.0.0.1",9999);
            PrintWriter pw = new PrintWriter(socket.getOutputStream(),true);
            InputStreamReader isr = new InputStreamReader(System.in);
            BufferedReader br = new BufferedReader(isr);
            InputStreamReader isr2 = new InputStreamReader(socket.getInputStream());
            BufferedReader br2 = new BufferedReader(isr2);
            while(true){
                System.out.println("你想对服务器说的话");
                //从控制台接收
                String info = br.readLine();
                //然后发送给服务器端
                pw.println(info);
                //接收服务器发来的话
                String res = br2.readLine();
                System.out.println("服务器说:" + res);
            }
        } catch(UnknownHostException e){
            //TODO Auto-generated catch block
            e.printStackTrace();
        } catch(IOException e){
            //TODO Auto-generated catch block
            e.printStackTrace();
        }
    }
}
```

【案例8-3】多客户端通信。

前面的 Server 和 Client 只进行了简单的通信操作，服务器端接收到客户端连接之后，服务器端会等待客户端发送数据，只有客户端发送数据，才会往下进行，并且 Server 只支持一个客户端连接。在实际应用中，客户端需要和服务器端长时间通信，并且服务器端也支持多个客户端连接，即服务器端需要不断调用 accept 方法。当服务器端获得一个客户端连接对象以后，也需要不断读取该客户端的数据，并向客户端写入数据；客户端也需要不断读取服务器端数据，并向服务器端写入数据。

当使用传统的 BufferedReader 的 readLine() 方法读取数据时，在该方法成功返回之前，线程被阻塞，程序无法继续执行。因此，服务器端应该为每个 Socket 单独启动一个线程，每个线程负责与一个客户端通信。

客户端读取服务器端数据的线程同样会被阻塞,所以系统应该单独启动一个线程,该线程专门负责读取服务器端数据。

重新修改之前的服务器端类,新建Server3.java类。代码如下:

```java
public class Server3{
public static void main(String[]args){
        Server3  myServer3 = new Server3();
    }
public server3(){
    ServerSocket ss;
    try{
      ss = new ServerSocket(9999);
      system.out.println("服务器已启动:...");
      //和客户端建立socket通道,客户端数量不确定,所以利用循环实现
      while(true){
      socket socket = ss.accept();
      newMyThread(socket).start();//作为线程启动,每个客户端启动一个线程
      }
    }catch(IOException e){
       e.printStackTrace();
    }
}
}
```

MyThread类代码如下:

```java
class MyThread extends Thread{
   Socket socket;
   //带参数构造方法
   public MyThread(Socket  socket){
     this.socket = socket;
   }
   public void run(){
     BufferedReader in;
     try{
     in = new BufferedReader(new InputStreamReader(socket.getInputStream()));
     PrintWriter out = new PrintWriter(new BufferedWriter(new  OutputStreamWriter(socket.getOutputStream())));
     String line;
     while((line = in.readLine())! = null){
       out.println(line);
       out.flush();
     }
     } catch(IOException e){
       e.printstackTracel);
     }
   }
}
```

2.5 任务实施

第一步:实现服务器端的创建

服务器端要接收客户端发送的数据,然后把信息发送给每个客户端,则需要定义集合类型的变量,存放所有客户端连接产生的 Socket 对象;获得一个客户端的连接后,为该客户端启动一个线程,用于监控该客户端的状态。如果其中的一个客户发送信息,则服务器判断接收到的信息,将收到的信息发送给每个客户端。

聊天室项目

新建类文件 ChatRoomServer.java,定义变量如下:

```
private ServerSocket ss;//用于存放所有连接的 Socket 对象的集合
private Set allSockets;
```

服务器端参考代码如下:

```java
import java.io.BufferedReader;
import java.io.IOException;
import java.io.InputStreamReader;
import java.io.PrintWriter;
import java.net.ServerSocket;
import java.net.Socket;
import java.util.Date;
import java.util.HashSet;
import java.util.Iterator;
import java.util.Set;
public class ChatRoomServer{
    private ServerSocket ss;
    private Set allSockets;

    public static void main(String[]args)throws IOException{
        ChatRoomServer c = new ChatRoomServer();
    }
    public ChatRoomServer(){
        try{
            ss = new ServerSocket(9876);
            allSockets = new HashSet();
            while(true){
                Socket s = ss.accept();
                allSockets.add(s);
                new ServerThread(s).start();
            }
        } catch(IOException e){
            e.printStackTrace();
        }
    }
//创建一个线程类:有一个客户端连接成功,
//就创建一个线程对象专门负责某一人的通信,也就是将相应的 socket 交给一个线程
    class ServerThread extends Thread{
```

```java
        private Socket s;
        private BufferedReader br;
        
        public ServerThread(Socket s){
        this.s=s;
        try{
            br=new BufferedReader(new InputStreamReader(
                s.getInputStream()));
        }catch(IOException e){
            e.printStackTrace();
        }
    }
    public void run(){
        //实现读取发送消息功能
        while(true){
            try{
                String str=br.readLine();
                if(str.indexOf("%EXIT%")==0){
                    allSockets.remove(s);
                    s.close();
                    sendMessageToAllClient(str.split(":")[1]+"退出了!");
                    break;
                }
                System.out.println(str);
                sendMessageToAllClient(str);
            }catch(IOException e){
                //TODO Auto-generated catch block
                e.printStackTrace();
            }
        }
    }
    public void sendMessageToAllClient(String mesg){
        Date d=new Date();
        Iterator iterator=allSockets.iterator();
        while(iterator.hasNext()){
            try{
                s=(Socket)iterator.next();
                PrintWriter pw=new PrintWriter(s.getOutputStream());
                pw.println(mesg+"\t["+d+"]");
                pw.flush();
            }catch(Exception e){
e.printStackTrace();
            }
        }
    }
    }
}
```

学习成果8　网络聊天室

第二步：实现客户端的创建

客户端的界面设计在第一个任务中已经完成，现在实现客户端的按钮的监听，完成客户端通信的功能。首先判断登录服务器是否成功，其次是对聊天界面的发送消息的处理。因为创建的是多人聊天室，为了实现多人同时聊天，使用多线程技术。

在项目的 src 文件夹下新建类文件 ChatRoomClient.java。

客户端代码参考如下：

```java
import java.awt.*;
import java.io.*;
import java.net.Socket;
import java.net.UnknownHostException;
import javax.swing.*;
public class ChatRoomClient extends JFrame implements Runnable{
    private JTextArea jta;//聊天内容显示的文本域
    private JTextField jtf;//自己输入内容的文本框
    private JButton jb;//发送按钮
    private JLabel label;//用户名标签
    private String name;//用户名
    private Socket s;
    private PrintWriter pw;
    private BufferedReader br;

    public static void main(String[]args){
        ChatRoomClient c = new ChatRoomClient();
        //启动客户端线程
        Thread thread = new Thread(c);
        thread.start();
    }

    public ChatRoomClient(){
        super("聊天室客户端v1.0");
        name = JOptionPane.showInputDialog(this,"请输入您的名称:");
        init();
        try{
            s = new Socket("127.0.0.1",9876);
            pw = new PrintWriter(s.getOutputStream());
            br = new BufferedReader(new InputStreamReader(s.getInputStream()));
        } catch(UnknownHostException e){
            //TODO Auto-generated catch block
            e.printStackTrace();
        } catch(IOException e){
            //TODO Auto-generated catch block
            e.printStackTrace();
        }
    }
```

```java
private void init(){
    jta=new JTextArea(20,40);
    jta.setFont(new Font("宋体",Font.BOLD,24));
    jta.setEditable(false);
    JScrollPane jsp=new JScrollPane(jta);
    getContentPane().add(jsp,BorderLayout.CENTER);
    JPanel panel=new JPanel();
    jtf=new JTextField(28);
    jb=new JButton("发送");
    jb.addActionListener(new ActionListener(){
        public void actionPerformed(ActionEvent arg0){
            //单击"发送"按钮应该完成的事情
            if(jtf.getText().trim().equals("")){
                JOptionPane.showMessageDialog(null,"不能发送空消息!");
                return;
            }
            pw.println(name + ":" + jtf.getText());
            pw.flush();
            jtf.setText("");

        }
    });
    label=new JLabel(name + ":");
    panel.add(label);
    panel.add(jtf);
    panel.add(jb);
    getContentPane().add(panel,BorderLayout.SOUTH);
    this.pack();
    this.setVisible(true);
    this.setDefaultCloseOperation(JFrame.DO_NOTHING_ON_CLOSE);
    this.addWindowListener(new WindowAdapter(){
        public void windowClosing(WindowEvent e){
            int op=JOptionPane.showConfirmDialog(null,"确定退出聊天室吗?");
            if(op==JOptionPane.YES_OPTION){
                pw.println("%EXIT%:" + name);
                pw.flush();
                try{
                    s.close();
                } catch(IOException e1){
                    //TODO Auto-generated catch block
                    e1.printStackTrace();
                }
                System.exit(0);
            }
        }
```

```
        });
    }
    public void run(){
        //线程 run 方法
        while(true){
            try{
                String str = br.readLine();
                jta.append(str + "\n");
            } catch(IOException e){
                //TODO Auto-generated catch block
                e.printStackTrace();
            }
        }
    }
}
```

2.6 巩固训练

设计基于 UDP 协议的聊天室,界面如图 8-6 所示,设计思路如下:
(1)设置自己的接收端口。
(2)设置对方 IP 和端口。
(3)发送数据和接收数据。

基于 UDP 协议参考代码

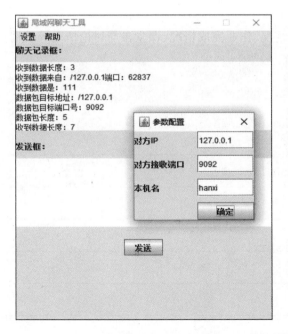
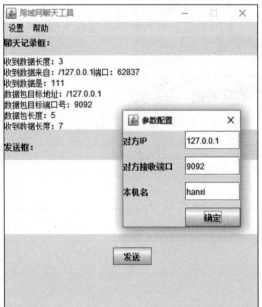

图 8-6　基于 UDP 协议的聊天室

学习目标达成度评价

序号	学习目标	学生自评
1	掌握网络通信机制	□能够熟练理解网络通信原理并能建立服务器和客户端的通信 □需要参考教材内容才能实现 □遇到问题不知道如何解决
2	掌握组件及对应监听的使用	□能够熟练实现界面布局、组件和监听 □需要参考相应的代码才能实现 □无法独立完成程序的设计
3	掌握输入流和输出流的使用	□能够熟练使用输入流和输出流进行网络通信 □需要参考相应的代码才能实现 □无法独立完成程序的设计
评价得分		
学生自评得分（20%）	学习成果得分（60%）	学习过程得分（20%）	项目综合得分

- 学生自评得分

学生自评表格中，第一个选项得 50 分，第二个选项得 15 分，第三个选项得 35 分。

- 学习成果得分

教师根据学生学习成果完成情况酌情赋分，满分 100 分。

- 学习过程得分

教师根据学生其他学习过程表现，如到课情况、作业完成情况、课堂参与讨论情况等酌情赋分，满分 100 分。

学习笔记